国家骨干高等职业院校建设成果教材

土木工程实用力学（第2版）

Applied Mechanics of Civil Engineering
(2nd Edition)

主　编　李　颖
副主编　马悦茵
主　审　王　金

人民交通出版社股份有限公司
China Communications Press Co.,Ltd.

内 容 提 要

本书是国家骨干高等职业院校建设成果教材之一。全书分为四篇,共有十二章,内容包括:力学的基本知识,构件的力学性能研究,结构的力学性能,实际工程中的力学应用案例。本书注重应用,以培养生产第一线技术应用型人才为目标,在介绍力学知识的同时,融合了土木工程施工岗位所需的基础理论知识和专业知识,针对性强,实用性强。

本书可作为高职高专院校土木工程大类专业的教学用书,也可供土木工程技术及管理人员参考使用。

图书在版编目(CIP)数据

土木工程实用力学 / 李颖主编. —2 版. — 北京：
人民交通出版社股份有限公司,2017.1
ISBN 978-7-114-13598-9

Ⅰ.①土… Ⅱ.①李… Ⅲ.①土木工程—工程力学—高等职业教育—教材 Ⅳ.①TU311

中国版本图书馆 CIP 数据核字(2016)第 322013 号

书　名	土木工程实用力学(第2版)
著 作 者	李　颖
责任编辑	杜　琛　卢　珊
出版发行	人民交通出版社股份有限公司
地　址	(100011)北京市朝阳区安定门外外馆斜街3号
网　址	http://www.ccpcl.com.cn
销售电话	(010)59757973
总 经 销	人民交通出版社股份有限公司发行部
经　销	各地新华书店
印　刷	北京交通印务有限公司
开　本	787×1092　1/16
印　张	17.25
字　数	428千
版　次	2013年9月　第1版 2017年1月　第2版
印　次	2021年1月　第2版　第3次印刷　总第8次印刷
书　号	ISBN 978-7-114-13598-9
定　价	38.00元

(有印刷、装订质量问题的图书本公司负责调换)

第 2 版前言 Preface

"土木工程实用力学"是高职院校土木工程类专业学生的一门必修课程。在高速铁路以及其他各种土建施工中,力学的知识贯穿整个施工过程,应用于如便桥和便道的检算、起重机等设备的倾覆检算等;同时,很多工程施工及验收规范也以工程力学为依据。因此,无论从事施工技术员、安全质检员还是监理员岗位工作,都必须掌握工程力学知识,并且能将其灵活地运用到工程实践中。本书正是以此为目标编写的,除可作为培养高技能人才的教科书,还可作为工程技术人员的工具书。

本书第 1 版出版后,被多所院校选作教材使用,得到了广大院校教师及学生的认可。此次改版,基本保留了上一版的顺序和内容,除改正了部分错误外,根据高职院校学生学习情况,将书中个别例题列为选学内容,学生可自行选学。这次改版,更加注重实用性,学生学习起来更容易理解与掌握。

全书以"应用"为主线,共分 12 章,内容由浅入深、循序渐进,涵盖了力学的基础知识、构件的力学性能研究、结构的力学性能,并列出实际工程中的一些应用案例。本书的编写在保证了力学体系完整性的同时,能使学生直观了解力学理论的应用目标,便于激发其学习热情,较好做到对力学知识的理解和掌握。书中以生活中的常见构件应用作为研究对象,引出相关力学问题,化繁为简,增强了学生的学习兴趣;将力学知识与工程实践相结合,把施工中的力学知识融入书中,学以致用,增强书的实用性;引入工程案例,将施工一线的脚手架检算、便桥检算等工作任务进行抽取、简化,针对性地提出解决方案以作为与知识点相对应的例题,增强学习的现场感。

为便于教学、此书配备教学资源包(含课件、典型任务工作单、案例分析、相关教案、综合测试题及答案等),读者可扫描右侧二维码下载使用(如有问题可联系 E-mail:lina@ccpress.com.cn,电话:010-85285817)。

本书由哈尔滨铁道职业技术学院李颖、马悦茵、卜春玲、曹杉以及中铁三局集团有限公司广州分公司工程部部长何文江共同编写,并由中铁三局集团有限公司高级工程师王金主审。

本书由李颖任主编并统稿,由马悦茵担任副主编,具体编写分工如下:绪论及第五、十、十一、十二章由李颖编写,第三、七、九章由马悦茵编写,第二、六章由卜春玲编写,第一、四章由曹杉编写,第八章由何文江编写。在本书编写过程中,各级领导、企业专家以及同行均给予了极大的关心和支持,在此一并表示真诚的感谢。

本书虽再版,但限于编者的水平,疏漏之处仍难免,深望广大读者和各位同行提出批评指正。

编　者

2017年1月

目录 Contents

绪论 ··· 1
    第一节　工程力学的任务与研究对象 ·· 1
    第二节　变形固体的基本假设 ·· 4
    第三节　工程力学在实际工程中的应用 ·· 5
    本章小结 ·· 7

第一篇　力学的基本知识

第一章　静力学基本概念 ·· 8
    第一节　力的概念 ·· 8
    第二节　静力学基本公理 ·· 9
    第三节　力的基本计算 ·· 13
    本章小结 ·· 18

第二章　受力分析 ·· 19
    第一节　约束与约束反力 ·· 19
    第二节　受力分析 ·· 23
    本章小结 ·· 28

第三章　静力平衡 ·· 29
    第一节　力系简化 ·· 29
    第二节　力系的平衡 ·· 32
    本章小结 ·· 41

第二篇　构件的力学性能

第四章　截面的几何性质 ·· 43
    第一节　截面的静矩和形心位置 ·· 43

第二节　惯性矩、惯性积和极惯性矩 …………………………………… 46
　　第三节　惯性矩、惯性积的平行移轴和转轴公式 ……………………… 47
　　第四节　形心主轴和形心主惯性矩 ……………………………………… 48
　　本章小结 ……………………………………………………………………… 49

第五章　结构的内力、应力和强度计算 ……………………………………… 51
　　第一节　概述 …………………………………………………………… 51
　　第二节　轴向拉伸与压缩 ……………………………………………… 54
　　第三节　剪切与挤压 …………………………………………………… 60
　　第四节　扭转 …………………………………………………………… 66
　　第五节　弯曲内力 ……………………………………………………… 73
　　第六节　强度理论 ……………………………………………………… 102
　　本章小结 ……………………………………………………………………… 107

第六章　组合变形 ………………………………………………………………… 110
　　第一节　组合变形的概念 ……………………………………………… 110
　　第二节　弯曲和弯曲(斜弯曲)的组合变形 …………………………… 112
　　第三节　拉伸(压缩)和弯曲的组合变形 ……………………………… 116
　　第四节　弯曲和扭转的组合变形 ……………………………………… 124
　　第五节　组合变形的工程实例 ………………………………………… 128
　　本章小结 ……………………………………………………………………… 132

第七章　压杆稳定 ………………………………………………………………… 136
　　第一节　压杆稳定的基本概念 ………………………………………… 136
　　第二节　压杆的稳定计算 ……………………………………………… 137
　　第三节　提高压杆稳定性的措施 ……………………………………… 146
　　第四节　压杆稳定的工程实例 ………………………………………… 148
　　本章小结 ……………………………………………………………………… 151

第三篇　结构的力学性能

第八章　体系的几何组成 ………………………………………………………… 152
　　第一节　概述 …………………………………………………………… 152
　　第二节　基本概念 ……………………………………………………… 153
　　第三节　几何不变体系的组成规则 …………………………………… 155
　　第四节　瞬变体系 ……………………………………………………… 158
　　第五节　结构的几何组成与静定性的关系 …………………………… 159

第六节　几何组成分析在工程中的应用 ················ 160
　　　本章小结 ·· 162

第九章　结构的位移计算 ···································· 164
　　　第一节　概述 ·· 164
　　　第二节　虚功原理 ···································· 166
　　　第三节　单位荷载法计算结构在荷载作用下的位移 ······ 169
　　　第四节　图乘法 ······································ 175
　　　第五节　其他因素引起的位移计算 ···················· 179
　　　第六节　梁的刚度 ···································· 182
　　　第七节　互等定理 ···································· 184
　　　本章小结 ·· 186

第十章　超静定结构计算 ···································· 189
　　　第一节　超静定次数的确定 ·························· 189
　　　第二节　力法 ·· 193
　　　第三节　位移法 ······································ 214
　　　本章小结 ·· 228

第十一章　影响线及其应用 ·································· 229
　　　第一节　影响线的概念 ······························ 229
　　　第二节　静力法作影响线 ···························· 230
　　　第三节　机动法作影响线 ···························· 233
　　　第四节　影响线的应用 ······························ 236
　　　本章小结 ·· 239

第四篇　实际工程中的力学应用案例

第十二章　力学算例 ·· 241
　　　第一节　概述 ·· 241
　　　第二节　工程力学算例 ······························ 242
　　　本章小结 ·· 247

附表　常用型钢规格表 ······································ 248

参考文献 ··· 265

绪　　论

> 🌀 **职业能力目标**
>
> 了解工程力学的研究对象与任务；了解工程力学的基本假设；掌握杆件的基本变形形式以及荷载的分类；了解工程力学在工程上的应用。
>
> 🌀 **教学重点与难点**
>
> 杆件的基本变形。

第一节　工程力学的任务与研究对象

一　工程力学的任务

何谓工程力学？力学到底在生活和工程中有着怎样的作用？让我们来看看下面的例子。

1912年4月14日晚，从英国的南安普敦首航美国纽约的"泰坦尼克"号（图0-1）撞上了一座巨大的冰山而沉入海底。多年来，科学家们一直在寻找这次著名海难的原因。美国的一个海洋法医专家小组在获得初步的证据后认为，除了船速太快以外，这艘船的铆钉质量太差可能是导致这场海难的主要原因。当时冰山不是直接撞在"泰坦尼克"号上的，而是与船体相擦，冰山的尖刀与船壳钢板相擦，钢板受到强大的剪切与挤压力。在船壳受到冰山挤压时，壳体钢板间的铆钉承受了极大的剪切力。这样，即使船体钢板质量再好，铆钉材料的抗剪切能力不能满足当时条件下的要求也同样会造成断裂的结果。调查发现，船上铆钉的力学性能试验数据是在室温下采集的，而这些铆钉由于内在质量的原因，在零度以下的破坏应力要远小于室温下的破坏应力。因此，铆钉承受的极大剪切力引起船体裂缝，且贯通6个船舱。而按设计，如果海水仅进入4个船舱，船是不会沉没的，但在6个船舱都进满水后，船体的头尾失去了平衡，头重尾轻，船体尾部翘起造成船从中间弯曲断裂，最后沉入大西洋底。

图0-1　"泰坦尼克"号

1993年8月13日上午10时左右,泰国皇家大饭店倒塌。原房屋设计为三层62套房间,后来又在上面加盖了三层81套房间,为防断水,在屋顶又加了4个大水箱,下部三层结构承受不了上部的加层及水箱重力,梁柱断裂引起整幢大饭店倒塌。皇家大饭店的倒塌主要是承载力不足引起的瞬间毁灭性破坏,这样的倒塌一般只有七八级地震时才会出现。由于工程有关人员对工程力学的重要性认识不足,随意对建筑物进行改建,从而导致了这场当场死亡87人的灾难。

2007年3月28日上午10时左右,上海江苏路与宣化路交叉口的企发大厦工地上,塔吊在拆卸过程中,钢丝绳突然断裂,导致塔吊大臂倾覆,将工地上一台升降机立柱砸弯,并悬挂在90m高空(图0-2)。

当地时间2007年8月1日19时左右,在美国中西部城市明尼阿波利斯,一座40年历史的双向8车道州际大桥突然断裂成几大段(图0-3),坠入其下18m深的密西西比河。当地政府已确认这次事故造成至少4人死亡,数十人受伤。初步调查显示,这是一起桥梁结构性垮塌事故。

图0-2 企发大厦工地事故　　　　　　　图0-3 明尼阿波利斯市大桥事故

诸如此类的工程事故不胜枚举。由此可见,力学研究在工程建设中至关重要。

建筑物、机器等都是由许多部件组成的,例如建筑物的组成部件有梁、板、柱和承重墙等,机器的组成部件有齿轮、传动轴等。这些部件统称为构件。为了使建筑物和机器能正常工作,必须对构件进行设计,选择合适的尺寸和材料,使之满足一定的要求。

(1)强度要求。构件抵抗破坏的能力称为强度。构件在外力作用下必须具有足够的强度才不致发生破坏,即不发生强度失效。

(2)刚度要求。构件抵抗变形的能力称为刚度。在某些情况下,构件虽有足够的强度,但若刚度不够,即受力后产生的变形过大,也会影响正常工作。因此,设计时必须使构件具有足够的刚度,使其变形限制在工程允许的范围内,即不发生刚度失效。

(3)稳定性要求。构件在外力作用下保持原有形状下平衡的能力称为稳定性。例如受压力作用的细长直杆,当压力较小时,其直线形状的平衡是稳定的;但当压力过大时,直杆不能保持直线形状下的平衡,称为失稳。这类构件须具有足够的稳定性,即不发生稳定失效。

一般来说,强度要求是基本的,只在某些情况下,才对构件提出刚度要求。至于稳定性问题,只有在一定受力情况下的某些构件才会出现。

为了满足上述要求,一方面必须从理论上分析和计算构件受外力作用产生的内力、应力和变形,建立强度、刚度和稳定性计算的方法;另一方面,构件的强度、刚度和稳定性与材料的力学性质有关,而材料的力学性质需要通过试验确定。此外,由于理论分析要根据对实际现象的观察进行抽象简化,对所得结果的可靠性也要用试验来检验。工程力学的任务就是从理论和试验两方面,研究构件的内力、应力和变形,在此基础上进行强度、刚度和稳定性计算,以便合理地选择构件的尺寸和材料。必须指出,要完全解决这些问题,还应考虑工程上的其他问题,工程力学只是提供基本的理论和方法。

在选择构件的尺寸和材料时,还要考虑经济问题,即尽量降低材料的消耗,使用成本低的材料;但出于安全性考虑,又需要构件尺寸大些,材料质量好些。这两者之间存在着一定的矛盾,工程力学则正是在解决这些矛盾中产生并不断发展的。

二 工程力学的研究对象

在土木工程施工过程中和投入使用后,会出现很多力的作用。工程上将这些主动作用在建筑物上的力称为荷载;将建筑物中直接或间接用来承受荷载的骨架部分称为结构,如桥梁施工中的支架(图0-4);将组成结构的各个部分称为构件,如支架中的一根杆件。

结构的类型很多,按几何特点可分为杆件结构、薄壁结构和实体结构三类。长度远大于截面宽度和高度的构件称为杆件,由若干杆件组成的结构称为杆件结构(图0-5);长度、宽度远大于高度(或厚度)的构件称为薄板,由若干薄板组成的结构称为薄壁结构(图0-6);长、宽、高三维尺寸比较接近的结构称为实体结构(图0-7)。

图0-4 桥梁施工支架

图0-5 杆件结构

图0-6 薄壁结构

图0-7 实体结构

第二节　变形固体的基本假设

固体在外力作用下所产生的物理现象是各种各样的,而每门学科仅从自身的特定目的出发去研究某一方面的问题。为了研究方便,常常需要舍弃那些与所研究问题无关或关系不大的特征,而只保留主要特征,将研究对象抽象成一种理想的模型。工程中,通常根据问题的性质不同,把构件抽象为两种理想化的模型:刚体和变形固体。

在外力作用下不变形的构件称为刚体。实际上任何构件受力后都或大或小地要发生变形,但在某些力学问题中,构件的变形因素对所研究问题影响很小,可以不予考虑,这时,可将构件视为刚体,从而使问题的研究得到简化。

在外力作用下形状发生改变的构件称为变形固体。在一些力学问题中,研究内容以构件变形为基础,变形就成为不能忽视的因素而必须考虑,这时,我们将构件视为变形固体。

例如在静力学中,为了从宏观上研究物体的平衡和机械运动的规律,可将物体看作刚体。但是在工程力学中,如果研究的是构件的强度、刚度和稳定性问题,这就必须考虑构件的变形,即使变形很小,也不能把构件看作刚体。变形固体的组织构造及其物理性质是十分复杂的,为了抽象成理想的模型,通常对变形固体做出下列基本假设。

一　均匀性及连续性假设

(1)连续性假设。假设物体内部充满了物质,没有任何空隙。而实际物体内当然存在着空隙,而且随着外力或其他外部条件的变化,这些空隙的大小会发生变化。但从宏观层面考虑,只要这些空隙的大小比物体的尺寸小得多,就可不考虑空隙的存在,而认为物体是连续的。

(2)均匀性假设。假设物体内各处的力学性质是完全相同的。实际上,工程材料的力学性质都有一定程度的非均匀性。例如金属材料由晶粒组成,各晶粒的性质不尽相同,晶粒与晶粒交界处的性质与晶粒本身的性质也不同;又如混凝土材料由水泥、砂和碎石组成,它们的性质也各不相同。但由于这些组成物质的大小和物体尺寸相比很小,而且是随机排列的,因此,从宏观上看,可以将物体的性质看作各组成部分性质的统计平均量,而认为物体的性质是均匀的。

二　各向同性假设

各向同性假设是假设材料在各个方向的力学性质均相同。金属材料是由晶粒组成,单个晶粒的性质有方向性,但由于晶粒交错排列,从统计观点看,金属材料的力学性质可认为是各个方向相同的。例如铸钢、铸铁、铸铜等均可认为是各向同性材料。同样,像玻璃、塑料、混凝土等非金属材料也可认为是各向同性材料。但是,有些材料在不同方向具有不同的力学性质,如经过辗轧的钢材、纤维整齐的木材以及冷扭的钢丝等,这些材料是各向异性材料。在工程力学中主要研究各向同性材料。

三　小变形假设

变形固体受外力作用后将产生变形。如果变形的大小较之物体原始尺寸小得多,这种变形称为小变形。工程力学所研究的构件,受力后所产生的变形大多是小变形。在小变形情况下,研究构件的平衡以及内部受力等问题时,均可不计这种小变形,而按构件的原始尺寸计算。

当变形固体所受外力不超过某一范围时,若除去外力,则变形可以完全消失,并恢复原有的形状和尺寸,这种性质称为弹性。若外力超过某一范围,则除去外力后,变形不会全部消失,其中能消失的变形称为弹性变形,不能消失的变形称为塑性变形,或残余变形、永久变形。对于大多数的工程材料,当外力在一定的范围内时,所产生的变形都是弹性的。对多数构件,要求在工作时只产生弹性变形。因此,在工程力学中,主要研究构件产生弹性变形的问题,即弹性范围内的问题。

需要指出的是,在工程力学中,虽然研究对象是变形体,但当涉及大部分平衡问题时,依然将所研究的对象(杆件或其局部)视为刚体。

第三节　工程力学在实际工程中的应用

一　杆件变形的基本形式

杆件结构在各种形式的外力作用下,其变形形式是多种多样的,但不外乎是某一种基本变形或几种基本变形的组合。杆的基本变形可分为如下几种:

(1)轴向拉伸或压缩。直杆受到与轴线重合的外力作用时,杆的变形主要是轴线方向的伸长或缩短。这种变形称为轴向拉伸或压缩。

这类变形是由大小相等、方向相反、作用线与杆件轴线重合的一对力所引起的,表现为杆件的长度发生伸长或缩短,杆的任意两横截面仅产生相对的纵向线位移。图 0-8 表示一简易起重吊车,在载荷 F 的作用下,斜杆承受拉伸而水平杆承受压缩。此外,起吊重物的吊索、桁架结构中的杆件、千斤顶的螺杆等都属于拉伸或压缩变形。

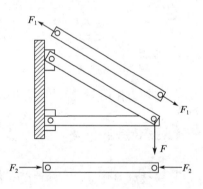

图 0-8　轴向拉伸与压缩

(2)剪切。两反向外力作用线之间的杆段上,截面沿外力作用的方向发生相对错动。

这类变形是由大小相等、方向相反、作用线垂直于杆的轴线且距离很近的一对横向力引起的,其变形表现为杆件两部分沿外力作用方向发生相对的错动。图 0-9a)表示一铆钉连接,铆钉穿过钉孔将上下两板连接在一起,板在拉力 F 作用下,铆钉本身承受横向力产生剪切变形[图 0-9b)]。常用的连接件如销钉、螺栓等均承受剪切变形。

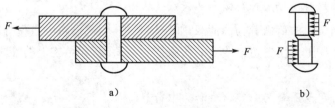

图 0-9　剪切

(3)扭转。直杆在垂直于轴线的平面内,受到大小相等、方向相反的力偶作用时,各横截面相互发生转动(图0-10)。这种变形称为扭转。

这类变形是由大小相等、转向相反、两作用面都垂直于轴线的一对力偶引起的,变形表现为杆件的任意两横截面发生绕轴线的相对转动(即相对角位移),在杆件表面的直线扭曲成螺旋线。例如,汽车转向轴在运动时发生扭转变形。此外汽车传动轴、电机与水轮机的主轴等,都是受扭转的杆件。

(4)弯曲。直杆受到垂直于轴线的外力或在包含轴线的平面内力偶作用时,杆的轴线会发生弯曲。这类变形称为弯曲。

这类变形是由垂直于杆件的横向力,或由作用于包含杆轴的纵向平面内的一对大小相等、转向相反的力偶所引起的,表现为杆的轴线由直线变为曲线。工程上,杆件产生弯曲变形是经常遇到的,如火车车辆的轮轴(图0-11)、桥式起重机的大梁、船舶结构中的肋骨等都属于弯曲变形杆件。

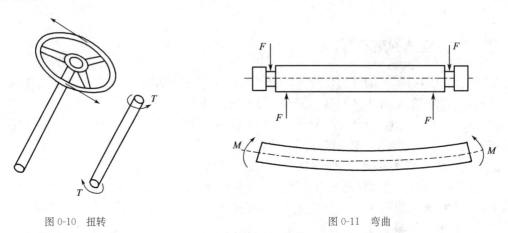

图0-10 扭转　　　　　　　　　　图0-11 弯曲

杆在外力作用下,若同时发生两种或两种以上的基本变形,则称为组合变形。

二 荷载的分类

1.按荷载的作用性质分为静荷载和动荷载

由零逐渐增大到最大值的荷载称为静荷载。静荷载的作用特点是:荷载是由零逐渐增加的,不引起结构显著的冲击或振动,加载的任一瞬间,构件都可认为处于静平衡状态。

大小、方向随时间发生改变的荷载称为动荷载。动荷载的作用特点是:加载过程使构件产生明显的冲击或振动,使结构产生不容忽视的加速度,因而必须考虑惯性力的影响,如机械振动、地震引起的荷载等。

2.按荷载的作用时间分为恒荷载和活荷载

永久作用在结构上的荷载称为恒荷载,如结构自重、固定设备的自重等。

暂时作用在结构上且位置可以改变的荷载称为活荷载,如结构上的临时设备、在桥上行进的火车及汽车等。

3.按荷载的作用范围分为分布荷载和集中荷载

分布作用在构件体积上、面积上、线段上的荷载分别称为体分布荷载、面分布荷载和线分布荷载,统称为分布荷载。其特点是:荷载分布作用在一定范围内。如重力是体分布荷载,风压、雪压、水压力是面分布荷载,杆件的自重可看作是沿杆件轴线分布的线分布荷载。

当单位范围内荷载分布相等时,称为均布荷载,如匀质物体的自重是体均布荷载,杆件自重是沿杆轴线分布的线均布荷载。

如果荷载的作用范围与构件的尺寸相比小得多,可认为荷载作用在构件的一点上,该荷载称为集中荷载。

三 工程力学在工程中的应用

工程力学与工程实际的联系比较密切,力学研究的内容既是工程设计的理论基础,又是工程施工时必然会遇到的问题。例如,在施工中遇到需要进行力学检算问题时,怎样将实际构件连同其所受荷载和支承等,简化为可供计算的力学模型;在需要进行便桥(图 0-12)、模板等设计时如何运用力学知识保证结构的强度等。

图 0-12 便桥

◀ 本章小结 ▶

(1)工程力学的基本任务。为保证构件在荷载作用下的正常工作,必须使它同时满足三个方面的力学要求,即强度、刚度和稳定性要求。工程力学的任务就是在满足强度、刚度和稳定性要求下,使构件的设计既安全又经济。

(2)杆件基本假设和基本变形。在工程力学中,通常对可变形固体作如下基本假设:连续性假设、均匀性假设、各向同性假设、小变形假设和线弹性假设。在工程力学中所研究的大部分问题都局限在弹性范围内。

杆件的四种基本变形形式为:轴向拉压、剪切、扭转和弯曲。

第一篇　力学的基本知识

在对结构进行强度、刚度和稳定性计算时,首先要研究结构的受力情况,即对结构进行受力分析,以确定它所受到的外力。而在对结构进行受力分析时,由于其受力和变形情况比较复杂,完全按照实际工作状态进行力学分析往往既烦琐又十分困难,也是不必要的,因此,需要对实际结构进行简化。同时,在实际计算时要用到一些相应的计算理论。

本篇主要研究物体的受力分析,结构的计算简图以及力、力系、力学的基本公理,力系的平衡等基础知识,这是以后对结构进行相应计算的基础。

第一章　静力学基本概念

职业能力目标

理解力学的基本概念;理解静力学基本公理;掌握力的基本计算;能识别工程中出现的静力。

教学重点与难点

1. 教学重点:力的概念;静力学基本公理;力的平移定理。
2. 教学难点:静力学基本公理;力的平移定理。

第一节　力　的　概　念

力的概念是人类在长期的生活和生产实践中通过观察和分析逐步形成的。当人们举起铁锤或推动小车时,由于手臂肌肉的紧张和收缩而感受到力的作用。这种作用不仅存在于人和物体之间,而且广泛地存在于物体与物体之间。例如车辆在行驶过程中,车轮与路面之间便有力(摩擦力)的作用。实践证明,离开物体,力就不可能存在。

一、力

力是物体间相互的机械作用,这种作用使物体的机械运动状态发生变化,或者使物体发生变形。

力使物体的运动状态发生变化的作用效应,称为力的外效应;力使物体发生变形的效应,则称为力的内效应。力对物体的作用效应,取决于力的大小、方向和作用点,这三者通常被称为力的三要素。

1. 力的大小

力的大小表示物体间相互作用的强弱程度。在国际单位制中,力的单位用牛顿(N)或千牛(kN)表示。在工程实际中,力的单位用公斤力(kgf)和吨力(tf)表示。牛顿和公斤力的换算关系是:1kgf=9.8N。

2. 力的方向

力一般用带箭头的线段表示,线段的方位表示力的方位,箭头的指向表示力的指向。

3. 力的作用点

力的作用点是指力作用在物体上的位置,一般并不是一个点,而是物体上的某一部分面积。当力的作用面积很小时,可以把这个面积抽象为一个点,而认为力作用在这个点上。作用在一点上的力称为集中力。这个点称为力的作用点。

力是具有大小和方向的物理量,所以力是矢量,其运算要遵循矢量运算法则。在力学中,矢量用一具有方向的线段来表示,图 1-1 中用线段的起点或终点表示力的作用点;线段的长度(按一定的比例)表示力的大小。通过力的作用点沿力的方向的线段,称为力的作用线。力也可用黑体字母表示,如 **F**、**P**,而用相应的细线字母表示该矢量的大小,如 F、P 等。

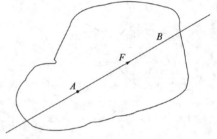

图 1-1 作用在物体上的力

二、力系

工程中把作用在同一物体上的若干力称为力系。根据力系中力的作用线是否在同一平面内,力系可分为:平面力系和空间力系;根据力系中力的作用线是否汇交,力系可分为:汇交力系、平行力系和任意力系。

对力系研究的内容为:各力系的合成结果和平衡条件。

如果一个力 R 与一个力系($F_1, F_2, \cdots, F_n$)等效,则力 R 称为此力系的合力,而力系中各力则称为合力的分力。

如果作用在物体上的一个力系可用另一个力系代替,而不改变原力系对物体作用的外效应,则这两个力系互称为等效力系或互等力系。

需要强调的是,这里所说的"等效",只表明不改变原力系对物体作用的外效应,至于内效应,将随力的作用位置等的改变而有所不同。

如果物体在一个力系作用下处于平衡状态,则此力系称为平衡力系。

第二节 静力学基本公理

静力学是力学的一个分支,主要研究物体在力的作用下处于平衡的规律,以及如何建立各种力系的平衡条件。平衡是物体机械运动的特殊形式,严格地说,物体相对于惯性参照系处于静止或做匀速直线运动的状态,即加速度为零的状态都称为平衡。对于一般工程问题,平衡状态是以地球为参照系确定的。静力学还研究力系的简化和物体受力分析的基本方法。静力中,力系最基本的简化规则、最基本的平衡条件、力系效果的等价原理、物体之间的相互作用力关系以及刚体平衡条件与变形体平衡的联系,经人们长期实践与反复验证,总结为下列静力学公理。

一 力的平行四边形法则

公理 1 （力的平行四边形法则） 作用于物体上同一点的两个力的合力仍作用于该点,其合力矢等于这两个力矢的矢量和。即,力的合成与分解服从矢量加减的平行四边形法则,如图 1-2a)所示,$F_1+F_2=F$,将 F_2 平移后,得力三角形,如图 1-2b)所示,这是求合力矢的力的三角形法则。由此可求两力之差:$F_1-F_2=F_1+(-F_2)=F'$,如图 1-2c)所示。

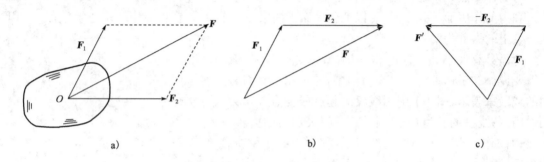

图 1-2 力的相加与相减

若求图 1-3a)中所示 n 个共点力之和,则有

$$F_R = F_1 + F_2 + \cdots + F_n = \sum_{i=1}^{n} F_i \tag{1-1}$$

可由矢量求和的多边形法则,得力多边形,如图 1-3b)所示,其中,F_R 为合力矢量,O 为合力作用点。公理 1 给出了最基本力系的简化规则。

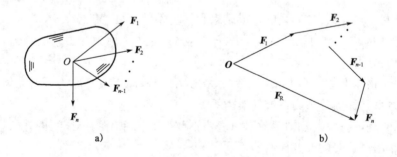

图 1-3 汇交力系合成

注意:力多边形法则求合力,仅适用于汇交力系,且合力作用点仍在原力系汇交点。

二 二力平衡公理

公理 2 （二力平衡条件） 作用在同一刚体上的两个力,使刚体平衡的必要且充分的条件是此二力等值、反向、共线。这是刚体平衡的最基本规律,也是力系平衡的最基本数量关系。二力构件工程实例见图 1-4。

应用公理2,可确定某些未知力的方位。如图1-4a)所示,直杆 AB 和 BC 相接触,在力 F 作用下处于静止,若不计自重,则 BC 构件仅在 B、C 两点处受力而平衡,故此二力等值、反向、共线,且必沿 BC 连线方向,如图1-4b)所示。我们把这种仅受二力作用而平衡的构件称为二力构件。

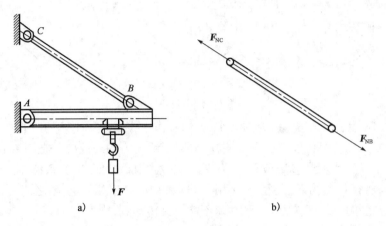

图1-4 二力平衡构件

三 加减平衡力系公理

公理3 （加减平衡力系原理） 在已知力系上加上或减去任意平衡力系,并不改变原力系对刚体的作用。它是力系替换与简化的等效原理。

注意,在物体上加减平衡力系,必然引起力对物体内效应的改变,在涉及内力和变形的问题中,公理3不适用。例如,若在图1-5a)原有力 F 作用下物体保持平衡状态的基础上加一对平衡力 F_1 和 F_1',若整体仍旧平衡,则改变了 B 处内力(杆 AD 与 BC 的相互作用力),也改变了 C 和 A 处的作用力。

又如在图1-5b)中,杆先在 B 处受力 F,后在杆 B、C 两处加一对平衡力 F_1 和 F_1',则 A 端所受外力不变,AB 段内力(将 AB 段截开,左右两边相互作用力)不变,但 BC 段的内力与变形均改变。

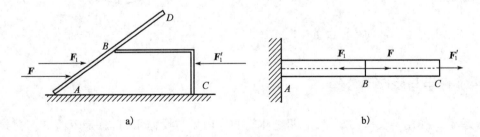

图1-5 加减平衡力系原理不适用情形

由公理3,作如图1-6所示的等效变换,先在 B 处加一对平衡力(F_1,F_2),然后减去一对平衡力(F,F_1),可得下列推论1。

推论1 （力对刚体的可传性） 作用在刚体上某点的力,可以沿着它的作用线滑移到刚体内任意点,并不改变该力对刚体的作用效果。

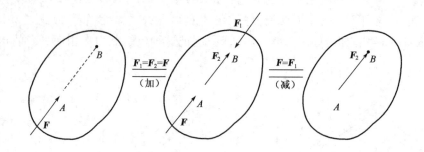

图 1-6 力对刚体可传

可见,力对刚体是滑移矢量,力的大小、方向和作用线是力对刚体的三要素。

需指出的是,力的可传性与公理 3 同样,只限于研究力的外效应。在图 1-4c)中,不可将力 F 滑移到 BC 杆上,因为滑移后改变了 B 处的内力,因而也改变了系统的 A 和 C 处外力。图 1-5b)中,若将杆 C 端力 F'_1 传至 B 处,则 BC 段的内力与变形也会随之消失。又如图 1-7 所示,研究用绳拉住的 AB 杆受力时,重力 G 不能直接传递到 AB 杆上。

推论 2 (三力平衡汇交定理) 若刚体受三力作用而平衡,且其中两力线相交,则此三力共面且汇交于一点。

证明 图 1-8 所示刚体受力 F_1、F_2、F_3 作用而处于平衡。先将力 F_1、F_2 滑移至交点 O,并合成力 F,则 F_3 与 F 二力平衡,F_3 与 F 共线,故 F_3 与 F_1、F_2 共面,且交于同一点 O。

该定理说明 3 个不平行力平衡的必要条件,容易推广到更一般的情形:刚体受 n 个力作用而平衡,若其中 $n-1$ 个力交于同一点,则第 n 个力的作用线必过此点。

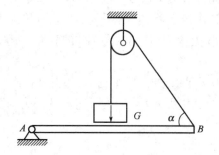

图 1-7 重力 G 不可传至 AB 上

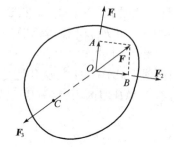

图 1-8 三力平衡汇交

四 作用与反作用公理

公理 4 (作用与反作用定律) 两物体间的作用力与反作用力,总是等值、反向、共线地分别作用在这两个物体上。公理 4 是研究两个或两个以上物体系统平衡的基础。

注意,作用力与反作用力虽等值、反向、共线,但并不构成平衡,因为此二力分别作用在两个物体上。这是与二力平衡公理的本质区别。

在图 1-4 中,画出了构件 BC 的受力图后,再画 AB 杆受力图时,B 处的反作用力 F'_B 必须与 F_B 等值、反向、共线,F_A 由三力汇交确定方位,如图 1-9 所示。

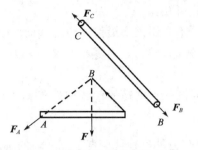

图 1-9 物体间的作用力与反作用力

第三节 力的基本计算

一 力矩与力偶

1. 力对点的矩

力对点的矩是很早以前人们在使用杠杆、滑车、绞盘等机械搬运或提升重物时所形成的一个概念。现以扳手拧螺母为例来说明。如图 1-10 所示,在扳手的 A 点施加一力 F,将使扳手和螺母一起绕螺钉中心 O 转动,这就是说,力有使物体(扳手)产生转动的效应。实践经验表明,扳手的转动效果不仅与力 F 的大小有关,而且还与点 O 到力作用线的垂直距离 d 有关。当 d 保持不变时,力 F 越大,转动越快。当力 F 不变时,d 值越大,转动也越快。若改变力的作用方向,则扳手的转动方向就会发生改变,因此,我们用 F 与 d 的乘积再冠以适当的正负号来表示力 F 使物体绕 O 点转动的效应,并称为力 F 对 O 点之矩,简称力矩,以符号 $M_O(F)$ 表示,即

$$M_O(F) = \pm Fd \tag{1-2}$$

O 点称为转动中心,简称矩心。矩心 O 到力作用线的垂直距离 d 称为力臂。

式(1-2)中的正负号表示力矩的转向。通常规定:力使物体绕矩心作逆时针方向转动时,力矩为正,反之为负。在平面力系中,力矩或为正值,或为负值,因此,力矩是代数量。

由图 1-11 可以看出,力对点之矩还可以用以矩心为顶点,以力矢量为底边所构成的三角形的面积的 2 倍来表示。即

$$M_O(F) = \pm 2\triangle OAB \text{ 面积} \tag{1-3}$$

力矩的单位是牛·米(N·m)或千牛·米(kN·m)。

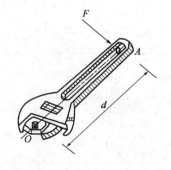

图 1-10 扳手受力

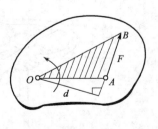

图 1-11 力矩计算

由力矩的定义和计算公式可知：

(1)力对任一已知点之矩,不会因该力沿作用线的移动而改变。

(2)力的作用线如果通过矩心,则力矩为零。如果一个力的大小不为零,则此力的作用线必通过该点。

(3)相互平衡的两个力,对同一点之矩的代数和为零。

2. 力对轴之矩

力对点之矩,实际上是力对通过矩心且垂直于该平面的轴之矩。例如摩擦轮受力 F 作用会产生转动效应。如果将它看成是平面问题,便是力 F 使轮绕轴心 O 转动；若将其看成是空间问题,便是力 F 使轮绕 z 轴转动。可见力对轴之矩与平面问题中力对点之矩具有相关性。我们用力对轴之矩来度量力使物体绕轴转动的效应,并用符号 $m_z(F)$ 表示力 F 对 z 轴之矩。显然力 F 使轮绕 z 轴转动的效应,决定于力 F 的大小和方向以及转轴到力作用线的垂直距离 r,这与平面问题中力对点之矩的定义是一致的,故有 $m_z(F) = m_O(F) = \pm Fr$（式中正负号表明力使物体绕轴转动的不同转向）。

下面讨论力对转轴不产生转动效应的情况：

(1)力 F 与转轴 z 平行

例如,在门边加一个与门轴 z 平行的力 F,显然门不会转动。

(2)力与转轴相交

仍以门为例,如力 F 与门轴 z 相交,门也不会转动。

上述两种情况可概括为：当力与转轴共面时,力对轴之矩为零。

综上所述可得结论如下：力对轴之矩是力使物体绕该轴转动效应的量,它是代数量,其大小等于力在垂直于该轴的平面上的分力对于此平面与该轴交点之矩。力矩的正负号规定为：从轴的正端向投影平面看,若力 F 在该平面上的分力使物体绕该轴逆时针转动,力矩为正；反之为负。

力对轴之矩的单位与力对点之矩的单位相同,为 $N \cdot m$ 等。

3. 力偶和力偶矩

在生产实践和日常生活中,经常遇到大小相等、方向相反、作用线相互平行的力所组成的力系。这种力系只能使物体产生转动效应而不能使物体产生移动效应。例如,司机用双手操纵转向盘[图 1-12a],木工用丁字头螺丝钻钻孔[图 1-12b],以及用拇指和食指开关自来水龙头或拧钢笔套等。这种大小相等、方向相反、作用线不重合的两个平行力称为力偶。用符号 (F, F') 表示。力偶的两个力作用线间的垂直距离 d 称为力偶臂,力偶的两个力所构成的平面称为力偶作用面。

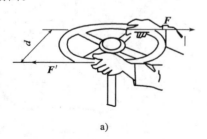 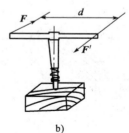

图 1-12　力偶作用

实践表明,当力偶的力 F 越大,或力偶臂 d 越大,则力偶使物体的转动效应就越强;反之就越弱。因此,与力矩类似,我们用 F 与 d 的乘积来度量力偶对物体的转动效应,并把这一乘积冠以适当的正负号称为力偶矩,用 m 表示,即

$$m = \pm Fd \tag{1-4}$$

其中正负号表示力偶的转向。通常规定:若力偶使物体作逆时针方向转动时,力偶矩为正;反之为负。在平面力系中,力偶矩是代数量。力偶矩的单位与力矩相同。

4. 力偶的基本性质

力偶不同于力,它具有一些特殊的性质,现分述如下。

(1) 力偶没有合力,不能用一个力来代替。

由于力偶中的两个力大小相等、方向相反、作用线平行,如果求它们在任一轴 x 上的投影,如图 1-13 所示。设力与轴 x 的夹角为 α,由图可得

$$\sum x = F\cos\alpha - F'\cos\alpha = 0$$

这说明,力偶在任一轴上的投影等于零。

既然力偶在轴上的投影为零,则力偶对物体只能产生转动效应,而一个力在一般情况下,对物体可产生移动和转动两种效应。

力偶和力对物体的作用效应不同,说明力偶不能用一个力来代替,即力偶不能简化为一个力,因而力偶也不能和一个力平衡,力偶只能与力偶平衡。

(2) 力偶对其作用面内任一点之矩都等于力偶矩,与矩心位置无关。

力偶的作用是使物体产生转动效应,所以力偶对物体的转动效应可以用力偶的两个力对其作用面某一点的力矩的代数和来度量。图 1-14 所示力偶 $(\boldsymbol{F}, \boldsymbol{F}')$,力偶臂为 d,逆时针转向,其力偶矩为 $m = Fd$,在该力偶作用面内任选一点 O 为矩心,设矩心与 $\boldsymbol{F}'$ 的垂直距离为 x。显然力偶对 O 点的力矩为

$$M_O(\boldsymbol{F}, \boldsymbol{F}') = F(d+x) - \boldsymbol{F}' \cdot x = Fd = m$$

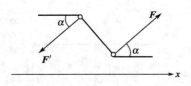

图 1-13 力偶在任意轴上的投影为零

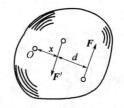

图 1-14 力偶与矩心位置无关

此值就等于力偶矩。这说明力偶对其作用面内任一点的矩恒等于力偶矩,而与矩心的位置无关。

(3) 同一平面内的两个力偶,如果它们的力偶矩大小相等、转向相同,则这两个力偶等效,称为力偶的等效性(其证明从略)。

从以上性质还可得出两个推论:

① 力偶在其作用面内任意移转,而不会改变它对物体的转动效应。

② 在保持力偶矩大小和转向不变的条件下,可以任意改变力偶的力的大小和力偶臂的长短,而不改变它对物体的转动效应。

(4) 力偶系。

同时作用在物体上的若干力偶,称为力偶系。作用面共面的力偶系称为平面力偶系。平

面力偶系可以合成为一个合力偶,其合力偶矩等于各分力偶矩的代数和。

二 力在坐标轴上的投影

(1)力在平面上的投影是矢量

如图 1-15 所示,力 F 在平面 xOy 上的投影 F_{xy} 仍为矢量,其模为

$$F_{xy} = F\cos\varphi \tag{1-5}$$

(2)力在轴上的投影是标量

如图 1-15 所示,将 F_{xy} 向 x 轴投影,得有向线段 F_x,由矢量在轴上投影的定义可知,F_x 为力 F 在 x 轴上的投影。由此可得力在轴上投影的如下两种方法:

①直接投影法。若已知力 F 与 x 轴正方向的夹角 α,则

$$F_x = F\cos\alpha \tag{1-6}$$

②两次投影法。若已知力 F 与轴所在平面的夹角 φ,且此力在平面上的投影与 x 轴夹角为 θ,则

$$F_x = F\cos\varphi\cos\theta \tag{1-7}$$

如图 1-16 所示,力 F 分别作用在棱长为 2,3,4 的长方体顶面上,则 F 在 x,y,z 三个坐标轴上的投影分别为

$$F_x = \frac{3}{5}F, F_y = -\frac{4}{5}F, F_z = 0$$

在直角坐标系中,

$$F = F_x i + F_y j + F_z k \tag{1-8}$$

其中 i、j、k 为相应坐标轴正方向的单位矢量。

图 1-16 中,$F = \frac{3}{5}Fi - \frac{4}{5}Fj$。

顺便指出,力在某轴上的投影也可表示为力与该轴单位矢量的标积,如 $F_x = F \cdot i$。

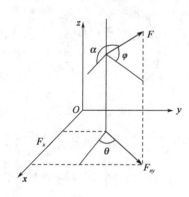

图 1-15 力的投影

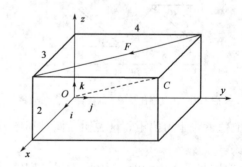

图 1-16 长方体顶面力的投影

(3)合力投影定理

将图 1-16 中汇交力系合成的力多边形置于直角坐标系 $Oxyz$ 中,则

$$F_i = F_{ix}i + F_{iy}j + F_{iz}k \quad (i = 1, 2, \cdots, n)$$

$$F_R = F_{Rx}i + F_{Ry}j + F_{Rz}k$$

将它们代入式(1-1)中,并比较等式两边 i,j,k 系数得(以下均略去求和号下的下标 i)

$$F_{Rx} = \sum F_x, F_{Ry} = \sum F_y, F_{Rz} = \sum F_z$$

此即合力投影定理:合力在某轴上的投影,等于各分力在同一轴上投影的代数和。

合力的大小为

$$F_R = \sqrt{(\sum F_x)^2 + (\sum F_y)^2 + (\sum F_z)^2}$$

方向余弦为

$$\begin{cases} \cos(F_R, i) = \dfrac{\sum F_x}{F_R} \\ \cos(F_R, j) = \dfrac{\sum F_y}{F_R} \\ \cos(F_R, k) = \dfrac{\sum F_z}{F_R} \end{cases}$$

三 力的平移定理

定理:作用在刚体上某点的力 F,可以平行移动到该刚体上任意一点,但必须同时附加一个力偶,其力偶矩的大小等于原来的力 F 对平移点之矩,即平移后的力同附加力偶一起与原力 F 等效。

设刚体的 A 点作用着一个力 F[图 1-17a],在此刚体上任取一点 O。现在来讨论怎样才能把力 F 平移到 O 点,而不改变其原来的作用效应。为此,可在 O 点加上两个大小相等、方向相反,与 F 平行的力 F' 和 F'',且 $F' = F'' = F$[图 1-17b]。根据加减平衡力系公理,F、F' 和 F'' 与图 1-17a)的 F 对刚体的作用效应相同。显然 F'' 和 F 组成一个力偶,其力偶臂为 d,这 3 个力可转换为作用在 O 点的一个力和一个力偶[图 1-17c]。由此可得力的平移定理:作用在刚体上的力 F,可以平移到同一刚体上的任一点 O,但必须附加一个力偶,其力偶矩等于力 F 对新作用点 O 之矩。顺便指出,根据上述力的平移的逆过程,共面的一个力和一个力偶总可以合成为一个力,该力的大小和方向与原力相同,作用线间的垂直距离为

$$d = \frac{|m|}{F'}$$

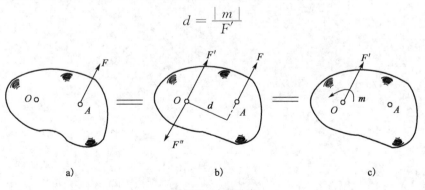

图 1-17 力的平移

力的平移定理是一般力系向一点简化的理论依据,也是分析力对物体作用效应的一个重要方法。例如,图 1-18a)所示的厂房柱子受到吊车梁传来的荷载 F 的作用,为分析 F 的作用效应,可将力 F 平移到柱轴线上的 O 点上,根据力的平移定理得一个力 F',同时还必须附加一个力偶[图 1-18b]。力 F 经平移后,它对柱子的变形效果就可以很明显地看出,力 F' 使柱子轴向受压,力偶使柱弯曲。

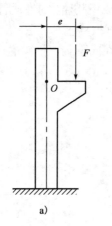 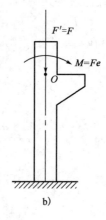

图 1-18 厂房柱受力

◀本章小结▶

（1）力是物体之间相互的机械作用，其作用效果是使物体的运动状态发生变化，或者使物体发生变形。力是矢量。力的三要素是力的大小、力的方向和力的作用点。

（2）静力学公理阐明了力的基本性质。二力平衡公理是最基本的力系平衡条件；加减平衡力系公理是力系等效代换与简化的理论基础；力的平行四边形法则说明了力的矢量运算法则；三力平衡汇交定理实际上是二力平衡公理、加减平衡力系公理和力的平行四边形公理的推理。作用与反作用公理揭示了力的存在形式与力在物体系统内部的传递方式。

二力平衡公理、加减平衡力系公理和力的可传性原理仅适用于刚体。

第二章　受　力　分　析

🌀 职业能力目标

能够正确对工程中常见结构构件进行受力分析,培养分析体系受力的规律并运用规律解决问题的能力。

🌀 教学重点与难点

1. 教学重点:约束类型;约束反力方向;绘制受力图。
2. 教学难点:绘制受力图。

第一节　约束与约束反力

一 约束的基本概念

按物体运动是否受到限制,物体可分为自由体和非自由体。自由体是指可以在空间做任意运动的物体,而非自由体是指运动受到阻碍、限制的物体。在力学中,把限制非自由体运动的其他物体称为约束。例如,列车在铁路的轨道上运行,轨道限制列车的运动,轨道就是约束;桥梁的梁体被架在桥墩和桥台上,桥墩和桥台限制梁体下落,桥墩和桥台就是约束。

约束对被约束物体的作用力称为约束力或约束反力,简称反力,属于被动力。约束反力的特点是约束反力的方向总是与约束所能阻碍的物体的运动或运动趋势的方向相反,它的作用点就在约束与被约束的物体的接触点,大小可以通过计算求得。

除约束反力外,被约束物体上受到的各种力如重力、水压力、土压力、风压力等,这些力是促使物体运动或有运动趋势的力,称为主动力。在工程中通常称主动力为荷载。

二 常见约束

1. 柔索约束

柔索约束是只能限制物体沿柔索中心线伸长方向运动的约束。柔索的约束反力方向一定是沿着柔索中心线,并背离物体,作用在柔索与物体的连接点上。属于这类约束的有不计自重的绳索、胶带、链条等。柔索的约束反力通常用 S 等符号表示。

当柔性的绳索、链条或皮带绕过轮子时,如混凝土拌和站用到的砂石料传送带,皮带给轮子的约束反力沿着皮带的中心线,力的方向背离轮子,如图 2-1 所示。

2. 光滑接触面约束

如果不计摩擦力,则物体间的接触面可视为理想光滑面。这类约束只能限制物体沿接触面公法线压入接触面，而不能限制被约束物体沿接触面的切线方向运动。因此，光滑接触面对物体的约束反力作用在接触处，方向沿着接触面表面的公法线，并指向受力物体，即只能是压力，这种约束反力又称为法向反力，法向反力通常用 R 等符号表示。

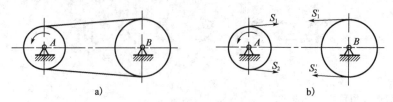

图 2-1　柔索约束

图 2-2 表示约束接触面为光滑平面时约束反力的画法；图 2-3 为光滑曲面时约束反力的画法。

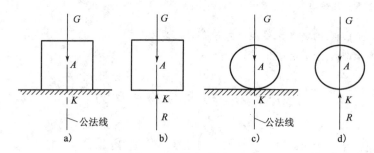

图 2-2　光滑平面约束反力

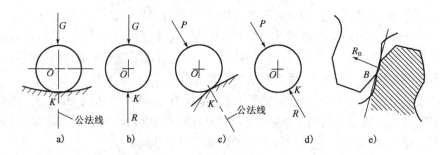

图 2-3　光滑曲面约束反力

图 2-4a)表示光滑的棱角约束，其约束反力确定方法与光滑接触面一样。因为光滑的棱角实际上就是曲率半径很小的光滑接触面。将棱角 C 高倍放大，如图 2-4b)所示，C 处的约束反力也应沿公法线方向，即垂直于杆件的方向。直杆在 A、B、C 三处均受到约束，其约束反力情况如图 2-4c)所示。

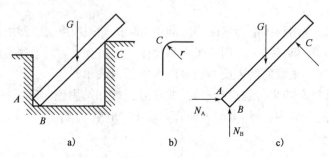

图 2-4　光滑棱角约束

3. 光滑铰链约束

光滑铰链约束是由一圆柱形销钉将两个或更多的构件连接在一起所构成,即在各构件连接处各钻一直径相同的圆孔,用销钉连接,简称铰链或铰。图 2-5a)、b)即表示 A、B 两个构件用销钉 C 连接在一起。这种铰链用途比较广泛。例如门窗的合页、活塞与连杆的连接、起重机动臂与机座的连接等。在力学计算中,圆柱形铰链常画成如图 2-5c)、d)所示的简图。

销钉与圆孔的接触若是光滑的,不计摩擦,则这种约束只能限制物体在垂直于销钉轴线的平面内沿任意方向移动,而不能限制物体绕销钉转动或沿其轴线方向移动。因此,铰链的约束反力作用在圆孔与销钉的接触点 K,通过销钉中心,作用线沿接触点处的公法线,如图 2-5e)所示的反力 R_C。由于接触点 K 的位置一般不能预先确定,所以铰链约束反力的作用线方向 θ 和指向也不能预先确定。在实际计算中,为了方便画图,通常用互相垂直且通过铰链中心的两个分力 X_C、Y_C 来代替 R_C,X_C、Y_C 指向可以假设,如图 2-5f)所示。

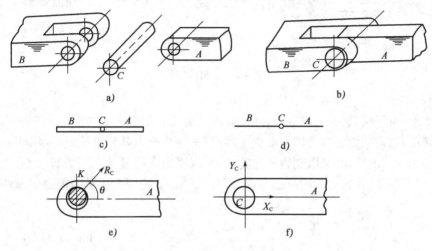

图 2-5 光滑铰链约束

4. 支座约束

支座是指把结构与基础联系起来的装置,如桥梁结构中,梁体不是直接坐落在桥墩或桥台上的,而是通过支座来联系。支座的构造形式很多,但在计算简图中,通常归纳为以下几种:

(1)固定铰支座。

在工程实际中,常将支座用螺栓与基础或机架固定,再将构件用销钉与支座连接构成铰链支座,简称固定铰支座,如图 2-6a)、b)所示。在力学计算中,常用图 2-6c)、d)所示的简图来表示。这种固定铰支座的约束反力,常用两个正交分力 X、Y 或 F_x、F_y 表示,指向可以假设,如图 2-6e)所示。

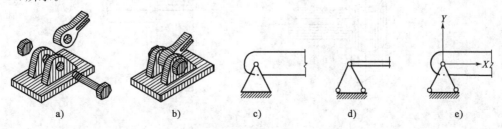

图 2-6 固定铰支座

(2)活动铰支座。

在大型桥梁、屋架等结构中,常常使用一种放置在一个或几个辊轴上的铰链支座,这种支座只允许构件沿支承面做微小的移动,而不允许在其垂直方向有运动,称为活动铰支座,其构造如图 2-7a)、b)所示。在力学计算中,常用图 2-7c)、d)、e)所示的简图来表示活动铰支座。活动铰支座的约束反力 R 的方向必垂直于支承面,且通过铰中心,R 的指向未定,指向可以假设,如图 2-7f)所示。

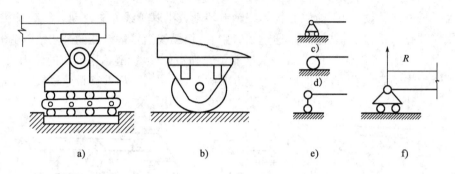

图 2-7　活动铰支座

(3)固定支座。

如图 2-8a)所示梁,它的一端嵌固在墙内,墙壁对梁的约束是既限制它沿任何方向移动,又限制它的转动,这样的约束称为固定端支座,简称固定支座。其计算简图 2-8b)所示。由于固定支座既限制物体的移动,又限制物体的转动,所以固定支座的约束反力有水平、竖向两个正交分力和一个限制物体转动的约束反力偶[图 2-8c)]。如图 2-9 所示为固定支座的几种工程实例。

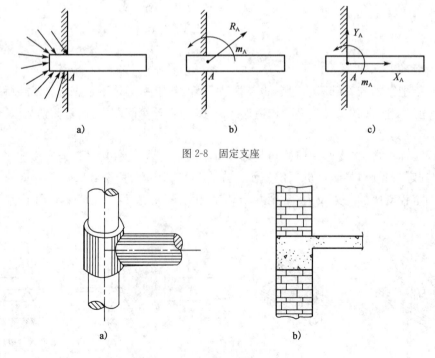

图 2-8　固定支座

图 2-9　固定支座实例

(4)定向支座（滑动铰支座）。

定向支座（滑动铰支座）能限制杆件的转动和垂直于支承面方向的移动，但允许杆件沿平行于支承面的方向移动。如图2-10a)所示，其支座反力为垂直于支承面的反力 F_N 和限制转动的反力偶矩 M，如图2-10b)所示。当支承面与杆轴线垂直时，滑动铰支座的反力为水平反力 F_N 和限制转动的反力偶矩 M，如图2-10c)所示。

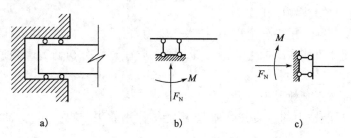

图2-10　定向支座

(5)链杆约束。

链杆约束是两端用铰与其他构件相连，不计自重且中间不受力的杆件，简称链杆，链杆可以是直的，也可以是其他形状的，如图2-11a)中 AB 杆和图2-12a)中 BC 杆均为链杆。由于链杆只在两个铰处受力，因此为二力构件。由二力平衡条件可知，链杆所受的两个力沿两铰链中心的连线。根据作用与反作用公理，链杆对物体的约束反力沿链杆两铰链中心的连线，指向待定，如图2-11b)、图2-12b)所示。

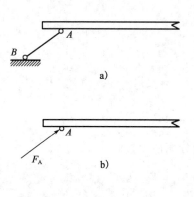

图2-11　链杆约束1

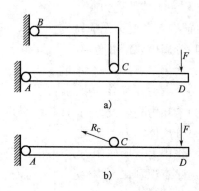

图2-12　链杆约束2

第二节　受力分析

工程力学问题大多是受一定约束的非自由刚体的平衡问题，解决此类问题的关键是找出主动力与约束反力之间的关系。因此，必须对物体的受力情况进行全面的分析，即物体的受力分析，也就是把某个特定的物体在某个特定的物理环境中所受到的力一个不漏、一个不重地找出来，并画出定性的受力示意图。对物体进行正确的受力分析是力学计算的前提和关键。

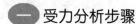　受力分析步骤

物体的受力分析分为以下三个步骤。

(1)明确研究对象。

在进行受力分析时,研究对象可以是某一个物体,也可以是保持相对静止的若干个物体(整体)。在解决比较复杂的问题时,灵活地选取研究对象可以使问题简洁地得到解决。研究对象确定以后,只分析研究对象以外的物体施予研究对象的力(即研究对象所受的外力),而不分析研究对象施予外界的力。

(2)隔离研究对象,按顺序找力。

把研究对象从实际情景中分离出来,按先已知力,再重力,再弹力,然后摩擦力(只有在有弹力的接触面之间才可能有摩擦力),最后其他力的顺序逐一分析研究对象所受的力,并画出各力的示意图。

(3)只画性质力,不画效果力。

画受力图时,只能按力的性质分类画力,不能按作用效果(拉力、压力、向心力等)画力,否则将出现重复。

二 受力图

解决力学问题时,需要分析某个物体或若干物体组合而成的系统的受力情况,这个物体或若干物体组成的系统称为研究对象。为了清晰表示研究对象的受力情况,需要把研究对象从与它有联系的周围其他物体中分离出来,单独画出研究对象的简图,这称为画分离体图。在分离体的简图上画出它所受的全部力(包括主动力和约束反力),这种表示分离体受力情况的简明图形称为物体的受力图。

画研究对象受力图应特别注意以下问题:

(1)分离体要彻底分离。

(2)约束力、外力一个不能少。

(3)约束力要符合约束的性质。

(4)未知力先假设方向,计算结果定实际方向。

(5)分离体内力不能画。

(6)作用力与反作用力方向相反,分别画在不同的分离体上。

(7)注意识别二力构件。

三 工程实例

例 2-1 重力为 G 的球,用绳索系住靠在光滑的斜面上,如图 2-13a)所示,试画出球的受力图。

解 以球为研究对象,将它单独画出来,和球有联系的物体有地球、光滑斜面及绳索。地球对球的吸引力就是重力 G,作用于球心并铅垂向下;光滑斜面对球的约束反力是 R_B,它通过切点 B 并沿公法线指向球心;绳索对球的约束反力是 S_A,它通过接触点 A 沿绳的中心线而背离球。球的受力图如图 2-13b)所示。

例 2-2 图 2-14 中的梯子 AB 重为 G,在 C 处用绳索拉住,A、B 处分别搁在光滑的墙及地面上,试画出梯子的受力图。

解 以梯子为研究对象,如图 2-14b)所示。作用在梯子上的主动力是已知的重力 G,G 作用在梯子的中点,铅垂向下;光滑墙面的约束反力是 R_A,它通过接触点 A,垂直于梯子并指向梯子;光滑地面的约束反力是 R_B,它通过接触点 B,垂直于地面并指向梯子;绳索的约束反力 S_C,其作用于绳索与梯子的接触点 C,沿绳索中心线,背离梯子。梯子受力图如图 2-14b)所示。

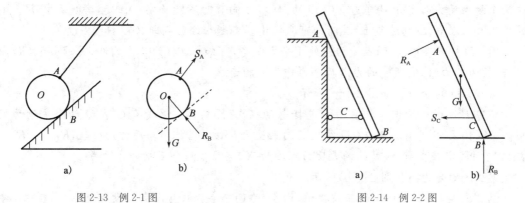

图 2-13 例 2-1 图   图 2-14 例 2-2 图

例 2-3　AB 梁自重不计,其支承和受力如图 2-15a)所示,试画出梁的受力图。

解　以梁为研究对象,将其单独画出。作用在梁上的主动力是已知力 P。A 端是固定铰支座,其约束反力 R_A 的大小和方向未知,如图 2-15b)所示,也可用两个相互垂直的分力 X_A、Y_A 表示,如图 2-15c)所示;B 端为可动铰支座,其反力是与支承面垂直的 R_B,其指向不定,因此可任意假设指向上方(或下方)。

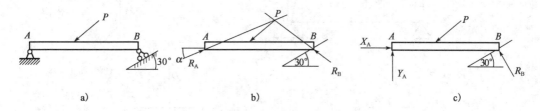

图 2-15 例 2-3 图

例 2-4　水平梁 AB 用斜杆 CD 支撑,A、C、D 三处均为光滑铰连接。匀质梁 AB 重力为 G,其上放置一重力为 Q 的电动机,如图 2-16a)所示,不计 CD 的自重,试分别画出杆 CD 和梁 AB(包括电动机)的受力图。

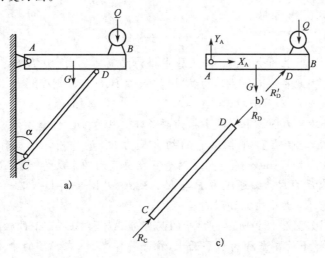

图 2-16 例 2-4 图

解 (1)CD 杆的受力图。取 CD 杆为研究对象,单独画出 CD 杆的隔离体图。由于斜杆自重不计,因此只在杆的两端分别受到铰的约束反力 R_C 和 R_D 的作用。根据光滑铰的性质,这两个约束反力必定分别通过铰 C、D 的中心,方向暂时不能确定。但是,考虑到杆 R_C 和 R_D 的作用线必在 C、D 的连线上,其指向可先假设。本题由经验判断,CD 杆受压力。

因 CD 杆只在 C、D 两点受力便处于平衡状态,可知 CD 杆为二力构件,同时由于 CD 杆为直杆,故为二力杆,它所受的力沿两个力作用点的连线。

斜杆 CD 的受力图如图 2-16c)所示。

(2)AB 梁的受力图。取梁 AB(包括电动机)为隔离体。梁受有 G 和 Q 两个主动力的作用。梁在铰 D 处受有二力杆 CD 给它的约束反力 R'_D;根据作用与反作用公理,$R'_D = -R_D$。梁在 A 处为固定铰支座,该处的约束反力可画为 X_A 和 Y_A 两个互相垂直的力。

梁 AB 的受力图如图 2-16b)所示。

例 2-5 图 2-17a)所示的三铰拱桥,由左、右两个半拱铰接而成。设拱重不计,在 AC 半拱上作用有荷载 P,试分别画 AC 和 CB 半拱的受力图。

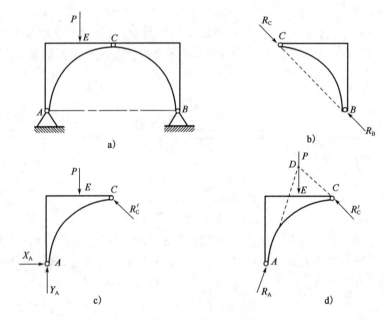

图 2-17 例 2-5 图

解 (1)先画 CB 半拱的受力图。取 CB 半拱为隔离体。由于 CB 自重不计,且只在 B、C 两处受到铰的约束,因此半拱 CB 为二力构件,铰中心 B、C 处分别受到 R_B、R_C 的作用,且 $R_B = -R_C$,此二力的方向如图 2-17b)所示。

(2)画 AC 半拱的受力图。取 AC 半拱为隔离体。由于 BC 自重不计,因此主动力只有荷载 P。半拱在铰链 C 处受有 B 半拱给它的约束反力 R'_C 的作用。根据作用与反作用公理,$R'_C = -R_C$。半拱在 A 处可画成 X_A 和 Y_A 两个互相垂直的约束反力[图 2-17c)]。进一步分析可知,铰 A 处的约束反力 R_A,必通过力 P 与 R'_C 交点 D[图 2-17d)],这一判断是根据三力平衡汇交定理做出的。R_A 大小则需通过计算确定。

例 2-6 人字梯如图 2-18a)所示。梯子的两部分 AB 和 AC 在 A 处铰接,又在 D、E 两点用水平绳相连接。梯子放在光滑的水平面上,梯子自重不计,在 AB 的中点 H 作用一铅直荷载 P。试分别画出绳子 DE 和梯子的 AB、AC 部分以及整个物体系的受力图。

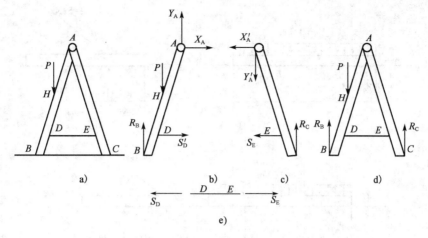

图 2-18 例 2-6 图

解 (1)绳子 DE 的受力分析。绳子两端 D、E 分别受到梯子的拉力 T_D、T_E,其受力图如图 2-18e)所示。

(2)梯子 AB 部分的受力分析。梯子 AB 部分在 H 处受有主动力 P 的作用,在铰 A 处受到 AC 部分给它的约束反力 X_A 和 Y_A 作用。在 D 点受到绳子给它的反作用力 S'_D。B 点受到光滑地面的法向反力 R_B。梯子 AB 部分的受力如图 2-18b)所示。

(3)梯子 AC 部分的受力分析。在铰 A 处受到 AB 部分对它的反作用力 X'_A 和 Y'_A;X'_A 和 Y'_A 的指向必须分别与 X_A 和 Y_A 的指向相反。在 E 点受到绳子的作用力 S'_E。在 C 处受到光滑地面的法向反力 R_C。梯子 AC 部分的受力如图 2-18c)所示。

(4)整个物体系的受力分析。取整个物体系为隔离体,隔离体所受的主动力有 H 点的荷载 P,约束反力有 B、C 两点的法向反力 R_B 和 R_C。物体系在力 P、R_B 和 R_C 作用下保持平衡,如图 2-18d)所示。

需特别注意的是,在以整个物体系为研究对象时,铰 A 处的受力和 DE 绳的受力不应画出,因为此时这些力都是内力,而内力是成对出现的。

由本题可以看出,内力与外力的概念并不是绝对的(它们与研究对象有关),在一定条件下内力与外力可以互相转化。

例 2-7 画图 2-19 所示为一两跨水平梁及其所受的荷载。试分别对梁 AC、梁 CE 以及整体进行受力分析,并绘出其受力图。

解 梁 AC、梁 CE 以及两跨水平梁整体进行受力分析,其受力图分别如图 2-19b)、c)、d)所示。

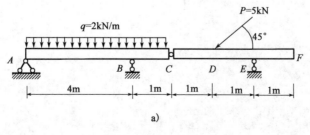

图 2-19 图

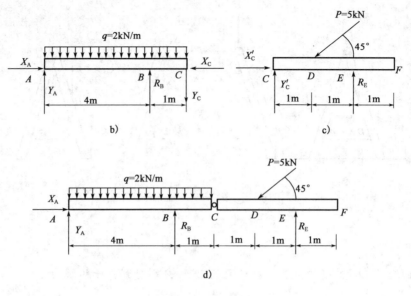

图 2-19 例 2-7 图

◀ 本章小结 ▶

本章主要介绍了常见约束及对物体进行受力分析的基本方法。

(1)约束及约束反力的概念。熟练掌握常见约束类型：柔体约束、光滑接触面约束、光滑铰链约束、固定端约束的约束反力特点。

(2)正确画出物体受力图是解决力学问题的前提。根据约束性质画约束反力。注意作用力和反作用力的关系,是正确画好受力图的关键。

第三章 静力平衡

◎ **职业能力目标**

掌握静力平衡方程;能够运用静力平衡方程解决工程中的平面一般力系、平面汇交力系、平面平行力系的计算问题;能够将工程中的实物转化成力学模型进行静力平衡计算。

◎ **教学重点与难点**

1. 教学重点:力系的简化;平衡方程的建立以及应用。
2. 教学难点:平衡方程的建立以及应用。

第一节 力系简化

在第一章我们已经对力有基本的了解了。然而施工中涉及各种力、力系、力偶,应该怎样分析,将在本章进行介绍。

一 力的类型

力系按各力作用线的分布可以分为平面力系和空间力系两大类,如平面汇交力系、空间一般力系等。我们这里只研究平面力系。

等效力系:两个力系对物体的作用效应相同,则称这两个力系互为等效力系。当一个力与一个力系等效时,则称该力为力系的合力;而该力系中的每一个力称为其合力的分力。把力系中的各个分力代换成合力的过程,称为力系的合成;反过来,把合力代换成若干分力的过程,称为力的分解。

平衡力系:若刚体在某力系作用下保持平衡,则该力系称为平衡力系。在平衡力系中,各力相互平衡,或者说,诸力对刚体产生的运动效应相互抵消。可见,平衡力系是对刚体作用效应等于零的力系。

二 力系的合成

将复杂力系等效地化为最简力系在理论分析和工程中都具有重要意义。力系简化的前提是等效。等效力系是指不同力系对同一物体所产生的运动效应相同。力系的简化是指用简单的力系等效地替换一个复杂力系。力系简化得到的最简力系称为力系简化的结果,可以是平衡、一个力、一个力偶或者一个力和一个力偶。

力系的简化结果可以导出力系平衡条件。并且,力系简化并不局限于静力学。例如,飞行中的飞机受到升力、牵引力、重力、空气阻力等分布在飞机不同部位的力的作用,为确定飞机运动规律可以先进行力系的简化。因此,力系简化也是动力学分析的基础。

1. 力系的基本特征量：主矢与主矩

为讨论力系的等效和简化问题，引入力系主矢和主矩两个基本特征量。

设刚体受到力系 $F_i(i=1, 2, \cdots, n)$ 作用，诸作用点相对固定点 O 的矢径依次为 $r_i(i=1, 2, \cdots, n)$。力系 F_i 的矢量和，称为力系的主矢。记为 F_R，即

$$F_R = \sum_{i=1}^{n} F_i \tag{3-1}$$

主矢仅取决于力系中各力的大小和方向，而不涉及作用点，是一个自由矢量。主矢通常不是力。

计算力系 F_i 对固定点 O 的力矩的矢量和，称为力系对点 O 的主矩。记为 M_O，即

$$M_O = \sum_{i=1}^{n} r_i \times F_i \tag{3-2}$$

它不仅取决于力系中各力的大小、方向和作用点，还取决于矩心 O 的选择。因此，主矩是定位矢量。

例 3-1 试计算图示空间力系的主矢和对固定点 O、A 和 B 的主矩。

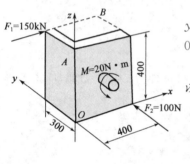

图 3-1 例 3-1 图

解 设 O-xyz 坐标系如图 3-1 所示，i、j、k 为沿坐标轴 x、y、z 方向的单位矢量。所讨论力系包括分别作用于点 $(0, 0.3, 0.4)$ 和 $(0.4, 0.3, 0)$ 的力

$$F_1 = 150i \, (\text{N}), \quad F_2 = 100j \, (\text{N})$$

以及力偶

$$M = -20j \, (\text{N} \cdot \text{m})$$

根据式 (3-1)，力系的主矢

$$F_R = 150i + 100j \, (\text{N})$$

力系中各力的作用点相对于固定点 O、A 和 B 的矢径分别为

$$r_{O1} = 0.3j + 0.4k \, (\text{m}), \quad r_{O2} = 0.4i \, (\text{m})$$
$$r_{A1} = 0.3j \, (\text{m}), \quad r_{A2} = 0.4i - 0.4k \, (\text{m})$$
$$r_{B1} = -0.4i \, (\text{m}), \quad r_{B2} = -0.3j - 0.4k \, (\text{m})$$

力系对各固定点的主矩即为对相应点力矩的矢量和

$$M_O = r_{O1} \times F_1 + r_{O2} \times F_2 + M = 40j - 5k \, (\text{N} \cdot \text{m})$$
$$M_A = r_{A1} \times F_1 + r_{A2} \times F_2 + M = 40i - 20j - 5k \, (\text{N} \cdot \text{m})$$
$$M_B = r_{A1} \times F_1 + r_{A2} \times F_2 + M = 40i + 20j \, (\text{N} \cdot \text{m})$$

2. 力系的简化

(1) 力线平移。

与力偶不同，力是滑动矢量，它只可以沿力作用线移动而不可平移，平移将改变原来的力对刚体的作用效果。具体地，作用于刚体上的力等效地平移到刚体上的任一点时，将产生一个附加力偶，此力偶矩等于原来的力对新作用点的力矩。

根据力的平移定理(图 3-2)可知，如若将力移动到简化中心，必须在移动力的同时附加一个力偶。力偶矩为 $M = F \times d$，转向与力 F 对平移点之矩的转向相同。同理，根据力的平移定理的逆定理，也可将图 3-2c) 中的力和力偶等效成图 3-2a) 中的力。

力的平移定理不仅是力系向一点简化的依据，而且可用来解释一些实际问题。例如，攻丝

时,必须用两手握扳手,而且用力要相等。为什么不允许用一只手扳动扳手呢[图3-3a)]？因为作用在扳手 AB 一端的力 F,与作用在点 C 的一个力 F' 和一个矩为 M 的力偶[图3-3b)]等效。这个力偶使丝锥转动,而这个力 F' 却往往使攻丝不正,甚至折断丝锥。

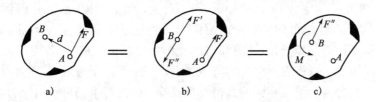

图3-2 力的力线平移

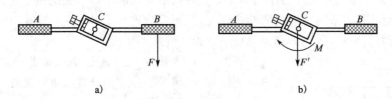

图3-3 攻丝施力

(2)力系向某点简化。

设刚体上作用有力系 $F_i(i=1,2,\cdots,n)$,作用点为分别为 $A_i(i=1,2,\cdots,n)$[图3-4a)]。任选一点 O,称为简化中心,各力作用点与该点的垂直距离为 $OA_i=r_i(i=1,2,\cdots,n)$。利用前述力线平移的结果,可将每一个力平移到 O 点,而得到一个作用点为 O 点的汇交力系 $F_i'=F_i(i=1,2,\cdots,n)$ 和一个力偶系 $M_i=r_iF_i(i=1,2,\cdots,n)$ [图3-4b)]。对于汇交力系和力偶系,我们已经知道可以分别进一步合成为一个力和一个力偶[图3-4c)]。

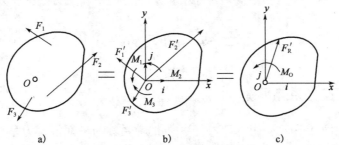

图3-4 力系向某点简化

$$F_R' = \sum_{i=1}^n F_i' = \sum_{i=1}^n F_i, \quad M = \sum_{i=1}^n M_O(F_i) = M_O \tag{3-3}$$

汇交力系 $F_i'(i=1,2,\cdots,n)$ 的合力 F_R' 的大小和方向等于力系的主矢,作用点在简化中心 O,而力偶系 $M_i(i=1,2,\cdots,n)$ 的合力偶 M 等于原力系对 O 点的主矩 M_O。

(3)简化结果分析。

以下根据主矢和对简化中心主矩是否为零讨论力系简化结果。存在下列几种情况:

①主矢和主矩同时为零,即 $F_R'=0, M_O=0$。该力系与零力系(零力系称平衡力系,作用于刚体并使它保持力学平衡状态的力系)等效,则力系平衡。平衡问题将在本章第二节详细分析。容易验证,此时力系简化结果与简化中心无关。即若选择其他点作为新的简化中心,将得到结果相同。

②主矢不为零而主矩为零,即 $F_R'\neq 0, M_O=0$。该力系与作用线通过 O 点的力 F_R' 等效,

该力系有合力。

③主矢为零但主矩不为零，即 $F'_R=0, M_O\neq 0$。该力系与一个力偶 M_O 等效，力系有合力偶。显然，这个结果也与简化中心无关。

④主矢和主矩都不为零，即 $F'_R\neq 0, M_O\neq 0$。首先，若向简化中心简化得到的力和力偶垂直，由力线平移的逆过程知，此时力系可以简化为一个力，即力系有合力，属于结果。其次若前述力和力偶平行，不能进一步简化，该力和力偶统称为力螺旋。最后，若主矢和主矩既不平行也不垂直，此情况下总可以将主矩分解为与主矢垂直和平行两个分量，其中垂直分量可以通过力的平移消除，平行分量与平移得到的力构成力螺旋。故此力系仍可以简化为力螺旋。

由以上分析知，力螺旋是力系简化的基本结果之一。当力和力偶指向相同时称为右螺旋，否则称为左螺旋。钻头对工件的作用和用螺丝刀拧木螺丝都是力螺旋的例子。

上述分析表明，力系简化的最简形式有四种：平衡、合力、合力偶、力螺旋。所有非零最简力系均由力和力偶组成，因此力和力偶是组成力系的基本元素。

例 3-2 三个大小相等的力 F 沿长方体的三个不相交且不平行的棱作用（图 3-5）。棱的长度 a、b、c 满足什么关系时这三个力能够简化为合力？

解 建立图示直角坐标系，i、j、k 为沿坐标轴方向的单位向量。选 O 点为简化中心，力系的主矢和主矩分别为

$$F'_R = F(i+j+k), \quad M_O = F(b-c)i - Faj$$

当主矢和主矩垂直时，能够进一步简化为一个力，即

$$F'_R \cdot M_O = F^2(b-c) - F^2 a = 0$$

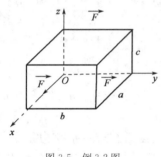

图 3-5 例 3-2 图

由此可知，当棱的长度 a、b、c 满足 $a=b-c$ 时，力系能够简化为一个合力。

第二节 力系的平衡

一 平面汇交力系的平衡

各力作用线在同一平面内，并且汇交于一点的力系称为平面汇交力系。在图 3-6 中的起重机吊梁，就是受到平面汇交力系作用的例子。转换力学模型，如图 3-7 所示。

图 3-6 起重机吊梁

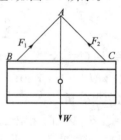

图 3-7 起重机吊梁转换模型

设刚体上作用有一个平面汇交力系 F_1、F_2 和 F_3，见图 3-8a）；根据力的可传性，可简化为一个等效的平面共点力系，见图 3-8b）；连续应用力三角形法则，如图 3-8c）所示：先将 F_1 和 F_2 合成为合力 F_{12}，再将 F_{12} 与 F_3 合成为合力 F，则 F 就是力系的合力。如果只需求出合力 F，则代表 F_{12} 的虚线可不必画出，只需将力系中各力首尾相接，连成折线，则封闭边就表示合力 F，其方向与各分力的绕行方向相反。比较图 3-8c）和图 3-8d）可以看出，画分力的先后顺序并不影响合成的结果。这种用作力多边形来求平面汇交力系合力的方法称为几何法。显然，上面求两力合力的力三角形法则是力多边形法则的特例。同时对于有 n 个力的平面汇交力系，上述方法也是适用的。可见平面汇交力系合成的结果为一个合力 F，它等于各分力的矢量和，写为

$$F = F_1 + F_2 + \cdots + F_n = \sum_{i=1}^{n} F_i = \sum F_i \tag{3-4}$$

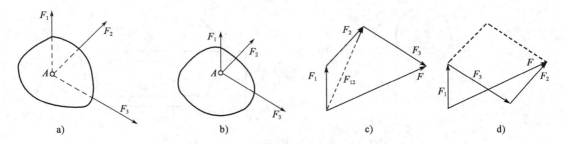

图 3-8 刚体上汇交力系合成

显然，物体在平面汇交力系作用下平衡的必要和充分条件是力系的合力等于零，即

$$\sum F_i = 0 \tag{3-5}$$

如上所述，平面汇交力系的合力是用力多边形的封闭边来表示的。当合力等于零时，力多边形的封闭边[图 3-8c）和 d）中的 F 边]不再存在。所以平面汇交力系平衡的几何条件是力系中各力构成自行封闭的力多边形。

二力平衡公理中的两力等值、反向、共线，其合力等于零，它是平面汇交力系中最简单的平衡力系。

由下式求出合力的大小

$$F = \sqrt{X^2 + Y^2} = \sqrt{(\sum X_i)^2 + (\sum Y_i)^2} \tag{3-6}$$

平面汇交力系平衡的条件为合力 $F=0$。由上式可知，$\sum X_i$ 和 $\sum Y_i$ 必须分别等于零。因此可得平面汇交力系平衡的解析条件为

$$\left.\begin{array}{l}\sum X = 0 \\ \sum Y = 0\end{array}\right\} \tag{3-7}$$

即力系中各力在两个坐标轴上的投影的代数和应分别等于零。

式(3-7)通常称为平面汇交力系的(解析)平衡方程。这是两个独立的方程，因此可以求解两个未知数。

例 3-3 图 3-9a）所示为一利用定滑轮匀速提升工字钢梁的装置。若已知梁的重力 $W=15kN$，几何角度 $\alpha=45°$，不计摩擦和吊索、吊环的自重，试分别用几何法和解析法求吊索 1 和 2 所受的拉力。

解 （1）取梁为研究对象。

(2)受力分析。梁受重力 W 和吊索 1、2 的拉力 F_1 和 F_2 的作用。其中 W 的大小和方向均为已知;F_1 和 F_2 为沿着吊索方向的拉力,大小待求,且三力组成平面汇交力系,并处于平衡。

(3)作出梁的受力图,如图 3-9b)所示。

(4)列平衡方程。

$$\left.\begin{array}{r}\sum X_i = 0\\ \sum Y_i = 0\end{array}\right\} \quad \begin{cases} F_1\sin\alpha - F_2\sin\alpha = 0\\ F_1\cos\alpha + F_2\cos\alpha - W = 0\end{cases}$$

(5)解方程组。

$$F_1 = F_2 = \frac{W}{2\cos\alpha} = \frac{15}{2\cos 45°} = 10.6(\mathrm{kN})$$

F_1 和 F_2 的方向如图 3-9b)所示。

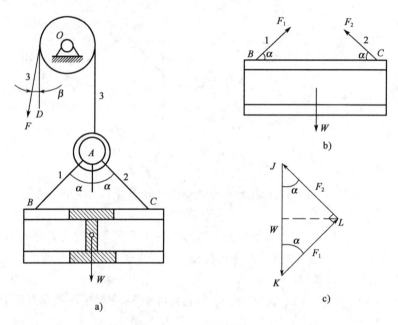

图 3-9 例 3-3 图

本装置中,当角度 $\alpha(0°\leqslant\alpha\leqslant 90°)$ 改变时,拉力 F_1 和 F_2 将如何变化?如何求吊索 3 的拉力 F_3?请自行分析求解。[答:在图 3-9c)的力三角形中,W 一定,若角度 α 减小,则拉力 F_1 和 F_2 将减小;α 增大,则拉力 F_1 和 F_2 将增大。取吊环和梁整体为研究对象,吊索 3 的拉力 $F_3 = W$,方向向上。]

二 平面力偶系的平衡

1.平面力偶系的合成

作用于同一平面内的两个或两个以上的力偶称为平面力偶系。

设有两个力偶(F_1,F_1')和(F_2,F_2')组成一平面力偶系,它们的力偶矩分别为 $m_1 = F_1 d_1$ 和 $m_2 = F_2 d_2$[图 3-10a)],现求其合成的结果。

首先,在力偶的作用面内任取一线段 $AB = d$,然后,在保持力偶矩不变的条件下,调节这两个力偶,并将两力偶的力偶臂都定为 d,且与 AB 重合[图 3-10b)],得到两个等效力偶(P_1,

P'_1)和(P_2, P'_2),其中 P_1, P_2 的大小分别为

$$P_1 = \frac{m_1}{d}, P_2 = \frac{m_2}{d}$$

将作用于 A 点的力 P_1, P_2 及 B 点的力 P'_1, P'_2 分别合成为 R 及 R'[图 3-10c],其大小分别为

$$R = P_1, R' = P'_1 + P'_2$$

因 R 与 R' 大小相等、方向相反,且不共线,因此组成了一个新的力偶(R, R'),这就是原力偶(F_1, F'_1)和(F_2, F'_2)的合力偶,其力偶矩为

$$M = Rd = (P_1 + P_2)d = \left(\frac{m_1}{d} + \frac{m_2}{d}\right)d = m_1 + m_2$$

对于由更多个力偶组成的平面力偶系,仍可用同样的方法进行合成。因此可得如下结论:

平面力偶系合成的结果为一合力偶,其合力偶矩等于各分力偶矩的代数和。用数学式表示为

$$M = \sum m \tag{3-8}$$

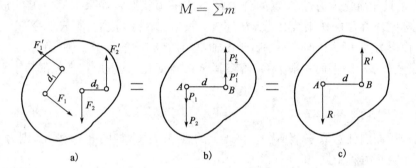

图 3-10 平面力偶系合成

2. 平面力偶系的平衡

平面力偶系合成的结果为一合力偶,显然,若要力偶系平衡,必须并且只需合力偶矩等于零,即 $M = 0$。所以平面力偶系平衡的必要和充分条件是:力偶系中所有力偶的力偶矩的代数和等于零。用数学式表示为

$$\sum m = 0 \tag{3-9}$$

三 平面一般力系的平衡

1. 平面一般力系平衡方程

平面任意力系经过简化之后都可以得到主矢和主矩。平面任意力系平衡的必要和充分条件是:力系的主矢和力系对其作用面内任一点的主矩都等于零。即

$$\begin{cases} F'_R = 0 \\ M_O = 0 \end{cases} \tag{3-10}$$

所以平面任意力系的平衡方程为

$$\begin{cases} \sum X = 0 \\ \sum Y = 0 \\ \sum M_O(F) = 0 \end{cases} \tag{3-11}$$

式(3-11)中有三个独立的平衡方程,其中只有一个力矩方程,这种形式的平衡方程称为一矩式。由于投影轴和矩心是可以任意选取的。因此,在实际解题时,为了简化计算,平衡方程组中的力的投影方程可以部分或全部地用力矩方程替代,从而得到平面任意力系平衡方程的二矩式、三矩式。

2. 二力矩形式的平衡方程

在力系作用面内任取两点 A、B 及 x 轴,如图 3-11 所示,可以证明平面一般力系的平衡方程可改写成 2 个力矩方程和一个投影方程的形式,即

$$\left.\begin{array}{l} \sum X = 0 \\ \sum M_A = 0 \\ \sum M_B = 0 \end{array}\right\} \tag{3-12}$$

注意:其中 x 轴不与 A、B 两点的连线垂直。

证明:首先将平面一般力系向 A 点简化,一般可得到过 A 点的一个力和一个力偶。若 $M_A=0$ 成立,则力系只能简化为通过 A 点的合力 R 或成平衡状态。如果 $\sum M_B=0$ 又成立,说明 R 必通过 B。可见合力 R 的作用线必为 AB 连线。又因 $\sum X=0$ 成立,则 $R_x = \sum X = 0$,即合力 R 在 x 轴上的投影为零,因 AB 连线不垂直于 x 轴,合力 R 亦不垂直于 x 轴,由 $R_x=0$ 可推得 $R=0$。可见满足式(3-12)的平面一般力系,若将其向 A 点简化,其主矩和主矢都等于零,从而力系必为平衡力系。

3. 三力矩形式的平衡方程

在力系作用面内任意取三个不在一直线上的点 A、B、C,如图 3-12 所示,则力系的平衡方程可写为三个力矩方程形式,即

$$\left.\begin{array}{l} \sum M_A = 0 \\ \sum M_B = 0 \\ \sum M_C = 0 \end{array}\right\} \tag{3-13}$$

其中,A、B、C 三点不在同一直线上。

同上面讨论一样,若 $\sum M_A=0$ 和 $\sum M_B=0$ 成立,则力系合成结果只能是通过 A、B 两点的一个力(图 3-12)或者平衡。如果 $\sum M_C=0$ 也成立,则合力必然通过 C 点,而一个力不可能同时通过不在一直线上的三点,除非合力为零,$\sum M_C=0$ 才能成立。因此,力系必然是平衡力系。

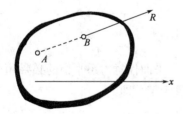

图 3-11　力系 A、B 点及 x 轴选取

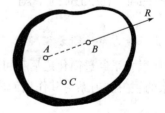

图 3-12　力系 A、B、C 点选取

综上所述,平面一般力系共有三种不同形式的平衡方程,即式(3-11)~式(3-13),在解题时可以根据具体情况选取某一种形式。无论采用哪种形式,都只能写出三个独立的平衡方程,求解三个未知数。任何第四个方程都不是独立的,但可以利用这个方程来校核计算的结果。

例 3-4　某屋架如图 3-13a)所示,设左屋架及盖瓦共重 $P_1=3\mathrm{kN}$,右屋架受到风力及荷载

作用,其合力 $P_2=7\text{kN}$,P_2 与 BC 夹角为 $80°$,试求 A、B 支座的反力。

解 取整个屋架为研究对象,画其受力图,并选取坐标轴 x 轴和 y 轴,如图 3-13b)所示,列出三个平衡方程。

$$\sum X = 0 \quad X_A - P_2\cos70° = 0$$
$$X_A = P_2\cos70° = 7 \times 0.342 = 2.39(\text{kN})$$

$$\sum M_A = 0 \quad Y_B \times 16 - 4 \times P_1 - P_2\sin70° \times 12 + P_2\cos70° \times 4 \times \tan30° = 0$$
$$Y_B = \frac{4P_1 + 12P_2\sin70° - 4P_2\cos70° \times \tan30°}{16}$$
$$= \frac{4 \times 3 + 12 \times 7 \times 0.94 - 4 \times 7 \times 0.342 \times 0.577}{16}$$
$$= 5.34(\text{kN})$$

$$\sum M_B = 0 \quad -16Y_A + 12P_1 + P_2\sin70° \times 4 + P_2\cos70° \times 4 \times \tan30° = 0$$
$$Y_A = \frac{12P_1 + 4P_2\sin70° + 4P_2\cos70° \times \tan30°}{16}$$
$$= 4.24(\text{kN})$$

校核

$$\sum Y = Y_A + Y_B - P_1 - P_2\sin70°$$
$$= 4.24 + 5.34 - 3 - 7 \times 0.94 = 0$$

证明计算无误。

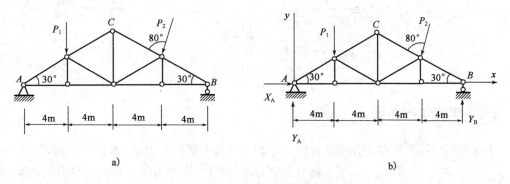

图 3-13 例 3-4 图

例 3-5 梁 AC 用三根支座链杆连接,受一力 $P=50\text{kN}$ 作用,如图 3-14a)所示。不计梁及链杆的自重,试求每根支座链杆的反力。

解 取 AC 梁为研究对象,画其受力图,如图 3-14b)所示。列平衡方程时,为避免解联立方程组,最好每个方程中只有一个未知力,因此,取 R_A 和 R_B 的交点 O_1 为矩心列平衡方程

$$\sum M_{O_1} = 0 \quad R_C \times 6 - P\cos60° \times 2 - P\sin60° \times 4 = 0$$
$$R_C = \frac{2P\cos60° + 4P\sin60°}{6} = \frac{2 \times 50 \times 0.5 + 4 \times 50 \times 0.866}{6}$$
$$= 37.2(\text{kN})$$

取 R_B 与 R_C 的交点 O_2 为矩心列平衡方程

$$\sum M_{O_2} = 0 \quad -R_A \times \frac{6}{\cos45°} + P\cos60° \times 4 - P\sin60° \times 2 = 0$$

$$R_A = \frac{(4P\cos60° + 2P\sin60°)}{6} = \frac{(4\times50\times0.5 + 2\times50\times0.866)\times0.707}{6}$$
$$= 21.99(\text{kN})$$

取 $\sum X = 0$ $R_A\cos45° - R_B\cos45° - P\cos60° = 0$

$$R_B = \frac{R_A\cos45° - P\cos60°}{\cos45°} = \frac{21.99\times0.707 - 50\times0.5}{0.707} = -13.37(\text{kN})$$

校核
$$\sum Y = R_A\sin45° + R_B\sin45° + R_C - P\sin60°$$
$$= 21.99\times0.707 - 13.37\times0.707 + 37.2 - 50\times0.866$$
$$= 0$$

证明计算无误。

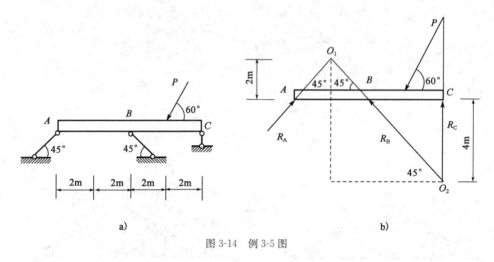

图 3-14 例 3-5 图

四 平面平行力系

平面平行力系是指各力作用线在同一平面上并相互平行的力系,如图 3-15 所示,选 Oy 轴与力系中的各力平行,则各力在 x 轴上的投影恒为零,则平衡方程只剩下两个独立的方程

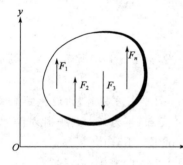

图 3-15 平面平行力系

$$\left.\begin{array}{l}\sum Y = 0 \\ \sum M_O = 0\end{array}\right\} \quad (3\text{-}14)$$

若采用二力矩式(3-12),可得

$$\left.\begin{array}{l}\sum M_A = 0 \\ \sum M_B = 0\end{array}\right\} \quad (3\text{-}15)$$

注意:其中 A、B 两点的连线不与各力作用线平行。

平面平行力系只有两个独立的平衡方程,只能求解两个未知量。

例 3-6 塔式起重机如图 3-16a)所示。已知机身重 $G = 220\text{kN}$,作用线通过塔架的中心,最大起重量 $F_P = 50\text{kN}$,平衡锤重 $F_Q = 30\text{kN}$。试求满载和空载时轨道 A、B 的约束反力,并问起重机在使用过程中会不会翻倒。

解 (1)取起重机为研究对象。

(2)画出起重机的受力图[图 3-16b)]。作用在起重机上的力有主动力 G、F_P、F_Q 及轨道 A、B 的约束反力 R_A、R_B，这些力组成平面平行力系。

(3)列平衡方程并求解：

$$\sum M_B = 0 \quad F_Q \times (6+2) + G \times 2 - F_P \times (12-2) - R_A \times 4 = 0$$

$$\sum M_A = 0 \quad F_Q \times (6-2) - G \times 2 - F_P \times (12+2) + R_B \times 4 = 0$$

解得

$$R_A = 2F_Q + 0.5G - 2.5F_P$$

$$R_B = -F_Q + 0.5G + 3.5F_P$$

当满载时，$F_P = 50\text{kN}$，代入得

$$R_A = 2 \times 30 + 0.5 \times 220 - 2.5 \times 50 = 45(\text{kN})$$

$$R_B = -30 + 0.5 \times 220 + 3.5 \times 50 = 255(\text{kN})$$

当空载时，$F_P = 0$，代入得

$$R_A = 2 \times 30 + 0.5 \times 220 = 170(\text{kN})$$

$$R_B = -30 + 0.5 \times 220 = 80(\text{kN})$$

满载时，为了保证起重机不致绕 B 点翻倒，必须使 $R_A > 0$；空载时，为了保证起重机不致绕 A 点翻倒，必须使 $R_B > 0$。由上述计算结果可知，满载时，$R_A = 45\text{kN} > 0$；满载时，$R_B = 80\text{kN} > 0$。因此，起重机在使用过程中不会翻倒。

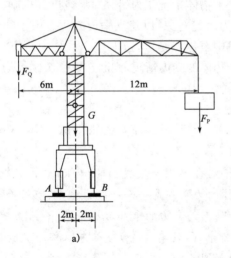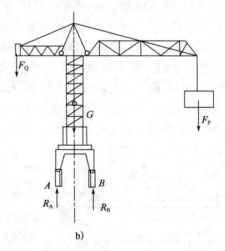

图 3-16 例 3-6 图

五 物体系的平衡计算

前面研究了平面力系单个物体的平衡问题。但是在工程结构中往往是由若干个物体通过一定的约束来组成一个系统。这种系统称为物体系统。例如，图 3-17a)所示的组合梁，就是由梁 AC 和梁 CD 通过铰 C 连接，并支承在 A、B、D 支座而组成的一个物体系统。

在一个物体系统中，一个物体的受力与其他物体是紧密相关的；整体受力又与局部紧密相关。物体系统的平衡是指组成系统的每一个物体及系统的整体都处于平衡状态。

在研究物体系统的平衡问题时，不仅要知道外界物体对这个系统的作用力，同时还应分析

系统内部物体之间的相互作用力。通常将系统以外的物体对这个系统的作用力称为外力,系统内各物体之间的相互作用力称为内力。如图3-17b)组合梁的受力图中,荷载及 A、B、D 支座的反力就是外力,而在铰 C 处左右两段梁之间的互相作用的力就是内力。

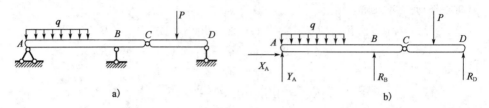

图3-17 组合梁

应当注意,外力和内力是相对的概念,是对一定的考察对象而言的,例如图3-17组合梁在铰 C 处两段梁的相互作用力,对组合梁的整体来说,就是内力,而对左段梁或右段梁来说,就成为外力了。

当物体系统平衡时,组成该系统的每个物体都处于平衡状态,因而,对于每一个物体一般可写出3个独立的平衡方程。如果该物体系统有 n 个物体,而每个物体又都在平面一般力系作用下,则就有 $3n$ 个独立的平衡方程,可以求出 $3n$ 个未知量。但是,如果系统中的物体受平面汇交力系或平面平行力系的作用,则独立的平衡方程将相应减少,而所能求的未知量数目也相应减少。

在解答物体系统的平衡问题时,可以选取整个物体系统作为研究对象,也可以选取物体系统中某部分物体(一个物体或几个物体组合)作为研究对象,以建立平衡方程。由于物体系统的未知量较多,应尽量避免从总体的联立方程组中解出,通常可选取整个系统为研究对象,看能否从中解出1或2个未知量,然后再分析每个物体的受力情况,判断选取哪个物体为研究对象,使之建立的平衡方程中包含的未知量少,以简化计算。

下面举例说明求解物体系统平衡问题的方法。

例3-7 组合梁受荷载如图3-18a)所示。已知 $P_1=16\text{kN}$,$P_2=20\text{kN}$,$m=8\text{kN}\cdot\text{m}$,梁自重不计,求支座 A、C 的反力。

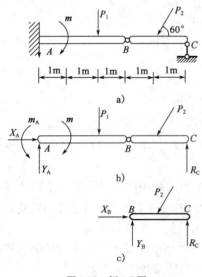

图3-18 例3-7图

解 组合梁由两段梁 AB 和 BC 组成,作用于每一个物体的力系都是平面一般力系,共有6个独立的平衡方程;而约束力的未知数也是6个(A 处有3个,B 处有2个,C 处有1个)。首先取整个梁为研究对象,受力如图3-18b)所示。列平衡方程

$$\sum X = 0 \qquad X_A - P_2\cos 60° = 0$$
$$X_A = P_2\cos 60° = 10(\text{kN})$$

其余3个未知数 Y_A、m_A 和 R_C,无论怎样选取投影轴和矩心,都无法求出其中任何一个,因此,必须将 AB 梁和 BC 梁分开考虑,现取 BC 梁为研究对象,受力如图3-18c)所示。列平衡方程

$$\sum X = 0 \qquad X_B - P_2\cos 60° = 0$$
$$X_B = P_2\cos 60° = 10(\text{kN})$$
$$\sum M_B = 0 \qquad 2R_C - P_2\sin 60° \times 1 = 0$$

$$R_C = \frac{P_2 \sin 60°}{2} = 8.66 \text{(kN)}$$
$$\sum Y = 0 \quad R_C + Y_B - P_2 \sin 60° = 0$$
$$Y_B = -R_C + P_2 \sin 60° = 8.66 \text{(kN)}$$

再回到图 3-18b),列平衡方程
$$\sum M_A = 0 \quad 5R_C - 4P_2 \sin 60° - P_1 \times 2 - m + m_A = 0$$
$$m_A = 4P_2 \sin 60° + 2P_1 - 5R_C + m = 65.98 \text{(kN)}$$
$$\sum Y = 0 \quad Y_A + R_C - P_1 - P_2 \sin 60° = 0$$
$$Y_A = P_1 + P_2 \sin 60° - R_C = 24.66 \text{(kN)}$$

校核:对整个组合梁,列出平衡方程
$$\sum M_B = m_A - 3Y_A + P_1 \times 1 - 1 \times P_2 \sin 60° + 2R_C - m$$
$$= 65.98 - 3 \times 24.66 + 16 \times 1 - 1 \times 20 \times 0.866 + 2 \times 8.66 - 8$$
$$= 0$$

计算无误。

通过例 3-7,总结出求解物体系平衡问题的步骤如下:

(1) 分析题意,选取适当的研究对象。

物体系统整体平衡时,其每个局部也必然平衡。因此,研究对象可取整体,也可以取其中一部分物体或单个物体。选取的原则是尽量做到一个平衡方程只含一个未知量,尽可能避免解联立方程。

(2) 画出研究对象的受力图。

在受力分析中注意区分内力与外力,受力图上只画外力不画内力,两物体间的相互作用力要符合作用与反作用定律。

(3) 对所选取的研究对象,列出平衡方程并求解。

◀ 本章小结 ▶

1. 平面力系的简化

平面任意力系向平面内任选一点 O 简化,一般情况下,可得一个力和一个力偶,这个力称为于该力系的主矢,即
$$F_R = \sum_{i=1}^{n} F_i$$

作用线通过简化中心 O。这个力偶的矩称为该力系对于点 O 的主矩,即
$$M_O = \sum_{i=1}^{n} r_i \times F_i$$

2. 平面力系的平衡方程

平面任意力系平衡的必要和充分条件是:力系的主矢和对于任一点的主矩都等于零,即
$$\begin{cases} \sum X = 0 \\ \sum Y = 0 \\ \sum M_O(F) = 0 \end{cases}$$

此为平面任意力系平衡方程的一般形式。

平面任意力系平衡方程的其他两种形式为：
二矩式
$$\left.\begin{array}{r}\sum X = 0\\ \sum M_A = 0\\ \sum M_B = 0\end{array}\right\}$$

其中 x 轴不得垂直 A、B 两点连线。
三矩式
$$\left.\begin{array}{r}\sum M_A = 0\\ \sum M_B = 0\\ \sum M_C = 0\end{array}\right\}$$

其中 A、B、C 三点不得共线。
平面汇交力系的平衡方程
$$\left.\begin{array}{r}\sum X = 0\\ \sum Y = 0\end{array}\right\}$$

平面平行力系的平衡方程
$$\left.\begin{array}{r}\sum Y = 0\\ \sum M_O = 0\end{array}\right\}$$

平面平行力系＝力矩式
$$\left.\begin{array}{r}\sum M_A = 0\\ \sum M_B = 0\end{array}\right\}$$

其中 A、B 两点连线不与各力作用线平行。

3. 物体系

由若干个物体通过一定的约束来组成一个系统。这种系统称为物体系统。

第二篇　构件的力学性能

为了保证工程质量,安全施工,首先应该对结构中每个构件了解清楚。要求每一根构件都要有足够的强度、稳定性,这些都与构件本身的几何性质有关。并且,在一定的荷载作用下,怎样能提高构件本身的强度,这是土木工程力学研究的重点之一。

第四章　截面的几何性质

职业能力目标

了解面积矩和形心、极惯性矩和惯性积的概念;熟悉简单图形静矩、形心、惯性矩和惯性积的计算,掌握其计算公式;掌握惯性矩和惯性积平行移轴公式的应用;能够将工程中的实际构件截面转换成平面几何图形,并计算出其几何参数。

教学重点与难点

1. 教学重点:组合截面面积及惯性矩的计算;平行移轴与转轴公式的应用。
2. 教学难点:平行移轴公式。

第一节　截面的静矩和形心位置

一、重心及其坐标公式

1. 重心的概念

在工程实际的很多问题中,都需要确定物体的重心。例如,起吊货物时,吊钩必须位于被吊物体重心正上方,吊装方能平稳;轮轴类零件等转动部分的重心若偏离轴线,就会引起强烈的振动而造成不良后果。

物体的重力就是地球对物体的引力。若将物体视为微小部分的集合,每一微小部分都受到重力作用,则物体所受地心引力可以近似认为是一空间同向平行力系,此平行力系合力称为物体的重力,重力的作用点称为物体的重心。无论物体怎样放置,重心相对物体的位置是固定不变的。

2. 重心坐标公式

为确定一般物体的重心坐标,将物体分割成 n 个微小块,各微小块的重力分别为 G_1,G_2,…,

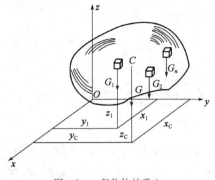

G_n,其作用点的坐标分别为(x_1,y_1,z_1),(x_2,y_2,z_2),…,(x_n,y_n,z_n),各微小块所受重力的合力即为整个物体的重力G,其作用点的坐标为$C(x_c,y_c,z_c)$,如图4-1所示。

由于$G=\sum G_i$,应用合力矩定理可得

$$Gx_C=\sum G_i x_i, Gy_C=\sum G_i y_i, Gz_C=\sum G_i z_i$$

则有

$$x_C=\frac{\sum G_i x_i}{G},\ y_C=\frac{\sum G_i y_i}{G},\ z_C=\frac{\sum G_i z_i}{G} \quad (4\text{-}1)$$

式(4-1)即为一般物体的重心坐标的公式。

图 4-1 一般物体的重心

3. 均质物体重心的坐标公式

如果物体是均质的,单位体积的重力r是常量,设均质物体微小部分M_i的体积为ΔV_i,整个物体的体积为V,则有

$$G_i=r\cdot\Delta V_i,\ G=r\cdot V$$

代入式(4-1),并消去r,可得均质物体重心的坐标公式为

$$x_C=\frac{\sum\Delta V_i\cdot x_i}{V}$$

$$y_C=\frac{\sum\Delta V_i\cdot y_i}{V}$$

$$z_C=\frac{\sum\Delta V_i\cdot z_i}{V}$$

上式表明,均质物体重心的位置与物体的重力无关,完全取决于物体的几何形状。由物体的几何形状和尺寸所决定的物体几何中心,称为形心。对均质物体来说,形心和重心是重合的;非均质物体的重心和形心一般是不重合的。

二 面积矩的定义

平面图形对某一轴的面积矩(又称静矩)S,等于此图形中各微面积与其到该轴距离的乘积的代数和,也等于此图形的面积与此图形的形心到该轴距离的乘积。平面图形对于任一通过其形心的轴的面积矩为零。

设任意形状截面图形的面积为A(图 4-2),则图形对z、y轴的面积矩为

$$S_y=\int_A z\,dA=z_C A \quad (4\text{-}2)$$

$$S_z=\int_A y\,dA=y_C A \quad (4\text{-}3)$$

从上述定义可以看出,面积矩是针对一定的轴而言的,同一图形对不同坐标轴的面积矩不同。其值可能为正、为负或为零。面积矩的量纲为$[长度]^3$,单位为m^3。

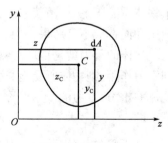

图 4-2 面积矩计算

三、截面的形心位置

对于图 4-2 所示截面，C 点为截面的形心，由式(4-2)、式(4-3)可知形心 C 的坐标为

$$y_C = \frac{S_z}{A}$$

$$z_C = \frac{S_y}{A}$$

从式(4-2)、式(4-3)可以看出，横截面对某轴的面积矩等于该横截面的面积与该横截面形心坐标乘积。若 y、z 轴通过截面的形心，则 y_C、z_C 均为零，所以，截面的面积矩为零。对于同一截面，选定不同的坐标系，截面形心的坐标就不同，可能全为正或者全为负，或者一正一负。形心相对于某一坐标距离愈远，对该轴的面积矩绝对值越大。反之，对该轴的面积矩绝对值就越小。由此可见，面积矩的大小反映图形的形心相对于指定的坐标轴之间距离的远近程度。

若截面图形有对称轴，则图形对于对称轴的静矩必为零，图形的形心一定在此对称轴上。

在工程上我们还经常能看到、用到 T 形、工字形等横截面的构件，这些构件的截面是由几个简单的几何图形组合而成，称为组合截面。

组合截面对某轴的面积矩等于各组成部分的截面对该截面面积矩的代数和。

整个构件截面的面积矩计算公式为

$$S_y = \sum_{i=1}^{n} A_i z_{Ci}$$

$$S_z = \sum_{i=1}^{n} A_i y_{Ci}$$

式中：A_i、y_{Ci}、z_{Ci}——分别为组成组合截面的第 i 个图形的面积和形心坐标；

n——组合截面的简单图形个数。

组合截面的形心计算公式为

$$y_C = \frac{\sum_{i=1}^{n} A_i y_{Ci}}{\sum_{i=1}^{n} A_i}$$

$$z_C = \frac{\sum_{i=1}^{n} A_i z_{Ci}}{\sum_{i=1}^{n} A_i}$$

式中：$\sum_{i=1}^{n} A_i$——整个组合截面面积。

例 4-1 图 4-3a)是我们在工程实际中常见的 T 形构件，试求图中阴影线平面图形的形心坐标。

解 建立直角坐标系，如图 4-4b)所示，根据对称性可知，$x_C = 0$。只需计算 y_C。

根据图形组合情况，将该阴影线平面图形分割成两个矩形的组合。两个矩形的面积和坐标分别是

$$A_1 = 300 \times 30 = 9000 (\text{mm}^2), y_1 = 15(\text{mm})$$

$$A_2 = 270 \times 50 = 13500 (\text{mm}^2), y_2 = 165(\text{mm})$$

$$y_C = \frac{\sum A_i \cdot y_i}{A} = \frac{A_1 \cdot y_1 + A_2 \cdot y_2}{A_1 + A_2}$$

$$= \frac{9000 \times 15 + 13500 \times 165}{9000 + 13500} = 105(\text{mm})$$

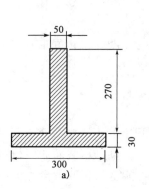
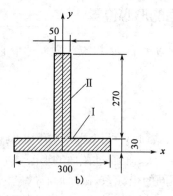

图 4-3 例 4-1 图(尺寸单位:mm)

第二节　惯性矩、惯性积和极惯性矩

一、惯性矩、惯性积与极惯性矩的概念

图 4-4 所示平面图形代表一任意截面,在图形平面内建立直角坐标系 zOy。现在图形内取微面积 dA,dA 的形心在坐标系 zOy 中的坐标为 y 和 z,到坐标原点的距离为 ρ。现定义 $y^2 dA$ 和 $z^2 dA$ 为微面积 dA 对 z 轴和 y 轴的惯性矩,$\rho^2 dA$ 为微面积 dA 对坐标原点的极惯性矩,而以下三个积分

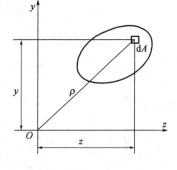

图 4-4 惯性矩计算时任意截面

$$I_z = \int_A y^2 dA \\ I_y = \int_A z^2 dA \\ I_\rho = \int_A \rho^2 dA$$

分别定义为该截面对于 z 轴和 y 轴的惯性矩以及对坐标原点的极惯性矩。

由图 4-4 可见,$\rho^2 = y^2 + z^2$,所以有

$$I_\rho = \int_A \rho^2 dA = \int_A (y^2 + z^2) dA = I_z + I_y$$

即任意截面对一点的极惯性矩,等于截面对以该点为原点的两任意正交坐标轴的惯性矩之和。

另外,微面积 dA 与它到两轴距离的乘积 $zy dA$ 称为微面积 dA 对 y、z 轴的惯性积,而积分

$$I_{yz} = \int_A zy dA$$

定义为该截面对于 y、z 轴的惯性积。

从上述定义可见,同一截面对于不同坐标轴的惯性矩和惯性积一般是不同的。惯性矩的数值恒为正值,而惯性积则可能为正,可能为负,也可能等于零。惯性矩和惯性积的常用单位是 m^4 或 mm^4。惯性积是对某一对直角坐标的。若该对坐标中有一轴为截面的对称轴,则截面对这一对坐标轴的惯性积必为零;但截面对某一对坐标轴的惯性积为零,则这对坐标中不一定有截面的对称轴。

二 组合截面惯性矩的计算

工程中常遇到组合截面,这些组合截面有的是由几个简单图形组成[图 4-5a)、b)、c)],有的是由几个型钢截面组成[图 4-5d)]。在计算组合截面对某轴的惯性矩时,根据惯性矩的定义,可分别计算各组成部分对该轴的惯性矩,然后再相加。

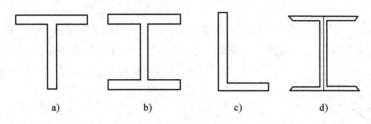

图 4-5 常见组合截面

组合截面对某一轴的惯性矩等于其组成部分对同一轴的惯性矩之和。即

$$I_z = \sum_{i=1}^{n}(I_z)_i$$

$$I_y = \sum_{i=1}^{n}(I_y)_i$$

组合截面对某一对坐标轴的惯性积,等于其组成部分对同一对坐标轴的惯性积之和,即

$$I_{zy} = \sum_{i=1}^{n}(I_{zy})_i$$

组合截面对某一点的极惯性矩,等于其组成部分对同一点极惯性矩之和,即

$$I_\rho = \sum_{i=1}^{n}(I_\rho)_i$$

第三节 惯性矩、惯性积的平行移轴和转轴公式

一 惯性矩、惯性积的平行移轴公式

图 4-6 所示为一任意截面,z、y 为通过截面形心的一对正交轴,z_1、y_1 为与 z、y 平行的坐标轴,截面形心 C 在坐标系 $z_1 O y_1$ 中的坐标为 (b, a),已知截面对 z、y 轴惯性矩和惯性积为 I_z、I_y、I_{yz},下面求截面对 z_1、y_1 轴惯性矩和惯性积 I_{z_1}、I_{y_1}、$I_{y_1 z_1}$。

$$I_{z_1} = I_z + a^2 A \quad (4-4)$$

同理可得

$$I_{y_1} = I_y + b^2 A \quad (4-5)$$

式(4-4)、式(4-5)称为惯性矩的平行移轴公式。

下面求截面对 y_1、z_1 轴的惯性积 $I_{y_1 z_1}$。根据定义

$$\begin{aligned}
I_{y_1 z_1} &= \int_A z_1 y_1 dA = \int_A (z+b)(y+a) dA \\
&= \int_A zy dA + a\int_A z dA + b\int_A y dA + ab\int_A dA \\
&= I_{yz} + a S_y + b S_z + ab A
\end{aligned}$$

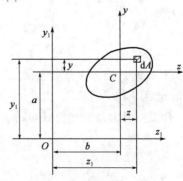

图 4-6 平移移轴时任意截面

由于 z、y 轴是截面的形心轴，所以 $S_z = S_y = 0$，即

$$I_{y_1 z_1} = I_{yz} + abA \tag{4-6}$$

式(4-6)称为惯性积的平行移轴公式。

二 惯性矩、惯性积的转轴公式

图 4-7 所示为一任意截面，z、y 为过任一点 O 的一对正交轴，截面对 z、y 轴惯性矩 I_z、I_y 和惯性积 I_{yz} 已知。现将 z、y 轴绕 O 点旋转 α 角（以逆时针方向为正）得到另一对正交轴 z_1、y_1 轴，下面求截面对 z_1、y_1 轴惯性矩和惯性积 I_{z_1}、I_{y_1}、$I_{y_1 z_1}$。

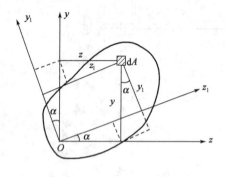

图 4-7 转轴时任意截面

$$I_{z_1} = \frac{I_z + I_y}{2} + \frac{I_z - I_y}{2}\cos 2\alpha - I_{yz}\sin 2\alpha \tag{4-7}$$

同理可得

$$I_{y_1} = \frac{I_z + I_y}{2} - \frac{I_z - I_y}{2}\cos 2\alpha + I_{yz}\sin 2\alpha \tag{4-8}$$

$$I_{y_1 z_1} = \frac{I_z - I_y}{2}\sin 2\alpha + I_{yz}\cos 2\alpha \tag{4-9}$$

其中，I_{z_1}、I_{y_1} 称为惯性矩的转轴公式，式(4-9)称为惯性积的转轴公式。

第四节 形心主轴和形心主惯性矩

一 主惯性轴、主惯性矩

由惯性积的转轴公式 $I_{y_1 z_1} = \frac{I_z - I_y}{2}\sin 2\alpha + I_{yz}\cos 2\alpha$ 可以发现，当 $\alpha = 0°$，即两坐标轴互相重合时，$I_{y_1 z_1} = I_{yz}$；当 $\alpha = 90°$ 时，$I_{y_1 z_1} = -I_{yz}$，因此必定有这样的一对坐标轴，使截面对它的惯性积为零。通常把这样的一对坐标轴称为截面的主惯性轴，简称主轴，截面对主轴的惯性矩叫作主惯性矩。

假设将 z、y 轴绕 O 点旋转 α_0 角得到主轴 z_0、y_0，由主轴的定义

$$I_{y_0 z_0} = \frac{I_z - I_y}{2}\sin\alpha_0 + I_{yz}\cos 2\alpha_0 = 0$$

从而得

$$\tan 2\alpha_0 = \frac{-2I_{yz}}{I_z - I_y} \tag{4-10}$$

上式就是确定主轴的公式，式中负号放在分子上，为的是和下面两式相符。这样确定的 α_0 角就使得 I_{z_0} 等于 I_{max}。

由式(4-10)及三角公式可得

$$\cos 2\alpha_0 = \frac{I_z - I_y}{\sqrt{(I_z - I_y)^2 + 4I_{yz}^2}}$$

$$\sin 2\alpha_0 = \frac{-2I_{yz}}{\sqrt{(I_z - I_y)^2 + 4I_{yz}^2}}$$

将此二式代入到式惯性矩的转轴公式便可得到截面对主轴 z_0、y_0 的主惯性矩

$$\left.\begin{array}{l} I_{z0} = \dfrac{I_x+I_y}{2} + \dfrac{1}{2}\sqrt{(I_z-I_y)^2+4I_{yz}^2} \\ I_{y0} = \dfrac{I_x+I_y}{2} + \dfrac{1}{2}\sqrt{(I_z-I_y)^2+4I_{yz}^2} \end{array}\right\}$$

二 形心主轴、形心主惯性矩

通过截面上的任何一点均可找到一对主轴。通过截面形心的主轴叫作形心主轴,截面对形心主轴的惯性矩叫作形心主惯性矩。

例 4-2 求图 4-8 中截面的形心主惯性矩。

解 建立直角坐标系 zOy,其中 y 为截面的对称轴。因图形相对于 y 轴对称,其形心一定在该对称轴上,因此 $z_C=0$,只需计算 y_C 值。将截面分成 Ⅰ、Ⅱ 两个矩形,则

$$A_{\rm I} = 0.072{\rm m}^2, A_{\rm II} = 0.08{\rm m}^2$$
$$y_{\rm I} = 0.46{\rm m}, y_{\rm II} = 0.2{\rm m}$$

$$y_C = \frac{\sum_{i=1}^{n} A_i y_{Ci}}{\sum_{i=1}^{n} A_i} = \frac{A_{\rm I} y_{\rm I} + A_{\rm II} y_{\rm II}}{A_{\rm I} + A_{\rm II}}$$
$$= \frac{0.072 \times 0.46 + 0.08 \times 0.2}{0.072 + 0.08}$$
$$= 0.323({\rm m})$$

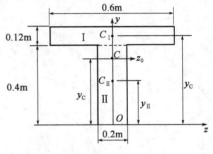

图 4-8 例 4-2 图

形心位置为

$$z_C = 0, y_C = 0.323({\rm m})$$

过形心的主轴 z_0、y_0 如图 4-8 所示,z_0 轴到两个矩形形心的距离分别为

$$a_{\rm I} = 0.137({\rm m}), a_{\rm II} = 0.123({\rm m})$$

截面对 z_0 轴的惯性矩为两个矩形对 z_0 轴的惯性矩之和,即

$$I_{z0} = I_{z_{\rm I}}^{\rm I} + A_{\rm I} a_{\rm I}^2 + I_{z_{\rm II}}^{\rm II} + A_{\rm II} a_{\rm II}^2$$
$$= \frac{0.6 \times 0.12^3}{12} + 0.6 \times 0.12 \times 0.137^2 + \frac{0.2 \times 0.4^3}{12} + 0.2 \times 0.4 \times 0.123^2$$
$$= 0.37 \times 10^{-2} ({\rm m}^4)$$

截面对 y_0 轴惯性矩为

$$I_{y0} = I_{y0}^{\rm I} + I_{y0}^{\rm II} = \frac{0.12 \times 0.6^3}{12} + \frac{0.4 \times 0.2^3}{12} = 0.242 \times 01^{-2} ({\rm m}^4)$$

◀ 本章小结 ▶

(1) 静矩与形心定义。截面对 z 轴的静矩 $S_z = \int_A y {\rm d}A = y_C A$;截面对 y 轴的静矩 $S_y = $

$\int_A z\,dA = z_C A$;截面形心的位置 $y_C = \dfrac{S_z}{A}, z_C = \dfrac{S_y}{A}$。

(2)组合截面(由若干简单截面或标准型材截面所组成)对某一轴的静矩,等于其组成部分对同一轴的静矩之代数和。

(3)极惯性矩和惯性积的概念。

(4)惯性矩、惯性积的平行移轴和转轴公式。

第五章　结构的内力、应力和强度计算

🎯 职业能力目标

掌握构件的内力以及应力的计算方法,并且能够校核强度;通过进行结构的内力、应力计算和强度计算,培养考虑各项因素以做出最佳决定的能力;通过扭转时的应力分析,了解应力分析方法,培养分析问题的能力。

🎯 教学重点与难点

1. 教学重点:常见结构内力;应力计算;强度计算。
2. 教学难点:常见结构的强度计算。

第一节　概　述

不少静定结构直接用于工程实际,另外,静定结构的内力计算还是静定结构位移计算及超静定结构计算的基础。所以静定结构的内力计算是十分重要的,是工程力学的重点内容之一。

一、内力

构件的材料是由许多质点组成的。构件不受外力作用时,材料内部质点之间保持一定的相互作用力,使构件具有固体形状。当构件受外力作用产生变形时,其内部质点之间相互位置改变,原有内力也发生变化。这种由外力作用而引起的受力构件内部质点之间相互作用力的改变量称为附加内力,简称内力。工程力学所研究的内力是由外力引起的,内力随外力的变化而变化,外力增大,内力也增大,外力撤消后,内力也随着消失。

显然,构件中的内力是与构件的变形相联系的,内力总是与变形同时产生。构件中的内力随着变形的增大而增大,但对于确定的材料,内力的增加有一定的限度,超过这一限度,构件将发生破坏。因此,内力与构件的强度有着密切的联系。在研究构件的强度问题时,必须知道构件在外力作用下某截面上的内力值。

确定构件任意截面上内力值的基本方法是截面法。为了显示并计算某一截面上的内力,可在该截面处用一假想截面将构件一分为二并弃去其中一部分。将弃去部分对保留部分的作用以力的形式表示,此力即该截面上的内力。

截面法求内力的步骤归纳为如下三步。

(1)截开:在欲求内力截面处,用一假想截面将构件一分为二。
(2)代替:弃去任一部分,并将弃去部分对保留部分的作用以相应内力代替(即显示内力)。
(3)平衡:根据保留部分的平衡条件,确定截面内力值。

二 应力

两根材料相同的拉杆,一根较粗,另一根较细,在相同的轴向拉力作用下,由截面法可知它们的轴向内力是相同的,但细杆可能被拉断而粗杆不断。这说明仅根据轴力的大小还不能判断杆件是否破坏,还需知道内力在截面上的分布规律。材料是否会因强度不足而破坏,不仅与轴力大小有关,而且与杆件的截面有关。

由变形的连续性假设可知,内力在截面上的分布应该是连续的,即内力在杆件整个横截面上的任一点都存在,但大小不一定是完全相同的。我们把截面上某一点处内力分布的集度称为该点处的应力,为了定义图 5-1a)所示杆件在其任意截面上 B 点处的应力,取隔离体如图 5-1b)所示,围绕 B 点取一小面积 ΔA,作用在 ΔA 上的内力为 ΔP,面积 ΔA 上内力的平均集度为

$$p_m = \frac{\Delta P}{\Delta A}$$

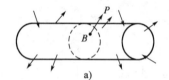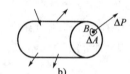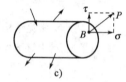

图 5-1 杆件内力

P_m 称为面积 ΔA 上的平均应力,一般情况下,内力在截面上的分布是不均匀的,平均应力还不能真实地反映一点处的内力分布集度。所以,应将一点的应力定义为所取面积 ΔA 趋于零时,$\Delta P/\Delta A$ 的极限,即

$$P = \lim_{\Delta A \to 0} \frac{\Delta P}{\Delta A} \tag{5-1}$$

P 是截面上 B 点处的应力。由于 ΔP 是矢量,因而应力也是矢量。通常应力的方向既不垂直于截面也不与截面相切,因此,将应力分解为垂直于截面和相切于截面的两个分量[图 5-1c)]。垂直于截面的应力分量称为正应力,用 σ 表示;与截面相切的应力分量称为切应力,用 τ 表示。

关于应力的符号规定:正应力以拉为正,压为负。当切应力使隔离体有绕隔离体内任一点顺时针转动趋势时,该切应力为正,反之为负。

应力的量纲为[力]/[长度]^2,其国际单位制的单位是帕斯卡(Pascal),简称"帕",符号为 Pa。

$$1 \text{帕} = 1 \text{牛}/\text{米}^2 (1\text{Pa} = 1\text{N}/\text{m}^2)$$

工程上常用兆帕(MPa)作为应力单位,应力的工程制单位是千克/厘米^2(kg/cm^2),其转换关系为

$$1\text{kg/cm}^2 = 9.81 \times 10^4 \text{Pa} \approx 1 \times 10^5 \text{Pa}$$
$$1\text{MPa} = 10^6 \text{Pa}$$

三 应变

当杆件受轴向外力作用时,杆件的长度和横向尺寸都有改变,将杆件沿轴线方向的伸长(或缩短)称为纵向变形或轴向变形,同时把杆的横向尺寸减小(或增大)称为横向变形。如

图 5-2 所示,设一等截面杆原长为 l,横截面积为 A。在轴向拉力 F 作用下,长度由 l 变为 l_1,横向尺寸由 b 变为 b_1,则杆件的纵向变形为

$$\Delta l = l_1 - l$$

横向变形为

$$\Delta b = b_1 - b$$

杆件拉伸时,Δl 为正,Δb 为负;而压缩时 Δl 为负,Δb 为正。

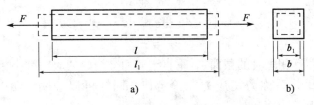

图 5-2 拉杆变形

Δl 与 Δb 均为杆件的绝对变形,其大小与原尺寸有关,为了准确地反映杆件的变形情况,消除原尺寸的影响,把单位长度的变形量即相对变形称为线应变。对于轴力为常量的等截面直杆,杆的纵向变形沿轴线均匀分布,故其轴向线应变 ε 为

$$\varepsilon = \frac{\Delta l}{l} \tag{5-2}$$

同理,以 Δb 除以原长 b,得到横向线应变 ε' 为

$$\varepsilon' = \frac{\Delta b}{b} \tag{5-3}$$

ε 和 ε' 的量纲均为 1,其正负号与 Δl 的正负号相同,即杆件拉伸时,轴向线应变 ε 为正,横向线应变 ε' 为负;杆件压缩时,ε 为负,ε' 为正。

在切应力作用下,单元体相邻棱边所夹直角的改变量,称为切应变或角应变(图5-3),用 γ 表示,切应变的单位是 rad(弧度)。

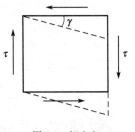

图 5-3 切应变

四 虎克定律

单向受力试验证明:在正应力作用下,材料沿应力作用方向发生正应变 ε,若在弹性范围内加载(正应力不超过一定限度),则正应力与正应变成正比,即

$$\sigma = E\varepsilon \tag{5-4}$$

上述关系称为虎克定律,比例常数 E 称为弹性模量,它是表征材料抵抗弹性变形能力的物理量。

纯剪切试验证明(图 5-3):在切应力作用下,材料发生切应变 γ,若在弹性范围内加载(切应力不超过一定限度),则切应力与切应变成正比,即

$$\tau = G\gamma \tag{5-5}$$

上述关系称为剪切虎克定律,比例常数称 G 为切变模量(或剪切模量)。

由式(5-4)、式(5-5)可知,弹性模量、切变模量与应力具有相同的量纲,其常用的单位是吉帕(GPa)。

弹性模量与切变模量的值由材料决定,并可由试验测定。例如,钢与合金钢的弹性模量 $E=200\sim220\mathrm{GPa}$,切变模量 $G=75\sim80\mathrm{GPa}$;铝与铝合金的弹性模量 $E=70\sim72\mathrm{GPa}$,切变模

量 $G=26\sim30\text{GPa}$。

五 切应力互等定律

如图 5-4a)所示受纯剪切的微小六面体,其边长分别为 dx、dy、dz,微小六面体顶面和底面的切应力为 τ,左右侧面的切应力为 τ',由平衡方程

$$\sum M_x = 0$$
$$\tau dxdy \cdot dz - \tau' dxdz \cdot dy = 0$$

得
$$\tau = \tau' \tag{5-6}$$

即在微小六面体互相垂直的截面上,垂直于截面交线的切应力大小相等,方向同时指向或背离截面的交线。此关系称为切应力互等定律。同样可以证明,当截面上存在正应力时[图 5-4b)],切应力互等定律仍然成立。

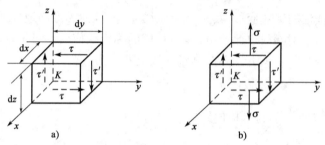

图 5-4 微小六面体上切应力

第二节 轴向拉伸与压缩

一 轴向拉(压)杆的内力

轴向拉伸(压缩)是构件变形的基本形式之一。仅承受轴向拉伸(压缩)的杆件称为轴向拉(压)杆。

1. 轴力

轴向拉压杆的外力或外力的合力作用线与杆轴线重合,且通过截面形心。从平衡角度看,杆件横截面上内力的作用线必然与杆的轴线重合。因此,将轴向拉压杆的内力称为轴力。

轴力的箭头背离截面为拉力,对应杆段伸长;轴力的箭头指向截面为压力,对应杆段缩短。用代数量表示轴力,规定拉力为正,压力为负。用截面法求轴力,在画受力图时,可将未知轴力一律设为正向(拉力)。这样,如果用平衡方程计算出的轴力为正值,则表示轴力的实际指向与假设方向相同,为拉力;如果计算出的轴力为负值,则表示轴力的实际指向与假设方向相反,为压力。

例 5-1 求图 5-5a)所示 1-1 截面的轴力和 BC 杆段任意横截面的轴力(1-1 截面在力作用点 B 的右侧,无限邻近点 B)。

解 (1)1-1 截面的轴力

截开:在 1-1 截面处将杆截为两段。

代替:取 1-1 以左杆段为隔离体。作受力图:轴力 N_1 设为拉力[图 5-5b)]。

列平衡方程求解

$$\sum X = 0 \quad N_1 + 5 = 0$$
$$N_1 = -5\text{kN}(压力)$$

(2)BC 杆段任意截面的轴力

截开:任意截面的位置用坐标 x 表示($400 < x < 1200$),在 x 截面处将杆截为两段。

代替:取 x 截面以左杆段为隔离体,作受力图:轴力 N_x 设为拉力[图 5-5c]。

平衡:列平衡方程求解

$$\sum X = 0 \quad N_x - 15 + 5 = 0$$
$$N_x = 15 - 5 = 10(\text{kN})(拉力)$$

讨论:如取 x 截面以右杆段为隔离体计算 N_x[图 5-5d],结果如何?杆件不同截面上的轴力是否相同?

2. 轴力图

一般来说,杆件不同截面上的轴力是不同的。运用截面法可求得任意截面上的内力。为了更直观地表示轴力沿杆件横截面的变化情况,可采用作轴力图的方法。

轴力图的具体作法是:以平行于轴线的横坐标表示杆件的各截面位置,以垂直于轴线的纵坐标表示各横截面上相应的轴力,各截面的轴力所确定的点所连接成的图线,即为轴力图。习惯上将正的轴力画在上方,负的轴力画在下方。

轴力图同时展示了杆件所有横截面的轴力,形象地表示了轴力沿杆长的变化规律,可以很明显地找出最大轴力所在的截面和数值。

在有集中荷载作用的截面处,轴力图发生突变,突变值大小等于该截面处集中荷载的大小。如上例轴力图[图 5-5f]可知,AB 段的轴力为 -5kN,BC 段的轴力为 10kN。

例 5-2 试计算如图 5-6a)所示轴向拉压杆的轴力,并作轴力图。

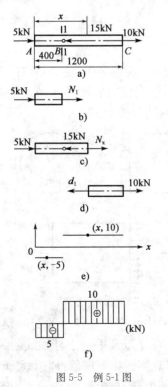

图 5-5 例 5-1 图

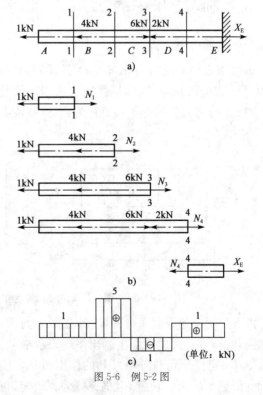

图 5-6 例 5-2 图

解 (1)分析题意:图示等截面直杆所受外力均沿杆的轴线,杆件发生的变形是轴向拉压变形,其内力为轴力。

(2)用截面法计算杆件各段轴力,取 x 轴水平向右为正,各隔离体如图 5-6b)所示。

AB 段:由 $\sum X=0$, $N_1 - 1 = 0$

得 $N_1 = 1(\text{kN})$

BC 段:由 $\sum X=0$, $N_2 - 4 - 1 = 0$

得 $N_2 = 5(\text{kN})$

CD 段:由 $\sum X=0$, $N_3 + 6 - 4 - 1 = 0$

得 $N_3 = -1(\text{kN})$(压力)

DE 段:由 $\sum X=0$, $N_4 - 2 + 6 - 4 - 1 = 0$

得 $N_4 = 1(\text{kN})$

如果先求出右支座的支反力

$$X_E = 1 + 4 - 6 + 2 = 1(\text{kN})$$

则可取右端一段为隔离体求解,例如,求 DE 段的轴力 N_4:

由 $\sum X=0$, $N_4 - X_E = 0$

得 $N_4 = X_E = 1 \text{kN}$

(3)作轴力图,如图 5-6c)所示。

轴力图一般应与受力图相对应。并画上与基线垂直的纵标线表示轴力与截面的一一对应关系;轴力按正负分别画在 x 轴的上方和下方,并标出(+)或(−);轴力图上必须标全所有截面的轴力值和单位;x 轴、N 轴一般不明确标示。当熟练时,隔离体图可以不画出来。

二 轴向拉(压)杆的应力

1. 横截面上的应力

杆件横截面上应力的分布规律,仅凭静力学的原理和方法是不能确定的,还必须对杆件的变形进行试验研究,对变形规律做出适当的简化和假设,然后推出应力的计算公式。下面以图 5-7 所示的轴向受拉等截面直杆为例,来建立其横截面上的应力计算公式。

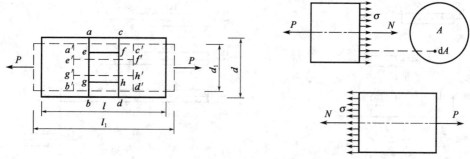

图 5-7 轴向受拉等截面直杆横截面应力分布

图 5-7 所示的等截面直杆,设其截面为圆形,为便于在试验中观察杆件发生的变形现象,施加荷载前,在杆件的表面上画出一些表示横截面的周边线 ab、cd 以及平行于杆轴线的纵向线 ac、bd。当杆受到轴向外力 P 的作用而发生拉伸变形时,可观察到如下现象:周边线 ab、cd 分别变形到 $a'b'$、$c'd'$ 位置,但仍保持为直线,且仍互相平行并垂直于杆轴线;纵向线 ac、bd 分

别变形到 $a'c'$、$b'd'$ 位置,但仍保持与杆轴线平行。

根据上述现象,可以假设:直杆的横截面在变形后仍保持为平面且与杆件的轴线垂直。此假设称为平面假设。

根据平面假设,可以把杆看作由一束纵向纤维组成,当杆受拉时,所有的纵向纤维都均匀地伸长,即在杆件的横截面上的各点处的变形都相同。由于杆的内力分布与杆的变形有关,且上述变形是均匀的,故杆的内力在横截面上的分布也应该是均匀的。由于轴力垂直于横截面,它相应的内力分布必然沿此截面的法线方向,所以横截面上只有正应力。

作用在微面积 dA 上的内力为

$$dN = \sigma dA$$

作用在杆横截面上的内力为

$$N = \int_A dN = \int_A \sigma dA = \sigma \int_A dA = \sigma A$$

由此可得

$$\sigma = \frac{N}{A} \tag{5-7}$$

式中:σ——杆件横截面上的正应力;

N——轴力;

A——杆件的横截面面积。

2. 斜截面上的应力

横截面只是杆件的一个特殊方位的截面。截面位置及其方向不同,应力一般也不相同。下面讨论轴向拉压杆任一斜截面上应力的计算。

图 5-8 所示的等截面直杆,受大小为 P 的轴向外力作用,现求该杆任一斜截面上的应力。用一与横截面 mk 成 α 角的斜截面 mn,将杆件截成 Ⅰ 和 Ⅱ 两部分,并取 Ⅰ 部分为隔离体。

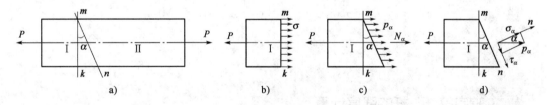

图 5-8 轴向受拉等截面直杆斜截面应力分布

由静力平衡方程 $\sum X = 0$,得

$$N_\alpha = P$$

式中:N_α——α 截面上的轴力。

以 p_α 表示斜面上任一点处的水平应力[图 5-8c],

$$N_\alpha = \int_{A_\alpha} dN_\alpha = \int_{A_\alpha} p_\alpha dA_\alpha = p_\alpha \int_{A_\alpha} dA_\alpha = p_\alpha A_\alpha$$

而

$$A_\alpha = \frac{A}{\cos\alpha}$$

所以

$$p_\alpha = \frac{N_\alpha}{A_\alpha} = \frac{P\cos\alpha}{A} = \sigma\cos\alpha$$

式中:σ——拉杆横截面上的正应力,$\sigma = P/A$。

为研究方便,通常将 p_α 分解为两个分量,一个为正应力 σ_α 另一个为切应力 τ_α,它们的大小为

$$\left.\begin{array}{l}\sigma_\alpha = p_\alpha \cos\alpha = \sigma\cos^2\alpha \\ \tau_\alpha = p_\alpha \sin\alpha = \dfrac{\sigma\sin 2\alpha}{2}\end{array}\right\} \tag{5-8}$$

式(5-8)表达了受拉杆斜截面上任一点 σ_α 和 τ_α 随截面方向变化的规律。

例 5-3 图 5-9 所示两块钢板由斜焊缝焊接成整体,受拉力 P 作用。已知:$P=20\text{kN}$,$b=200\text{mm}$,$t=10\text{mm}$,$\alpha=30°$。试求焊缝内的应力。

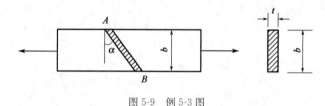

图 5-9 例 5-3 图

解 此题实际上是求板的斜截面 AB 上的应力。可应用式(5-7),但需先求出横截面上的应力。

根据式(5-7),横截面上的应力为

$$\sigma = \frac{N}{A}$$

其中 $N=P$,$A=bt$,所以

$$\sigma = \frac{N}{A} = \frac{P}{bt} = \frac{20 \times 1000}{200 \times 10 \times 10^{-6}} = 10(\text{MPa})$$

然后代入式(5-8),得

$$\sigma_{(\alpha=30°)} = \sigma\cos^2\alpha = 10 \times \cos^2 30° = 7.5(\text{MPa})$$

$$\tau_{(\alpha=30°)} = \frac{1}{2}\sigma\sin 2\alpha = \frac{1}{2} \times 10 \times \sin(2 \times 30°) = 4.33(\text{MPa})$$

三 轴向拉(压)杆的强度计算

工程上对杆件的基本要求之一,就是杆件必须有足够的承受荷载的能力,这样才能保证杆件安全可靠地工作。因而需要对杆件进行强度计算。拉压杆的强度计算准则(强度条件)是:杆件的最大工作应力不得超过材料的容许应力,即

$$\sigma = \frac{N}{A} \leqslant [\sigma] \tag{5-9a}$$

式中:σ——杆件截面上的工作应力;
N——杆件危险截面上的轴力;
A——杆件危险截面的面积;
$[\sigma]$——材料的容许应力。

若拉压杆材料的容许拉应力$[\sigma_l]$和容许压应力$[\sigma_y]$的大小不相同,则杆件必须同时满足下列两个强度条件

$$\sigma_l = \frac{N_{lmax}}{A} \leqslant [\sigma_l] \qquad [5\text{-}9b]$$

$$\sigma_y = \frac{N_{ymax}}{A} \leqslant [\sigma_y] \qquad [5\text{-}9c]$$

式[5-9a]或式[5-9b]、式[5-9c]称为拉压杆的强度条件。

表 5-1 列出几种常用材料的容许应力值。

常用材料的容许应力值   表 5-1

材　料	容许应力[σ](MPa)	
	拉伸	压缩
灰铸铁	32～80	120～150
松木(顺纹)	7～12	10～12
混凝土	0.1～0.7	1～9
A2 钢	140	
A3 钢	160	
16Mn	240	
45 号钢	190	
铜	30～120	
强铝	80～150	

实际工作中遇到的拉压杆的强度问题有下列三种，可根据强度条件来解决。

1. 强度校核

在已知荷载、杆件截面尺寸和材料的容许应力的情况下，可由式(5-9)验算杆件是否满足强度要求。若 $\sigma \leqslant [\sigma]$，则杆件满足强度要求；否则说明杆件的强度不够。

2. 截面选择

在已知荷载、材料的容许应力情况下，根据式(5-9)得

$$A \geqslant \frac{N}{[\sigma]} \qquad (5\text{-}10)$$

通过上式来确定杆件所需的横截面面积，再根据实际情况确定截面形状和尺寸。

3. 确定容许荷载

在已知杆件的截面面积和材料容许应力的情况下，可由式(5-9)得

$$N \leqslant A[\sigma] \qquad (5\text{-}11)$$

可求出杆件所能承受的最大轴力 N，再根据 N 与荷载的关系确定构件所能承受的容许荷载值。

四　工程实例

例 5-4　一根由 Q235 钢制成的圆形截面等直杆，受轴向拉力 $P=20$kN 的作用，已知直杆的直径为 $D=15$mm，材料的容许应力为 $[\sigma]=160$MPa，试校核杆件的强度。

解　由截面法可知，该杆的轴向力为 $N=P=20$kN(拉)，杆的横截面面积为

$$A = \frac{\pi D^2}{4} = 176.7 \times 10^{-6} (\text{m}^2)$$

由式[5-9a)]有

$$\sigma = \frac{N}{A} = \frac{20 \times 10^3}{176.7 \times 10^{-6}} = 113.2(\text{MPa}) < [\sigma] = 160(\text{MPa})$$

杆件满足强度要求。

例 5-5 一钢制直杆受力如图 5-10 所示,已知 $[\sigma] = 160\text{MPa}, A_1 = 300\text{mm}^2, A_2 = 140\text{mm}^2$,试校核此杆的强度。

解 运用截面法计算出杆件各段的轴力,并作出轴力图如图 5-10b)所示。

计算杆件的最大工作应力,并根据式(5-9)校核强度。由于本题杆件为变截面、变轴力,所以应分段计算。

AB 段

$$\sigma_{AB} = \frac{N_{AB}}{A_1} = \frac{60 \times 10^3}{300 \times 10^{-6}} = 2 \times 10^8(\text{Pa}) = 200(\text{MPa})(\text{拉}) > [\sigma]$$

BC 段

$$\sigma_{BC} = \frac{N_{BC}}{A_2} = \frac{20 \times 10^3}{140 \times 10^{-6}} = 1.43(\text{MPa})(\text{压}) < [\sigma]$$

因为 AB 段不能满足强度条件,所以杆件强度不够。

讨论:若要使 AB 段满足强度条件,试确定其截面尺寸。

由直杆组成的一般具有三角形单元的平面或空间结构(图 5-11),本书只研究平面桁架。在荷载作用下,桁架杆件主要承受轴向拉力或压力。

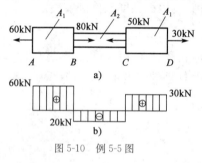

图 5-10 例 5-5 图

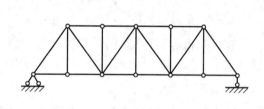

图 5-11 三角形平面桁架

它在实际工程中应用很广,著名的南京长江大桥的主体、建筑施工的脚手架、高压输电线塔架、起重机架等,都是桁架的应用实例。

第三节 剪切与挤压

一 剪切的概念

在工程实际中,经常遇到剪切问题。剪切变形的主要受力特点是构件受到与其轴线相垂直的大小相等、方向相反、作用线相距很近的一对外力的作用[图 5-12a)],构件的变形主要表现为沿着与外力作用线平行的剪切面(m-n 面)发生相对错动[图 5-12b)]。

工程中的一些连接件,如键、销钉、螺栓及铆钉等,都是主要承受剪切作用的构件。构件剪切面上的内力可用截面法求得。将构件沿剪切面 m-n 假想地截开,保留一部分考虑其平衡。例如,由左部分的平衡,可知剪切面上必有与外力平行且与横截面相切的内力 F_Q[图 5-12c)]的作用。F_Q 称为剪力,根据平衡方程 $\sum Y = 0$,可求得 $F_Q = F$。

剪切破坏时,构件将沿剪切面[如图 5-12a)所示的 m-n 面]被剪断。只有一个剪切面的情况,称为单剪切。图 5-12a)所示情况即为单剪切。

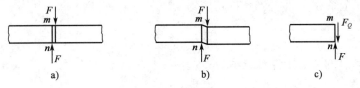

图 5-12　剪切受力

受剪构件除了承受剪切外,往往同时伴随着挤压、弯曲和拉伸等作用。在图 5-12 中没有完全给出构件所受的外力和剪切面上的全部内力,而只是给出了主要的受力和内力。实际受力和变形比较复杂,因而对这类构件的工作应力进行理论上的精确分析是困难的。工程中对这类构件的强度计算,一般采用在试验和经验基础上建立起来的比较简便的计算方法,称为剪切的实用计算或工程计算。

二　剪切强度计算

剪切试验试件的受力情况应模拟零件的实际工作情况。图 5-13a)为一种剪切试验装置的简图,试件的受力情况如图 5-13b)所示,这是模拟某种销钉连接的工作情形。当载荷 F 增大至破坏载荷 F_b 时,试件在剪切面 m-m 及 n-n 处被剪断。这种具有两个剪切面的情况,称为双剪切。由图 5-13c)可求得剪切面上的剪力为

$$F_Q = \frac{F}{2}$$

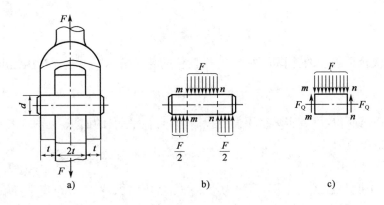

图 5-13　剪切试验

由于受剪构件的变形及受力比较复杂,剪切面上的应力分布规律很难用理论方法确定,因而工程上一般采用实用计算方法来计算受剪构件的应力。在这种计算方法中,假设应力在剪切面内是均匀分布的。若以 A 表示销钉横截面面积,则应力为

$$\tau = \frac{F_Q}{A} \tag{5-12}$$

τ 与剪切面相切故为切应力。以上计算是以假设"切应力在剪切面上均匀分布"为基础的,实际上它只是剪切面内的一个"平均切应力",所以也称为名义切应力。

当 F 达到 F_b 时的切应力称剪切极限应力,记为 τ_b。对于上述剪切试验,剪切极限应力为

$$\tau_b = \frac{F_b}{2A}$$

将 τ_b 除以安全系数 n，即得到容许切应力

$$[\tau] = \frac{\tau_b}{n}$$

这样，剪切计算的强度条件可表示为

$$\tau = \frac{F_Q}{A} \leqslant [\tau] \tag{5-13}$$

三 挤压强度计算

一般情况下，连接件在承受剪切作用的同时，在连接件与被连接件之间传递压力的接触面上还发生局部受压的现象，称为挤压。例如，图 5-14a)给出了销钉承受挤压力作用的情况，挤压力以 F_{bs} 表示。当挤压力超过一定限度时，连接件或被连接件在挤压面附近产生明显的塑性变形，称为挤压破坏。在有些情况下，构件在剪切破坏之前可能首先发生挤压破坏，所以需要建立挤压强度条件。图 5-14a)中销钉与被连接件的实际挤压面为半个圆柱面，其上的挤压应力也不是均匀分布的，销钉与被连接件的挤压应力的分布情况在弹性范围内，如图 5-14a)所示。

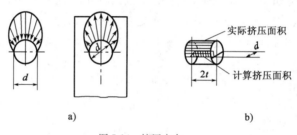

图 5-14　挤压应力

与上面解决抗剪强度的计算方法类同，按构件的名义挤压应力建立挤压强度条件

$$\sigma_{bs} = \frac{F_{bs}}{A_{bs}} \leqslant [\sigma_{bs}] \tag{5-14}$$

式中：A_{bs}——挤压面积，等于实际挤压面的投影面（直径平面）的面积，见图 5-14b)；

σ_{bs}——挤压应力；

$[\sigma_{bs}]$——容许挤压应力。

由图 5-14b)可见，在销钉中部，挤压力 $F_{bs}=F$，挤压面积 $A_{bs}=2td$；在销钉端部两段，挤压力均为 $F/2$，挤压面积为 td。

容许应力值通常可根据材料、连接方式和载荷情况等实际工作条件在有关设计规范中查得。一般地，容许切应力 $[\tau]$ 要比同样材料的容许拉应力 $[\sigma]$ 小，而容许挤压应力则比 $[\sigma]$ 大。

对于塑性材料　　　　　　$[\tau] = (0.6 \sim 0.8)[\sigma]$

$[\sigma_{bs}] = (1.5 \sim 2.5)[\sigma]$

对于脆性材料　　　　　　$[\tau] = (0.8 \sim 1.0)[\sigma]$

$[\sigma_{bs}] = (0.9 \sim 1.5)[\sigma]$

本节所讨论的剪切与挤压的实用计算与其他章节的一般分析方法不同。由于剪切和挤压问题的复杂性，很难得出与实际情况相符的理论分析结果，所以工程中主要是采用以试验为基

础而建立起来的实用计算方法。

例 5-6 图 5-15 中，已知钢板厚度 $t=10\mathrm{mm}$，其剪切极限应力 $\tau_b=300\mathrm{MPa}$。若用冲床将钢板冲出直径 $d=25\mathrm{mm}$ 的孔，问需要多大的冲剪力 F？

解 剪切面就是钢板内被冲头冲出的圆柱体的侧面，如图 5-15b) 所示。其面积为
$$A = \pi d t = \pi \times 25 \times 10 = 785 (\mathrm{mm}^2)$$

冲孔所需的冲力应为
$$F \geqslant A\tau_b = 785 \times 10^{-6} \times 300 \times 10^6 = 236 (\mathrm{kN})$$

例 5-7 图 5-16a) 表示齿轮用平键与轴连接（图中只画出了轴与键，没有画齿轮）。已知轴的直径 $d=70\mathrm{mm}$，键的尺寸为 $b \times h \times l = 20\mathrm{mm} \times 12\mathrm{mm} \times 100\mathrm{mm}$，传递的扭转力偶矩 $T_e=2\mathrm{kN \cdot m}$，键的容许应力 $[\tau]=60\mathrm{MPa}$，$[\sigma_{bs}]=100\mathrm{MPa}$。试校核键的强度。

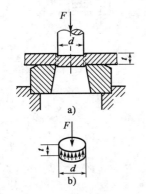

图 5-15 例 5-6 图

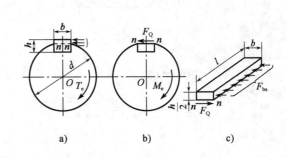

图 5-16 例 5-7 图

解 首先校核键的剪切强度。将键沿 $n\text{-}n$ 截面假想地分成两部分，并把 $n\text{-}n$ 截面以下部分和轴作为一个整体来考虑[图 5-16b)]。因为假设在 $n\text{-}n$ 截面上的切应力均匀分布，故 $n\text{-}n$ 截面上剪力 F_Q 为
$$F_Q = A\tau = bl\tau$$

对轴心取矩，由平衡条件 $\sum M_O = 0$，得
$$F_Q \frac{d}{2} = bl\tau \frac{d}{2} = T_e$$

故
$$\tau = \frac{2T_e}{bld} = \frac{2 \times 2 \times 10^3}{20 \times 100 \times 90 \times 10^{-9}} (\mathrm{Pa}) = 28.6 (\mathrm{MPa}) < [\tau]$$

可见该键满足剪切强度条件。

其次校核键的挤压强度。考虑键在 $n\text{-}n$ 截面以上部分的平衡[图 5-16c)]，在 $n\text{-}n$ 截面上的剪力为 $F_Q = bl\tau$，右侧面上的挤压力为
$$F_{bs} = A_{bs}\sigma_{bs} = \frac{h}{2} l \sigma_{bs}$$

由水平方向的平衡条件得
$$F_Q = F_{bs} \quad \text{或} \quad bl\tau = \frac{h}{2} l \sigma_{bs}$$

由此求得

$$\sigma_{bs} = \frac{2b\tau}{h} = \frac{2 \times 20 \times 28.6}{12}(\text{MPa}) = 95.3(\text{MPa}) < [\sigma_{bs}]$$

故平键也符合挤压强度要求。

例 5-8 电瓶车挂钩用插销连接,如图 5-17a)所示。已知 $t=8$mm,插销材料的容许切应力$[\tau]=30$MPa,容许挤压应力$[\sigma_{bs}]=100$MPa,牵引力 $F=15$kN。试选定插销的直径 d。

解 插销的受力情况如图 5-17b),可以求得

$$F_Q = \frac{F}{2} = \frac{15}{2} = 7.5(\text{kN})$$

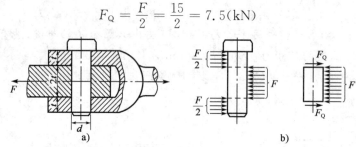

图 5-17 例 5-8 图

先按抗剪强度条件进行设计

$$A \geqslant \frac{F_Q}{[\tau]} = \frac{7500}{30 \times 10^6}\text{m}^2 = 2.5 \times 10^{-4}(\text{m}^2)$$

即

$$\frac{\pi d^2}{4} \geqslant 2.5 \times 10^{-4}(\text{m}^2)$$

$$d \geqslant 0.0178(\text{m}) = 17.8(\text{mm})$$

再用挤压强度条件进行校核

$$\sigma_{bs} = \frac{F_{bs}}{A_{bs}} = \frac{F}{2td} = \frac{15 \times 10^3}{2 \times 8 \times 17.8 \times 10^{-6}}(\text{Pa}) = 52.7(\text{MPa}) < [\sigma_{bs}]$$

所以挤压强度条件也是足够的。查机械设计手册,最后采用 $d=20$mm 的标准圆柱销钉。

例 5-9 图 5-18a)所示拉杆,用四个直径相同的铆钉固定在另一个板上,拉杆和铆钉的材料相同,试校核铆钉和拉杆的强度。已知 $F=80$kN,$b=80$mm,$t=10$mm,$d=16$mm,$[\tau]=100$MPa,$[\sigma_{bs}]=300$MPa,$[\sigma]=150$MPa。

解 根据受力分析,此结构有 3 种破坏可能,即铆钉被剪断或产生挤压破坏,或拉杆被拉断。

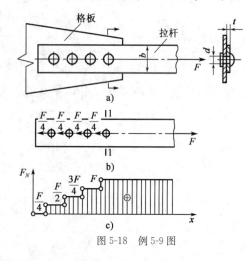

图 5-18 例 5-9 图

(1)铆钉的抗剪强度计算

当各铆钉的材料和直径均相同,且外力作用线通过铆钉组剪切面的形心时,可以假设各铆钉剪切面上的剪力相同。所以,对于图 5-18a)所示铆钉组,各铆钉剪切面上的剪力均为

$$F_Q = \frac{F}{4} = \frac{80}{4}(\text{kN}) = 20(\text{kN})$$

相应的切应力为

$$\tau = \frac{F_Q}{A} = \frac{20 \times 10^3}{\frac{\pi}{4} \times 16^2 \times 10^{-6}}(\text{Pa}) = 99.5(\text{MPa}) < [\tau]$$

(2)铆钉的挤压强度计算

4个铆钉受挤压力为F,每个铆钉所受到的挤压力F_{bs}为

$$F_{bs} = \frac{F}{4} = 20(kN)$$

由于挤压面为半圆柱面,则挤压面积应为其投影面积,即

$$A_{bs} = td$$

故挤压应力为

$$\sigma_{bs} = \frac{F_{bs}}{A_{bs}} = \frac{20 \times 10^3}{10 \times 16 \times 10^{-6}}(Pa) = 125(MPa) < [\sigma_{bs}]$$

(3)拉杆的强度计算

其危险面为1-1截面,所受到的拉力为F,危险截面面积为$A_1 = (b-d)t$,故最大拉应力为

$$\sigma = \frac{F}{A_1} = \frac{80 \times 10^3}{(80-16) \times 10 \times 10^{-6}}(Pa) = 125(MPa) < [\sigma]$$

根据以上强度计算,铆钉和拉杆均满足强度要求。

四 应力集中

应力集中是指受力构件由于几何形状、外形尺寸发生突变而引起局部范围内应力显著增大的现象。

当材料受力时材料表面及内部缺陷处的应力远大于平均应力的现象称为应力集中现象,简称应力集中。

当材料处在弹性范围时,用弹性力学方法或试验方法,可以求出有应力集中的截面上的最大应力和该截面上的应力分布规律。该截面上的最大应力σ_{max}和该截面上的平均应力σ_0之比,称为应力集中系数K。

$$K = \frac{\sigma_{max}}{\sigma_0}$$

K称为理论应力集中系数,它反映了应力集中的程度,是一个大于1的系数。试验和理论分析结果表明:构件的截面尺寸改变越急剧,构件的孔越小,缺口的角越尖,应力集中的程度就越严重。因此,构件上应尽量避免带尖角、小孔或槽,在阶梯形杆的变截面处要用圆弧过渡,并尽量使圆弧半径大一些。

1954年,英国海外航空公司的两架"彗星"号大型喷气式客机接连失事,通过对飞机残骸的打捞分析发现,失事的原因是由于气密舱窗口处铆钉孔边缘的微小裂纹发展所致,而这个铆钉孔的直径仅为3.175mm。

1984年,我国一大型钢厂从西欧某国引进价值两千多万元人民币的精密锻压机发生曲轴断裂。经过钢厂的工程技术人员和高校的力学工作者通力合作,找到了事故原因:曲轴的弯曲处过渡圆角尺寸过小,造成局部应力集中;加上该处材料微观组织上的加工缺陷(表面上的细小刀痕),在交变载荷作用下,最终导致曲轴断裂。由于我方提供了无可辩驳的试验和数值计算结果,最终获得了外商全额赔偿。

由此可见,由于工程质量问题引发的应力集中必须要杜绝。

第四节 扭 转

工程实际中,有很多构件,如车床的光杆、搅拌机轴、汽车传动轴等,都是受扭构件。还有一些轴类零件,如电动机主轴、水轮机主轴、机床传动轴等,除扭转变形外还有弯曲变形,属于组合变形。例如,汽车方向盘下的转向轴 AB,攻螺纹用丝锥的锥杆(图 5-19)等,其受力特点是:在杆件两端作用大小相等、方向相反、作用面垂直于杆件轴线的力偶。在这样一对力偶的作用下,杆件的变形特点是:杆件的任意两个横截面围绕其轴线作相对转动,杆件的这种变形形式称为扭转。扭转时杆件两个横截面相对转动的角度,称为扭转角,一般用 φ 表示(图 5-20)。以扭转变形为主的杆件通常称为轴,截面形状为圆形的轴称为圆轴,圆轴在工程上是常见的一种受扭转的杆件。

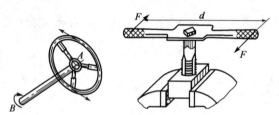

图 5-19 受扭构件　　　　　　　　图 5-20 扭转角

本节主要讨论圆轴扭转时的内力、应力、强度计算等问题。

圆轴扭转的内力

要想研究受扭杆件的应力与变形,首先得计算轴横截面上的内力。

轴扭转时的外力,通常用外力偶矩 M_e 表示。但工程上许多受扭构件,如传动轴等,往往并不直接给出其外力偶矩,而是给出轴所传递的功率和转速,这时可用下述方法计算作用于轴上的外力偶矩。

设某轴传递的功率为 P_k,转速为 n,单位为 r/min,有

$$P_k = M_e \cdot \omega$$

可知,该轴的力偶矩 M_e 为

$$M_e = \frac{P_k}{\omega}$$

式中:ω——该轴的角速度(rad/s),$\omega = 2\pi \times \frac{n}{60}$。

若 P_k 的单位为千瓦(kW),则

$$M_e \approx 9549 \frac{P_k}{n} (\text{N} \cdot \text{m})$$

若 P_k 的单位为马力(1hp=735.5W,后同),则

$$M_e \approx 7024 \frac{P_k}{n} (\text{N} \cdot \text{m})$$

应当指出,外界输入的主动力矩,其方向与轴的转向一致,而阻力矩的方向与轴的转向相反。

作用在轴上的外力偶矩 M_e 确定之后,即可用截面法研究其内力。现以图 5-21a)所示圆轴为例,假想地将圆轴沿 $n\text{-}n$ 截面分成左、右两部分,保留左部分作为研究对象[图 5-21b)]。由于整个轴是平衡的,所以左部分也处于平衡状态,这就要求截面 $n\text{-}n$ 上的内力系必须归结为一个内力偶矩 T,且由左部分的平衡方程

$$T - M_e = 0$$

得

$$T = M_e$$

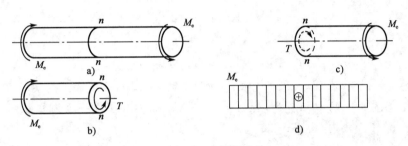

图 5-21 扭转圆轴受力

力偶矩 T 称为截面 $n\text{-}n$ 上的扭矩,是左、右两部分在 $n\text{-}n$ 截面上相互作用的分布内力系的合力偶矩。扭矩的符号规定如下:若按右手螺旋法则,把 T 表示为双矢量,当双矢量方向与截面的外法线方向一致时,T 为正,反之为负(图 5-22)。按照这一符号规定,图 5-21b)中所示扭矩 T 的符号为正。当保留右部分时[图 5-21c)],所得扭矩的大小、符号将与按保留左部分计算结果相同。

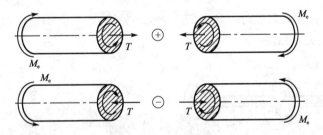

图 5-22 扭矩符号规定

若作用于轴上的外力偶多于两个,也与拉伸(压缩)问题中画轴力图一样,往往用图线来表示各横截面上的扭矩沿轴线变化的情况。图中以横轴表示横截面的位置,纵轴表示相应横截面上的扭矩,这种图形称为扭矩图。图 5-21d)为图 5-21a)所示受扭圆轴的扭矩图。

例 5-10 工程实际中,有很多构件,如车床的光杆、搅拌机轴、汽车传动轴等,都是受扭构件,我们取其中的传动轴研究,传动轴如图 5-23 所示,主动轮 A 输入功率 $P_A = 50\text{hp}$,从动轮 B、C、D 输出功率分别为 $P_B = P_C = 15\text{hp}$,$P_D = 20\text{hp}$,轴的转速为 $n = 300\text{r/min}$,试画出轴的扭矩图。

解 按公式 $M_e \approx 7024 \dfrac{P_k}{n} (\text{N} \cdot \text{m})$ 计算出作用于各轮上的外力偶矩

$$M_{eA} = 7024 \times \frac{50}{300} = 1170 (\text{N} \cdot \text{m})$$

$$M_{eB} = M_{eC} = 7024 \times \frac{15}{300} = 351(\text{N} \cdot \text{m})$$

$$M_{eD} = 7024 \times \frac{20}{300} = 468(\text{N} \cdot \text{m})$$

从受力情况看出,轴在 BC、CA、AD 三段内,各截面上的扭矩是不相等的。现在用截面法,根据平衡方程计算各段内的扭矩。

在 BC 段内,以 T_1 表示 1-1 截面上的扭矩,并假设 T_1 的方向为正向,如图 5-23b)所示。由平衡方程

$$T_1 + M_{eB} = 0$$

得

$$T_1 = -M_{eB} = -351(\text{N} \cdot \text{m})$$

等号右边的负号说明,在图 5-23b)中对 T_1 所假定的方向与 1-1 截面上的实际扭矩方向相反。在 BC 段内,各截面上的扭矩不变,皆为 $-351 \text{N} \cdot \text{m}$。所以在这一段内扭矩图为一水平线,如图 5-23e)。在 CA 段内,由图 5-23c),得

$$T_2 + M_{eC} + M_{eB} = 0$$

$$T_2 = -M_{eC} - M_{eB} = -702(\text{N} \cdot \text{m})$$

在 AD 段内,由图 5-23d),得

$$T_3 - M_{eD} = 0$$

$$T_3 = M_{eD} = 468(\text{N} \cdot \text{m})$$

根据所得数据,把各截面上的扭矩沿轴线变化的情况,用图 5-23e)表示出来,就是扭矩图。从图 5-23 中看出,最大扭矩发生于 CA 段内,且 $T_{max} = 702 \text{N} \cdot \text{m}$。

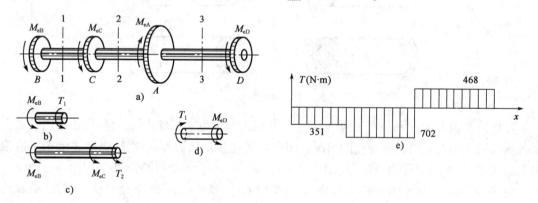

图 5-23 例 5-10 图

对于同一根轴,若把主动轮 A 安置于轴的一端,例如放在右端,则轴的扭矩图将如图 5-24 所示。这时,轴的最大扭矩是 $T_{max} = 1170 \text{N} \cdot \text{m}$(图 5-24)。可见,传动轴上主动轮和从动轮安置的位置不同,轴所承受的最大扭矩也就不同。两者相比,显然图 5-23 所示布局比较合理。

1. 几何关系

为了观察圆轴的扭转变形,在圆轴表面上画圆周线和纵向线。在图 5-25a)中,变形前的纵

向线由虚线表示。在扭转力偶矩 M_e 作用下,各圆周线绕轴线相对地旋转了一个角度,但大小、形状和相邻圆周线间的距离不变。在小变形的情况下,纵向线仍近似地是一条直线,只是倾斜了一个微小的角度。变形前表面上的方格,变形后错动成菱形。

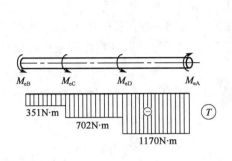

图 5-24 例 5-10 中主动轮 A 位于一端时扭矩图

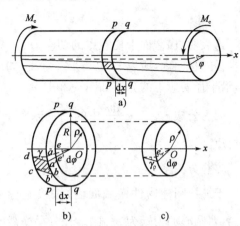

图 5-25 圆轴扭转变形

根据观察到的现象,做下述基本假设:圆轴扭转变形前原为平面的截面,变形后仍保持为平面,形状和大小不变,半径仍保持为直线,且相邻两截面间的距离不变。这就是圆轴扭转的平面假设。按照这一假设,扭转变形中,圆轴的横截面就像刚性平面一样,绕轴线旋转了一个角度。以平面假设为基础导出的应力和变形计算公式,符合试验结果,且与弹性力学一致,这都足以说明假设是正确的。

在图 5-25a)中,φ 表示圆轴两端截面的相对转角,称为扭转角。扭转角用弧度来度量。用相邻的横截面 p-p 和 q-q 从轴中取出长为 $\mathrm{d}x$ 的微段,并放大为图 5-25b)。若截面 p-p 和 q-q 的相对转角为 $\mathrm{d}\varphi$,则根据平面假设,横截面 q-q 像刚性平面一样,相对于 p-p 绕轴线旋转了一个角度 $\mathrm{d}\varphi$,半径 Oa 转到了 Oa'。于是,表面方格 $abcd$ 的 ab 边相对于 cd 边发生了微小的错动,错动的距离是

$$aa' = R\mathrm{d}\varphi$$

因而引起原为直角的 $\angle abc$ 角度发生改变,改变量为

$$\gamma = \frac{\overline{aa'}}{ad} = R\frac{\mathrm{d}\varphi}{\mathrm{d}x}$$

这就是圆截面边缘上 a 点的切应变。显然,γ 发生在垂直于半径 Oa 的平面内。

根据变形后横截面仍为平面,半径仍为直线的假设,用相同的方法,并参考图 5-25c),可以求得距圆心为 ρ 处的切应变为

$$\gamma_\rho = \rho\frac{\mathrm{d}\varphi}{\mathrm{d}x}$$

与式 $\gamma = \frac{\overline{aa'}}{ad} = R\frac{\mathrm{d}\varphi}{\mathrm{d}x}$ 中的 γ 一样,γ_ρ 也发生在与垂直与半径 Oa 的平面内。在上述两式中,$\frac{\mathrm{d}\varphi}{\mathrm{d}x}$ 是扭转角 φ 沿 x 轴的变化率。对一个给定的截面来说,它是常量。故 $\gamma_\rho = \rho\frac{\mathrm{d}\varphi}{\mathrm{d}x}$ 式表明,横截面上任意点的切应变与该点到圆心的距离 ρ 成正比。

2. 物理关系

以 τ_ρ 表示横截面上距圆心为 ρ 处的切应力,由剪切虎克定律知

$$\tau_\rho = G\gamma_\rho$$

以 $\gamma_\rho = \rho \dfrac{d\varphi}{dx}$ 式代入上式

$$\tau_\rho = G\rho \dfrac{d\varphi}{dx}$$

这表明,横截面上任意点的切应力 τ_ρ 与该点到圆心的距离 ρ 成正比。因为 γ_ρ 发生在垂直于半径的平面内,所以 τ_ρ 也与半径垂直,如再注意到切应力互等定理,则在纵向截面和横截面上,沿半径切应力的分布如图 5-26 所示。

因为公式 $\tau_\rho = G\rho \dfrac{d\varphi}{dx}$ 中的 $\dfrac{d\varphi}{dx}$ 尚未求出,所以仍不能用它计算切应力,这就要用静力关系来解决。

3. 静力关系

于纯扭圆柱构件横截面内,按极坐标取微面积 $dA = \rho d\theta d\rho$(图 5-27)。dA 上的微内力 $\tau_\rho dA$,对圆心的力矩为 $\rho \tau_\rho dA$。积分得横截面上内力系对圆心的力矩为 $\int_A \rho \tau_\rho dA$。可见,这里求出的内力系对圆心的力矩就是截面上的扭矩,即

$$T = \int_A \rho \tau_\rho dA$$

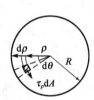

图 5-26 扭转构件切应力分布   图 5-27 扭转构件静力关系

以 $\tau_\rho = G\rho \dfrac{d\varphi}{dx}$ 式代入,并注意到在给定的截面上,$\dfrac{d\varphi}{dx}$ 为常量,于是有

$$T = \int_A \rho \tau_\rho dA = G \dfrac{d\varphi}{dx} \int_A \rho^2 dA$$

以 I_ρ 表示上式中的积分,即

$$I_\rho = \int_A \rho^2 dA$$

这样

$$T = \int_A \rho \tau_\rho dA = G \dfrac{d\varphi}{dx} \int_A \rho^2 dA$$

便可写成

$$T = GI_\rho \dfrac{d\varphi}{dx}$$

从公式 $\tau_\rho = G\rho \dfrac{d\varphi}{dx}$ 和上式消去 $\dfrac{d\varphi}{dx}$,得

$$\tau_\rho = \dfrac{T\rho}{I_\rho} \tag{5-15}$$

由以上公式,可以算出横截面上距圆心为 ρ 的任意点的切应力。

在圆截面边缘上,ρ 为最大值 R,得最大切应力为

$$\tau_{\max} = \frac{TR}{I_\rho}$$

引用记号

$$W_t = \frac{I_\rho}{R}$$

W_t 称为抗扭截面系数,便可把公式 $\tau_{\max} = \frac{TR}{I_\rho}$ 写成

$$\tau_{\max} = \frac{T}{W_t} \tag{5-16}$$

以上诸式是以平面假设为基础导出的。试验结果表明,只有对横截面不变的圆轴,平面假设才是正确的,所以这些公式只适用于等截面直圆杆。对圆截面沿轴线变化缓慢的小锥度锥形杆,也可近似地用这些公式计算。此外,导出以上诸式时使用了虎克定律,因而只适用于 $\tau_{\max}$ 低于剪切比例极限的情况。

导出公式 $\tau_\rho = \frac{T\rho}{I_\rho}$ 和 $\tau_{\max} = \frac{T}{W_t}$ 时,引进了截面极惯性矩 I_ρ 和抗扭截面系数 W_t。在实心轴的情况下(图 5-28),以 $dA = \rho d\theta d\rho$ 代入 $I_\rho = \int_A \rho^2 dA$。

$$I_\rho = \int_A \rho^2 dA = \int_0^{2\pi}\int_0^R \rho^3 d\rho d\theta = \frac{\pi R^4}{2} = \frac{\pi D^4}{32}$$

式中:D——圆截面的直径。

再由 $W_t = \frac{I_\rho}{R}$ 式求出

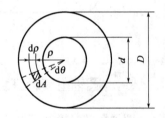

图 5-28 抗扭截面系数计算

$$W_t = \frac{I_\rho}{R} = \frac{\pi R^3}{2} = \frac{\pi D^3}{16}$$

在空心圆轴的情况下(图 5-28),由于截面的空心部分没有内力,所以 $T = \int_A \rho \tau_\rho dA = G\frac{d\varphi}{dx}\int \rho^2 dA$ 式和 $I_\rho = \int_A \rho^2 dA$ 式的定积分也不应包括空心部分,于是

$$\begin{aligned}
I_\rho &= \int_A \rho^2 dA = \int_0^{2\pi}\int_{\frac{d}{2}}^{\frac{D}{2}} \rho^3 d\rho d\theta \\
&= \frac{\pi}{32}(D^4 - d^4) = \frac{\pi D^4}{32}(1 - \alpha^4) \\
W_t &= \frac{I_\rho}{R} = \frac{\pi}{16D}(D^4 - d^4) = \frac{\pi D^3}{16}(1 - \alpha^4)
\end{aligned}$$

式中:D、d——分别为空心圆截面的外径和内径;

α——内径与外径比值,$\alpha = d/D$。

例 5-11 一钢制阶梯状圆轴如图 5-29a)所示,已知 $M_{e1} = 10 \text{kN·m}$,$M_{e2} = 7 \text{kN·m}$,$M_{e3} = 3 \text{kN·m}$,试计算其最大切应力。

解 (1)作扭矩图

用截面法求出 AB 及 BC 段横截面上的扭矩分别为

$$T_{AB}=-M_{e1}=-10(\text{kN}\cdot\text{m})$$

$$T_{BC}=-M_{e3}=-3(\text{kN}\cdot\text{m})$$

扭矩图如图 5-29b)所示。

(2)求最大切应力

由图 5-29b),可见最大扭矩发生在 AB 段,但 AB 段横截面直径大,因此,为求最大切应力需分别计算 AB 段及 BC 段横截面上最大切应力,并进行比较。

$$\tau_{\text{maxAB}}=\frac{T_{AB}}{W_{tAB}}=\frac{10\times10^3\times16}{\pi\times100^3\times10^{-9}}(\text{Pa})=50.9(\text{MPa})$$

$$\tau_{\text{maxBC}}=\frac{T_{BC}}{W_{tBC}}=\frac{3\times10^3\times16}{\pi\times60^3\times10^{-9}}\text{Pa}=70.7(\text{MPa})$$

可见,最大切应力发生在 BC 段轴的外表面上,其值为 $\tau_{\max}=70.7\text{MPa}$。

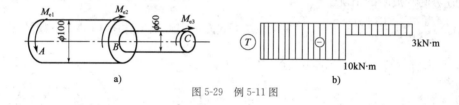

图 5-29 例 5-11 图

二 圆轴扭转容许切应力及强度条件

圆轴扭转时横截面上的最大工作切应力 $\tau_{\max}$ 不得超过材料的容许用切应力 $[\tau]$,即

$$\tau_{\max}\leqslant[\tau] \tag{5-17}$$

称为圆轴扭转时的强度条件。

对于等截面圆轴,从轴的受力情况或由扭矩图可以确定最大扭矩 $T_{\max}$,最大切应力 $\tau_{\max}$ 发生于 $T_{\max}$ 所在截面的边缘上。因而强度条件可改写为

$$\tau_{\max}=\frac{T_{\max}}{W_t}\leqslant[\tau] \tag{5-18}$$

对变截面杆,如阶梯轴、圆锥形杆等,W_t 不是常量,$\tau_{\max}$ 并不一定发生在扭矩为极值 $T_{\max}$ 的截面上,这要综合考虑扭矩 T 和抗扭截面系数 W_t 两者的变化情况来确定 $\tau_{\max}$。

在静荷载情况下,扭转容许切应力 $[\tau]$ 与容许拉应力 $[\sigma]$ 之间有如下关系:

$$钢材[\tau]=(0.5\sim0.6)[\sigma]$$

$$铸铁[\tau]=(0.8\sim1.0)[\sigma]$$

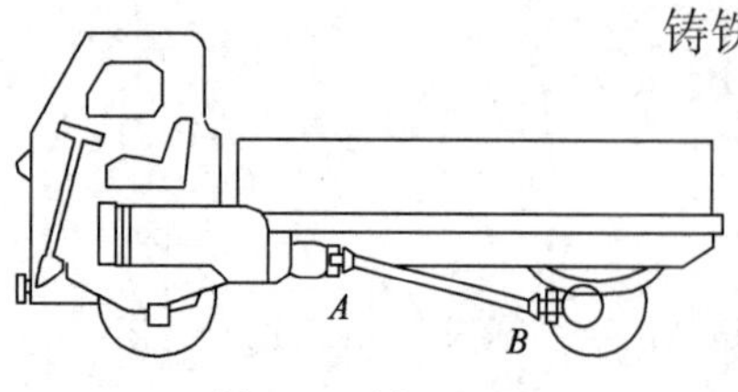

轴类零件由于考虑到动荷载等原因,所取容许切应力一般比静荷载的容许切应力还要低。

图 5-30 例 5-12 图

例 5-12 由无缝钢管制成的汽车传动轴 AB(图 5-30),外径 $D=90\text{mm}$,壁厚 $t=2.5\text{mm}$,材料为 Q235,使用时的最大扭矩为 $T=1.5\text{kN}\cdot\text{m}$。如材料的

容许切应力$[\tau]=60\text{MPa}$,试校核AB轴的强度。

解 由AB轴的几何尺寸计算其抗扭截面系数

$$\alpha = \frac{d}{D} = \frac{90-2\times 2.5}{90} = 0.944$$

$$W_t = \frac{\pi D^3}{16}(1-\alpha^4) = \frac{\pi \times 90^3}{16}(1-0.944^4) = 29470(\text{mm}^3)$$

轴的最大切应力为

$$\tau_{\max} = \frac{T}{W_t} = \frac{1.5\times 10^3}{29470\times 10^{-9}}\text{Pa} = 51\text{MPa} < [\tau]$$

所以AB轴满足强度条件。

例 5-13 如把例 5-12 中的传动轴改为实心轴,要求它与原来的空心轴强度相同。试确定其直径,并比较空心轴和实心轴的质量。

解 因为要求与例 5-12 中的空心轴强度相同,故实心轴的最大切应力也应为51MPa,若设实心轴的直径为D_1,则

$$\tau_{\max} = \frac{T}{W_t} = \frac{1.5\times 10^3}{\frac{\pi}{16}D_1^3} = 51\times 10^6(\text{Pa})$$

$$D_1 = \left(\frac{1.5\times 10^3 \times 16}{\pi \times 51\times 10^6}\right)^{\frac{1}{3}} = 0.0531(\text{m})$$

实心圆轴横截面面积为

$$A_1 = \frac{\pi D_1^2}{4} = \frac{\pi \times 0.0531^2}{4} = 22.1\times 10^{-4}(\text{m}^2)$$

空心圆轴横截面面积为

$$A_2 = \frac{\pi(D^2-d^2)}{4} = \frac{\pi}{4}\times(90^2-85^2)\times 10^{-6} = 6.87\times 10^{-4}(\text{m}^2)$$

在两轴长度相等,材料相同的情况下,两轴质量之比等于横截面面积之比。而

$$\frac{A_2}{A_1} = \frac{6.87\times 10^{-4}}{22.1\times 10^{-4}} = 0.31$$

可见在荷载相同的条件下,空心轴的质量只为实心轴的31%,其减轻质量、节约材料的效果是非常明显的。这是因为横截面上的切应力沿半径按线性规律分布,圆心附近的应力很小,材料没有充分发挥作用。若把轴心附近的材料向边缘移置,使其成为空心轴,就会增大I_ρ和W_t,从而提高了轴的强度。

第五节 弯曲内力

弯曲是工程中常见的一种基本变形。例如,桥式起重机的大梁[图 5-31a]、火车轮轴[图 5-32a]、临时简易便桥(图 5-33)等都是弯曲变形的杆件。产生弯曲变形的杆件的受力特

点是:所有外力都作用在杆件的纵向平面内且与杆轴垂直变形特点是:杆的轴线由直线弯曲成曲线。在工程中,习惯上把主要发生弯曲变形的杆件称为梁。

工程中常用的梁,大多有一个纵向对称面(各横截面的纵向对称轴所组成的平面),当外力作用在该对称面内时,由变形的对称性可知,梁的轴线将在此对称面内弯成一条平面曲线,这种弯曲称为平面弯曲,又称为对称弯曲,这是最简单和最常见的一种弯曲。若梁不具有纵向对称面,或虽有纵向对称面但外力不作用在该面内,这种弯曲统称为非对称弯曲。在特定条件下,非对称弯曲的梁也会发生平面弯曲。

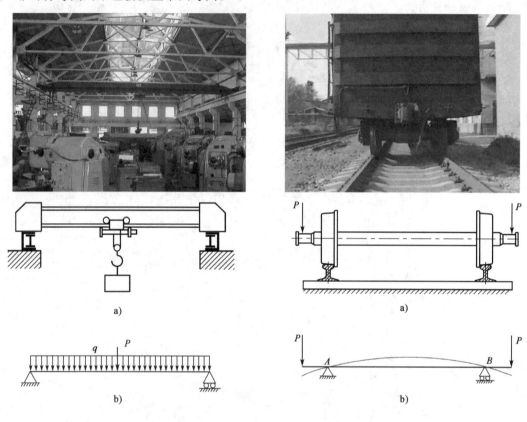

图 5-31 桥式起重机大梁及其计算简图　　图 5-32 火车轮轴及其计算简图

梁的支承条件和梁上作用的载荷种类有各种不同的情况,比较复杂。为了便于分析和计算,对梁应进行必要的简化,用其计算简图来代替。确定梁的计算简图时,应尽量符合梁的实际情况,在保证计算结果足够精确的前提下,尽可能使计算过程简单。

首先是梁本身的简化。由于梁的截面形状和尺寸,对内力的计算并无影响,通常可用梁的轴线来代替实际的梁。例如,图 5-32a)所示的火车轴,在计算时就以其轴线 AB 来表示[图 5-32b)]。

工程中对于单跨静定梁按其支座情况分为下列三种形式。

(1)悬臂梁:梁的一端为固定端,另一端为自由端,如阳台的挑梁(图 5-34)。

(2)简支梁:梁的一端为固定铰支座,另一端为活动铰支座,如桥式起重机的大梁(图 5-31)或楼房的横

图 5-33 临时简易便桥

梁(图 5-35)。

(3)外伸梁:梁的一端或两端伸出支座的简支梁,如火车轮轴(图 5-32)。

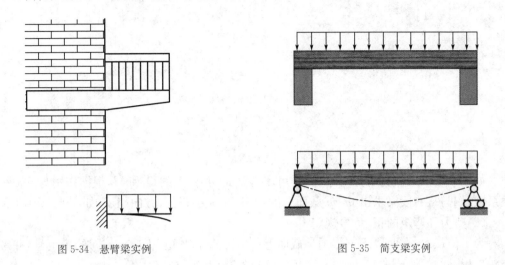

图 5-34　悬臂梁实例　　　　　图 5-35　简支梁实例

一　弯曲内力

梁是以承受弯曲变形为主的杆件,使得梁发生弯曲变形的外荷载主要是与杆的轴线垂直的力和力偶。由静力平衡方程可知,由垂直于杆轴线的力和力偶所引起的横截面上的约束力(内力)也必然是与横截面平行的力以及垂直于杆轴线的力偶。这个与横截面平行的力就是剪力,垂直于轴线的力偶就是弯矩。因此,梁弯曲时的内力包括剪力和弯矩。确定梁的内力就是要确定梁横截面上的剪力与弯矩。

(1)剪力和弯矩。

图 5-36a)所示为一简支梁,荷载 P 和支座反力 R_A、R_B 是作用在梁的纵向对称平面内的平衡力系。现用截面法分析任一截面 $m\text{-}m$ 上的内力。假想将梁沿 $m\text{-}m$ 截面分为两段,现取左段为研究对象,从图 5-36b)可见,因有座支反力 R_A 作用,为使左段满足 $\sum Y=0$,截面 $m\text{-}m$ 上必然有与 R_A 等值、平行且反向的内力 Q 存在,这个内力 Q 称为剪力;同时,因 R_A 对截面 $m\text{-}m$ 的形心 O 点有一个力矩 $R_A a$ 的作用,为满足 $\sum M_O=0$,截面 $m\text{-}m$ 上也必然有一个与力矩 $R_A a$ 大小相等且转向相反的内力偶矩 M 存在,这个内力偶矩 M 称为弯矩。由此可见,梁发生弯曲时,横截面上同时存在着两个内力,即剪力和弯矩。

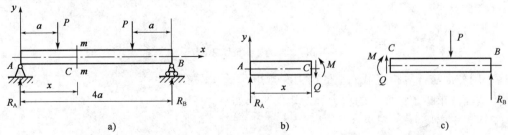

图 5-36　简支梁受力分析

剪力的常用单位为 N 或 kN,弯矩的常用单位为 N·m 或 kN·m。

剪力和弯矩的大小,可由左段梁的静力平衡方程求得,即

$$\sum Y = 0$$
$$R_A - Q = 0$$

得

$$Q = R_A$$
$$\sum M_O = 0$$
$$R_A a - M = 0$$

得

$$M = R_A a$$

如果取右段梁作为研究对象,同样可求得截面 m-m 上的 Q 和 M,根据作用与反作用力的关系,它们与从右段梁求出 m-m 截面上的 Q 和 M 大小相等,方向相反,如图 5-36c)所示。

(2)剪力和弯矩的正、负号规定。

为了使从左、右两段梁求得同一截面上的剪力 Q 和弯矩 M 具有相同的正负号,并考虑到土建工程上的习惯要求,对剪力和弯矩的正负号特作如下规定。

①剪力的正负号:使梁段有顺时针转动趋势的剪力为正[图 5-37a)];反之,为负[图 5-37b)]。

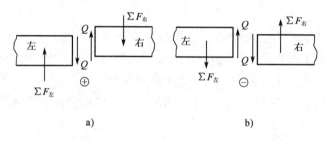

图 5-37 剪力正负号规定

②弯矩的正负号:使梁段产生下侧受拉的弯矩为正[图 5-38a)];反之,为负[图 5-38b)]。

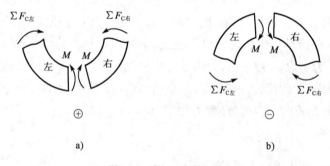

图 5-38 弯矩正负号规定

(3)用截面法计算指定截面上的剪力和弯矩。

用截面法求指定截面上的剪力和弯矩的步骤如下。

①计算支座反力。

②用假想的截面在需求内力处将梁截成两段,取其中任一段为研究对象。

③画出研究对象的受力图(截面上的 Q 和 M 都先假设为正的方向)。

④建立平衡方程,解出内力。

例 5-14 简支梁,荷载及尺寸如图 5-39 所示,$P=10\text{kN}$,$l=5\text{m}$,$a=3\text{m}$,$x=2\text{m}$ 用截面法求截面 1-1 的剪力和弯矩。

解 (1)求支座反力,考虑梁的整体平衡,画出整体受力图(图 5-40)

$$\sum M_A = 0 \qquad -P \times a + R_B \times l = 0$$

$$\sum M_B = 0 \qquad P \times b - R_A \times l = 0$$

$$R_A = \frac{Pb}{l} = 4(\text{kN})(\uparrow)$$

$$R_B = \frac{Pa}{l} = 6(\text{kN})(\uparrow)$$

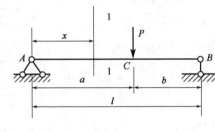

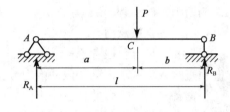

图 5-39 例 5-14 图   图 5-40 例 5-14 整体受力图

(2)求截面 1-1 上的内力

在截面 1-1 处将梁截开,取左段梁为研究对象,画出其受力,内力 Q_1 和 M_1 均先假设为正的方向(图 5-41),列平衡方程

$$\sum Y = 0 \qquad R_A - Q_1 = 0$$

$$\sum M_1 = 0 \qquad -R_A \cdot x + M_1 = 0$$

得

$$Q_1 = R_A = 6(\text{kN})$$

$$M_1 = R_A \times 2 = 12(\text{kN} \cdot \text{m})$$

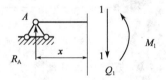

图 5-41 例 5-14 左段受力

求得 Q_1 和 M_1 均为正值,表示截面 1-1 上内力的实际方向与假定的方向相同;按内力的符号规定,剪力、弯矩都是正的。所以,画受力图时一定要先假设内力为正的方向,由平衡方程求得结果的正负号,就能直接代表内力本身的正负。

如取 1-1 截面右段梁为研究对象,可得出同样的结果。

(4)剪力方程和弯矩方程、剪力图和弯矩图。

通过弯曲内力的分析可以看出,在一般情况下,梁的横截面上的剪力和弯矩是随横截面的位置变化而变化的。设横截面的位置用其沿梁轴线 x 上的坐标表示,则梁的各个横截面上的剪力和弯矩可以表示为坐标 x 的函数,即

$$Q = Q(x) \ \text{及}\ M = M(x)$$

它们分别称为剪力方程和弯矩方程(亦称为剪力函数和弯矩函数)。在建立剪力方程和弯矩方程时,一般是以梁的左端为坐标 x 的原点。有时,为了方便计算,也可将 x 坐标的原点取

在梁的右端或梁的其他位置。

在工程实际中,为了简明而直观地表明梁的各截面上剪力 Q 和弯矩 M 的大小变化情况,需要绘制剪力图和弯矩图。可仿照轴力图或扭矩图的作法,以截面沿梁轴线的位置为横坐标 x,以截面上的剪力 Q 或弯矩 M 数值为对应的纵坐标,选定比例尺绘制剪力图和弯矩图。对水平梁,绘图时将正值的剪力画在 x 轴的上方;至于弯矩,则画在梁的受拉一侧,也就是正值的弯矩画在 x 轴的下方,在绘制弯矩图时,可不标出正负号。

由剪力方程和弯矩方程,特别是根据剪力图和弯矩图,可以确定梁的剪力和弯矩的最大值,以及剪力和弯矩为最大值的截面,这些截面称为危险截面。剪力方程和弯矩方程,以及剪力图和弯矩图是梁的强度计算和刚度计算的重要依据。

绘制梁的剪力图和弯矩图的基本方法是:首先分别写出梁的剪力方程和弯矩方程,然后根据它们来作图。这也就是数学中作函数 $y=f(x)$ 的图形所用的方法。

绘制内力图的步骤一般为:
① 求出梁的支座反力。
② 根据受力情况分段考虑。
③ 用直接计算法求出梁各段的内力方程。
④ 根据各段内力方程的特点作出内力图。

例 5-15 作图 5-42 所示悬臂梁 AB 的剪力图和弯矩图。

解 对于悬臂梁不需求支座反力,可取左段梁为研究对象,其受力图如图 5-43 所示。

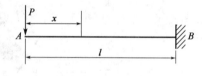

图 5-42 例 5-15 图

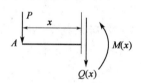

图 5-43 例 5-15 左段受力

(1)建立 AB 梁的剪力方程和弯矩方程

$$\sum Y = 0 \qquad -P - Q(x) = 0$$
$$\sum M = 0 \qquad P \cdot x + M(x) = 0$$
$$\begin{cases} Q(x) = -P \\ M(x) = -Px \end{cases}$$

(2)由内力方程绘制内力图

由剪力方程可知,剪力为定值,因此,绘制剪力图时只需定出一个截面的内力值,继而画出轴线的平行线。由弯矩方程可知弯矩呈直线变化规律,因此绘制弯矩图时需定出两个截面的内力值,连成直线即可。

图 5-44 例 5-15 剪力图及弯矩图

剪力图和弯矩图如图 5-44 所示。

例 5-16 绘制出图 5-39 的内力图。

解 由例题 5-14 可知支座反力 $R_A = \dfrac{Pb}{l}$、$R_B = \dfrac{Pa}{l}$。

(1)写内力方程

以轴线为 x 坐标轴,由于有集中力作用,C 两侧内力方程不同,应分段写出。

AC 段,取 AC 向为正方向,用 x_1 表示任意截面,得

$$Q(x) = R_A = \frac{Pb}{l} \quad (0 < x < a)$$

$$M(x) = R_A x_1 = \frac{Pbx_1}{l} \quad (0 \leqslant x \leqslant a)$$

CB 段,取 BC 为正方向,用 x_2 表示任意截面,得

$$Q(x) = -R_B = -\frac{Pa}{l} \quad (a < x < l)$$

$$M(x) = R_B x_2 = \frac{Pax_2}{l} \quad (0 \leqslant x \leqslant b)$$

(2)由内力方程绘制内力图

剪力图:AC 段剪力方程 $Q(x)$ 为常数,其剪力值为 $\frac{Pb}{l}$,剪力图是一条平行于 x 轴的直线,且在 x 轴上方。CB 段剪力方程 $Q(x)$ 也为常数,其剪力值为 $-\frac{Pa}{l}$,剪力图也是一条平行于 x 轴的直线,但在 x 轴下方。画出全梁的剪力图,如图 5-45 所示。

弯矩图:AC 段弯矩 $M(x)$ 是 x_1 的一次函数,弯矩图是一条斜直线,只要计算两个截面的弯矩值,就可以画出弯矩图。

当 $x_1 = 0$ 时 $\qquad M_A = 0$

当 $x_1 = a$ 时 $\qquad M_C = \frac{Pab}{l}$

根据计算结果,可画出 AC 段弯矩图。

CB 段弯矩 $M(x)$ 也是 x_2 的一次函数,弯矩图仍是一条斜直线。

当 $x_2 = a$ 时 $\qquad M_C = \frac{Pab}{l}$

当 $x_2 = l$ 时 $\qquad M_B = 0$

由上面两个弯矩值,画出 CB 段弯矩图。整梁的弯矩图如图 5-46 所示。

从剪力图和弯矩图中可见,简支梁受集中荷载作用,当 $a > b$ 时,$|Q|_{max} = \frac{Pa}{l}$,发生在 BC 段的任意截面上;$|M|_{max} = \frac{Pab}{l}$,发生在集中力作用处的截面上。若集中力作用在梁的跨中,则最大弯矩发生在梁的跨中截面上,其值为:$M_{max} = \frac{Pl}{4}$。

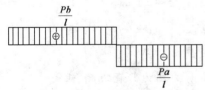

图 5-45 例 5-16 剪力图

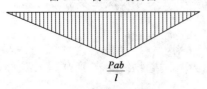

图 5-46 例 5-16 弯矩图

例 5-17 图 5-47 所示简支梁受均布荷载 q 的作用,作该梁的剪力图和弯矩图。

解 (1)求支座反力

因对称关系,可得

$$R_A = R_B = \frac{1}{2}ql \ (\uparrow)$$

(2) 列剪力方程和弯矩方程

取距 A 点为 x 处的任意截面，将梁假想截开，考虑左段平衡，可得

$$Q(x) = R_A - qx = \frac{1}{2}ql - qx \quad (0 < x < l)$$

$$M(x) = R_A x - \frac{1}{2}qx^2 = \frac{1}{2}qlx - \frac{1}{2}qx^2 \quad (0 \leqslant x \leqslant l)$$

(3) 画剪力图和弯矩图

由剪力方程可知，$Q(x)$ 是 x 的一次函数，即剪力方程为一直线方程，剪力图是一条斜直线。

当 $x=0$ 时　　　　　　　　　$Q_A = \dfrac{ql}{2}$

当 $x=l$ 时　　　　　　　　　$Q_B = -\dfrac{ql}{2}$

根据这两个截面的剪力值，画出剪力图，如图 5-48 所示。

由弯矩方程可知，$M(x)$ 是 x 的二次函数，说明弯矩图是一条二次抛物线，应至少计算 3 个截面的弯矩值，才可描绘出曲线的大致形状。

当 $x=0$ 时　　　　　　　　　$M_A = 0$

当 $x=\dfrac{l}{2}$ 时　　　　　　　$M_C = \dfrac{ql^2}{8}$

当 $x=l$ 时　　　　　　　　　$M_B = 0$

根据以上计算结果，画出弯矩图，如图 5-49 所示。

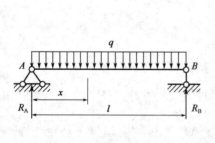

图 5-47　例 5-17 图

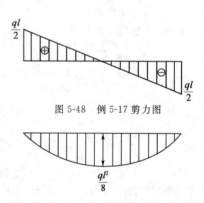

图 5-48　例 5-17 剪力图

图 5-49　例 5-17 弯矩图

从剪力图和弯矩图中可知，受均布荷载作用的简支梁，其剪力图为斜直线，弯矩图为二次抛物线；最大剪力发生在两端支座处，绝对值为 $|Q|_{max} = \dfrac{1}{2}ql$；而最大弯矩发生在剪力为零的跨中截面上，其绝对值为 $|M|_{max} = \dfrac{1}{8}ql^2$。

结论：在均布荷载作用的梁段，剪力图为斜直线，弯矩图为二次抛物线。在剪力等于零的截面上弯矩有极值。

例 5-18 如图 5-50 所示简支梁受集中力偶作用,试画出梁的剪力图和弯矩图。

解 (1)求支座反力

由整梁平衡得

$$\sum M_B = 0, R_A = \frac{m}{l}(\uparrow)$$

$$\sum M_A = 0, R_B = -\frac{m}{l}(\downarrow)$$

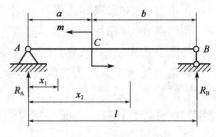

图 5-50　例 5-18 图

(2)列剪力方程和弯矩方程

在梁的 C 截面的集中力偶 m 作用,分两段列出剪力方程和弯矩方程。

AC 段:在 A 端为 x_1 的截面处假想将梁截开,考虑左段梁平衡,列出剪力方程和弯矩方程为

$$Q(x_1) = R_A = \frac{m}{l} \qquad (0 < x_1 \leqslant a)$$

$$M(x_2) = R_A x = \frac{m}{l} x \qquad (0 \leqslant x_2 < a)$$

CB 段:在 A 端为 x_2 的截面处假想将梁截开,考虑左段梁平衡,列出剪力方程和弯矩方程为

$$Q(x_2) = R_A = \frac{m}{l} \qquad (a \leqslant x_2 < l)$$

$$M(x_1) = R_A x - m = -\frac{m}{l}(l - x) \qquad (a < x_1 \leqslant l)$$

(3)画剪力图和弯矩图

剪力 Q 图:由式剪力方程可知,梁在 AC 段和 CB 段剪力都是常数,其值为 $\frac{m}{l}$,故剪力是一条在 x 轴上方且平行于 x 轴的直线。画出剪力图如图 5-51a)所示。

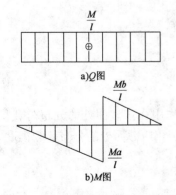

图 5-51　例 5-18 剪力图及弯矩图

弯矩图:由式弯矩方程可知,梁在 AC 段和 CB 段内弯矩都是 x 的一次函数,故弯矩图是两段斜直线。

AC 段:

当 $x_1 = 0$ 时　　　$M_A = 0$

当 $x_1 = a$ 时　　　$M_{C左} = \frac{ma}{l}$

CB 段:

当 $x_2 = a$ 时　　　$M_{2右} = -\frac{mb}{l}$

当 $x_2 = l$ 时　　　$M_B = 0$

画出弯矩图如图 5-51b)所示。

由内力图可见,简支梁只受一个力偶作用时,剪力图是一条与基线平行的直线,而弯矩图是两段平行的斜直线,在集中力偶处左右截面上的弯矩发生了突变。

结论:梁在集中力偶作用处,左右截面上的剪力无变化,而弯矩出现突变,其突变值等于该

集中力偶矩。

在工程中,常常遇到几根杆件组成的框架结构,例如房屋建筑中梁和柱构成的结构。

在结点处,梁和柱的截面不能发生相对转动,或者说,在结点处两杆件间的夹角保持不变,这样的结点称为刚结点,具有刚结点的结构称为刚架。

如果刚架的支座反力和内力均能由静力平衡条件确定,这样的刚架称为静定刚架。作刚架内力图的方法基本上与梁相同。通常平面刚架的内力除剪力、弯矩之外还有轴力,作图时要分别对杆件进行计算。下面举例说明静定刚架弯矩图的作法,至于轴力图和剪力图,需要时可按类似的方法绘制。

(5)微分关系法绘制剪力图和弯矩图。

①荷载集度、剪力和弯矩之间的微分关系。

上面从直观上总结出剪力图、弯矩图的一些规律和特点。现进一步讨论剪力图、弯矩图与荷载集度之间的关系。

如图 5-52a)所示,简支梁上作用有任意的分布荷载 $q(x)$,设 $q(x)$ 以向上为正。取 A 为坐标原点,x 轴以向右为正。现取分布荷载作用下的一微段 dx 来研究[图 5-52b)]。

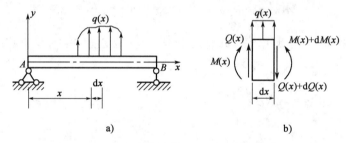

图 5-52 任意分布荷载作用下简支梁受力

由于微段的长度 dx 非常小,因此,在微段上作用的分布荷载 $q(x)$ 可以认为是均布的。微段左侧横截面上的剪力是 $Q(x)$、弯矩是 $M(x)$;微段右侧截面上的剪力是 $Q(x)+dQ(x)$、弯矩是 $M(x)+dM(x)$,并设它们都为正值。考虑微段的平衡,由

$$\sum Y = 0$$

$$Q(x) + q(x)dx - [Q(x) + dQ(x)] = 0$$

得

$$\frac{dQ(x)}{dx} = q(x) \tag{a}$$

结论 1:梁上任意一横截面上的剪力对 x 的一阶导数等于作用在该截面处的分布荷载集度。这一微分关系的几何意义是:剪力图上某点切线的斜率等于相应截面处的分布荷载集度。

再由

$$\sum M = 0$$

$$-M(x) - Q(x)dx - q(x)dx\frac{dx}{2} + [M(x) + dM(x)] = 0$$

上式中,C 点为右侧横截面的形心,经过整理,并略去二阶微量 $q(x)\frac{dx^2}{2}$ 后,得

$$\frac{dM(x)}{dx} = Q(x) \tag{b}$$

结论 2：梁上任一横截面上的弯矩对 x 的一阶导数等于该截面上的剪力。这一微分关系的几何意义是：弯矩图上某点切线的斜率等于相应截面上剪力。

将式两边求导，可得

$$\frac{d^2 M(x)}{dx^2} = q(x) \qquad (c)$$

结论 3：梁上任一横截面上的弯矩对 x 的二阶导数等于该截面处的分布荷载集度。这一微分关系的几何意义是：弯矩图上某点的曲率等于相应截面处的荷载集度，即由分布荷载集度的正负可以确定弯矩图的凹凸方向。

②用微分关系法绘制剪力图和弯矩图。

利用弯矩、剪力与荷载集度之间的微分关系及其几何意义，可总结出下列一些规律，以用来校核或绘制梁的剪力图和弯矩图。

a. 在无荷载梁段，即 $q(x)=0$ 时，由式(a)可知，$Q(x)$ 是常数，即剪力图是一条平行于 x 轴的直线；又由式(c)可知该段弯矩图上各点切线的斜率为常数，因此，弯矩图是一条斜直线。

b. 均布荷载梁段，即 $q(x)=$ 常数时，由式(a)可知，剪力图上各点切线的斜率为常数，即 $Q(x)$ 是 x 的一次函数，剪力图是一条斜直线；又由式(c)可知，该段弯矩图上各点切线的斜率为 x 的一次函数，因此，$M(x)$ 是 x 的二次函数，即弯矩图为二次抛物线。这时可能出现两种情况，如图 5-53 所示。

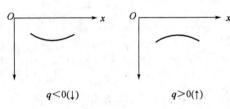

图 5-53 均布荷载作用下弯矩图形状

c. 弯矩的极值。

由

$$\frac{dM(x)}{dx} = Q(x) = 0$$

可知，在 $Q(x)=0$ 的截面处，$M(x)$ 具有极值。即剪力等于零的截面上，弯矩具有极值；反之，弯矩具有极值的截面上，剪力一定等于零。

将以上内容总结如表 5-2 所示。

直梁内力图的形状特征　　　　　　　　　　　　表 5-2

外力情况	q(向下)	无荷载段	集中力 P 作用处	集中力偶 m 作用处
剪力图上的特征	(向下斜直线)	水平线	突变，突变值为 P	不变
弯矩图上的特征	(下凸抛物线)	斜直线	有尖角	有突变，突变值为 m
最大弯矩可能的截面位置	剪力为零的截面		剪力突变的截面	弯矩突变的某一侧

利用上述荷载、剪力和弯矩之间的微分关系及规律，可更简捷地绘制梁的剪力图和弯矩图，其步骤如下：

①分段，即根据梁上外力及支承等情况将梁分成若干段。

②根据各段梁上的荷载情况，判断其剪力图和弯矩图的大致形状。

③利用计算内力的简便方法，直接求出若干控制截面上的 Q 值和 M 值。

④逐段直接绘出梁的 Q 图和 M 图。

例 5-19 简支梁,尺寸及梁上荷载如图 5-54a)所示,利用微分关系绘出此梁的剪力图和弯矩图。

解 (1)求支座反力

$$R_A = 6(\text{kN})(\uparrow)$$
$$R_C = 18(\text{kN})(\uparrow)$$

(2)根据梁上的荷载情况,将梁分为 AB 和 BC 两段,逐段画出内力图

(3)计算控制截面剪力,画剪力图

AB 段为无荷载区段,剪力图为水平线,其控制截面剪力为

$$Q_A = R_A = 6(\text{kN})$$

BC 为均布荷载段,剪力图为斜直线,其控制截面剪力为

$$Q_B = R_A = 6(\text{kN})$$
$$Q_C = -R_C = -18(\text{kN})$$

画出剪力图如图 5-54b)所示。

(4)计算控制截面弯矩,画弯矩图

AB 段为无荷载区段,弯矩图为斜直线,其控制截面弯矩为

$$M_A = 0$$
$$M_{B左} = R_A \times 2 = 12(\text{kN} \cdot \text{m})$$

BC 为均布荷载段,由于 q 向下,弯矩图为凸向下的二次抛物线,其控制截面弯矩为

$$M_{B右} = R_A \times 2 + M_e = 6 \times 2 + 12 = 24(\text{kN} \cdot \text{m})$$
$$M_C = 0$$

从剪力图可知,此段弯矩图中存在着极值,应该求出极值所在的截面位置及其大小。
设弯矩具有极值的截面距右端的距离为 x,由该截面上剪力等于零的条件可求得 x 值,即

$$Q(x) = -R_C + qx = 0$$
$$x = \frac{R_C}{q} = \frac{18}{6} = 3(\text{m})$$

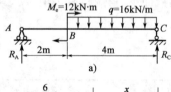

弯矩的极值为

$$M_{\max} = R_C \cdot x - \frac{1}{2}qx^2 = 18 \times 3 - \frac{6 \times 3^2}{2} = 27(\text{kN} \cdot \text{m})$$

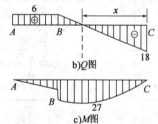

图 5-54 例 5-19 图

画出弯矩图如图 5-54c)所示。

对本题来说,反力 R_A、R_C 求出后,便可直接画出剪力图。而弯矩图,也只需确定 $M_{B左}$、$M_{B右}$ 及 $M_{\max}$ 值,便可画出。

在熟练掌握简便方法求内力的情况下,可以直接根据梁上的荷载及支座反力画出内力图。

(6)用叠加法画弯矩图。

①叠加原理。

由于在小变形条件下,梁的内力、支座反力、应力和变形等参数均与荷载呈线性关系,每一荷载单独作用时引起的某一参数不受其他荷载的影响。所以,梁在 n 个荷载共同作用时所引

起的某一参数(内力、支座反力、应力和变形等),等于梁在各个荷载单独作用时所引起同一参数的代数和,这种关系称为叠加原理。

②叠加法画矩图。

根据叠加原理来绘制梁的内力图的方法称为叠加法。由于剪力图一般比较简单,因此不用叠加法绘制。下面只讨论用叠加法作梁的弯矩图。其方法为,先分别作出梁在每一个荷载单独作用下的弯矩图,然后将各弯矩图中同一截面上的弯矩代数相加,即可得到梁在所有荷载共同作用下的弯矩图。

注意:叠加法是纵坐标的叠加,而不是图形简单的拼合。

例 5-20 图 5-55a)所示的悬臂梁,试用叠加法作此梁的弯矩图。

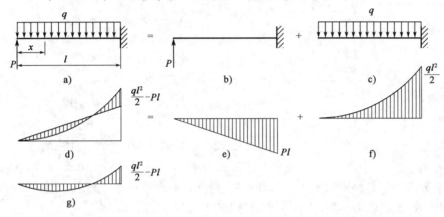

图 5-55 例 5-20 图

解 荷载可以看作集中力 P 和均布荷载 q 的叠加[图 5-55b)、c)]。作出各荷载单独作用下的弯矩图[图 5-55e)、f)]。由于两图的弯矩符号相反,在叠加时,把它们放在横坐标的同一侧,如图 5-55d)所示。凡是两图重叠的部分,正值与负值相互抵消,剩余部分,注明正负号,即得所求的弯矩图。将基线改为水平线,即得 5-55g)所示的总弯矩图。

例 5-21 简支梁 AB 承受集中力 P 和集中力偶 $m = Pa$ 作用,如图 5-56a)所示。试按叠加法作梁的弯矩图。

解 首先把原结构分解为集中力 P 和集中力偶 m 单独作用的两个简支梁,如图 5-56a)~c)所示。分别作出 P 和 m 单独作用下的弯矩图[图 5-56e)、f)]。因为弯矩图都是折线组成,直线与直线叠加仍然是直线,所以叠加时只需求出 A、C、D、B 4 个控制截面的弯矩值,即可作出弯矩图。由图 5-56e)、f)两图的弯矩值求得

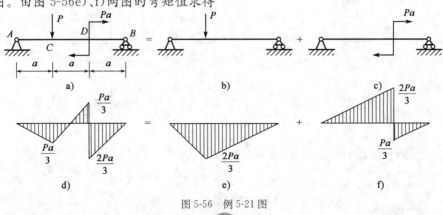

图 5-56 例 5-21 图

$$M_A = M_B = 0, M_C = \frac{2}{3}pa + (-\frac{1}{3}pa) = \frac{1}{3}pa$$

$$M_{D左} = -\frac{2}{3}pa + \frac{1}{3}pa = -\frac{1}{3}pa, M_{D右} = \frac{1}{3}Pa + \frac{1}{3}Pa = \frac{2}{3}Pa$$

因此，AB 梁在 P，m 同时作用下的弯矩如图 5-56d)所示。

例 5-22 试绘制图 5-57 所示简支刚架的内力图。

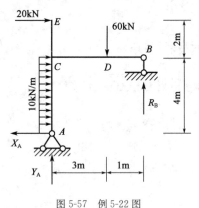

解 (1)求支反力

由整体的平衡方程

$\sum X = 0 \qquad -X_A + 10 \times 4 + 20 = 0$

$\qquad\qquad X_A = 60(\text{kN})(\leftarrow)$

$\sum M_A = 0 \qquad R_B \times 5 - 60 \times 3 - 20 \times 6 - 10 \times 4 \times 2 = 0$

$\qquad\qquad R_B = 76(\text{kN})(\uparrow)$

$\sum Y = 0 \qquad Y_A + R_B - 60 = 0$

$\qquad\qquad Y_A = -16(\text{kN})(\downarrow)$

(2)绘弯矩图

因为结点 C 为刚结点，与该结点对应的有三个截面和集中力作用点 D 截面。为了清楚地表达内力，在内力符号的右下方添加两个下标以标明内力所属杆件(或杆段)，其中第一个下标表示该内力所属杆端。以这 4 个截面为控制截面，用截面法求出其弯矩 M_{CA}、M_{CB}、M_{CE} 和 M_{DB}。

图 5-57 例 5-22 图

杆 AC 受力如图 5-58a)所示，由 $\sum M_C = 0$，得

$$M_{CA} = 60 \times 4 - 10 \times 4 \times 2 = 160(\text{kN} \cdot \text{m})(右侧受拉)$$

杆 CB 受力如图 5-58b)所示，由 $\sum M_C = 0$，得

$$M_{CB} = 76 \times 5 - 60 \times 3 = 200(\text{kN} \cdot \text{m})(下侧受拉)$$

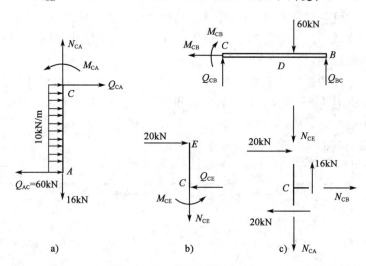

图 5-58 例 5-22 结点及杆件受力

杆 CE 受力图 5-58c)所示，由 $\sum M_C = 0$，得

$$M_{CE} = 20 \times 2 = 40(\text{kN} \cdot \text{m})(左侧受拉)$$

$$M_{DB} = 2 \times 76 = 152(\text{kN} \cdot \text{m})(下侧受拉)$$

而 A、B、E 截面的弯矩为零。在杆 AC 上受均布荷载作用,中点 F 截面的弯矩为

$$M_F = \frac{160}{2} + \frac{10 \times 4^2}{8} = 100 (kN \cdot m)(右侧受拉)$$

求出各控制截面的弯矩值后,用直线连两端弯矩值竖标即可得最后弯矩图[图 5-59a)]。

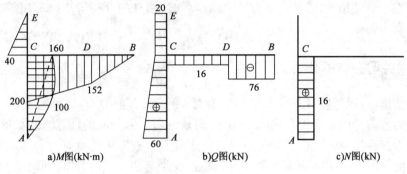

图 5-59 例 5-22 内力图

(3)绘剪力图

在已绘出的弯矩图基础上,取各杆的隔离体,利用平衡方程来计算剪力。AC 杆的受力如图 5-58a)所示。

由 $\sum X = 0$,得

$$Q_{CA} = \frac{160 - 10 \times 4 \times 2}{4} = 20 (kN)$$

$$Q_{AC} = X_A = 60 (kN)$$

CB 段受力如图 5-58b)所示。

由 $\sum M_B = 0$,得

$$Q_{CB} = \frac{60 \times 2 - 200}{5} = -16 (kN)$$

由 $\sum Y = 0$,得

$$Q_{BC} = R_B = -60 - 16 = -76 (kN)$$

杆 CE 受力如图 5-58c)所示。

由 $\sum X = 0$,得

$$Q_{CE} = 20 (kN)$$

在以上计算中,剪力的正负号仍按以前的规定,即剪力以使隔离体产生顺时针转动趋势时为正。

因为 AC 段上受均布荷载作用,故剪力图为斜直线;BC 段受集中力作用,Q 图在 D 截面有突变;无载段剪力图与杆轴线平行。绘出最后剪力图[图 5-59b)]。

(4)绘轴力图

取杆 CE 为隔离体[图 5-58c)],由 $\sum Y = 0$,得

$$N_{CE} = 0$$

再取刚结点 C 为隔离体[图 5-58b)],由 $\sum X = 0$ 和 $\sum Y = 0$,可得

$$N_{CB} = 0$$

$$N_{CA} = 16 (kN)$$

绘出最后轴力图[图 5-59c]。

内力图作出后应进行校核。对于弯矩图,通常是检查刚结点处是否满足力矩平衡条件;校核剪力图和轴力图一般取刚架的横梁为隔离体,检查柱顶剪力和轴力是否满足平衡条件 $\sum X=0$ 和 $\sum Y=0$。在只有两根杆件汇交的刚结点处,当结点上无外力偶作用时,此两杆在该结点处的杆端弯矩必相等;当结点上有外力偶作用时,两杆的杆端弯矩则不相等,两者的差值等于外力偶大小。

二 梁纯弯曲时的正应力

在一般情形下,梁弯曲时其横截面上既有弯矩 M 又有剪力 Q,这种弯曲称为横力弯曲。梁横截面上的弯矩是由正应力合成的,而剪力则是由切应力合成的,因此,在梁的横截面上一般既有正应力又有切应力。如果某段梁内各横截面上弯矩为常量而剪力为零,则该段梁的弯曲称为纯弯曲。图 5-60 中两种梁上的 AB 段就属于纯弯曲。显然,纯弯曲时梁的横截面上不存在切应力。

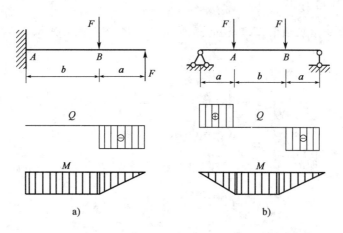

图 5-60 纯弯曲梁内力

考虑到应力与变形之间的关系,可以根据梁在纯弯曲时的变形情况来推导梁横截面上的弯曲正应力分布。

现取一对称截面梁(如矩形截面梁),在梁的侧面画上两条横向线 aa、bb 以及两条纵向线 cc、dd,如图 5-61a)所示。然后在梁两端施加外力偶 M_e,使梁发生纯弯曲。试验结果表明,在梁变形后,纵向线 cc 和 dd 弯曲成弧线,其中上面的 cc 线缩短,下面的 dd 线伸长,而横向线 aa 和 bb 仍保持为直线,并在相对旋转一个角度后继续垂直于弯曲后的纵向线,如图 5-61b)所示。

根据上述变形现象,可做以下假设:梁在受力弯曲后,其横截面会发生转动,但仍保持为平面,且继续垂直于梁变形后的轴线。这就是弯曲的平面假设。同时还可以假设:梁内各纵向线仅承受轴向拉伸或压缩,即各纵向线之间无相互挤压。这两个假设已为试验和理论分析所证实。

梁弯曲变形后,其凹边的纵向线缩短,凸边的纵向线伸长,由于变形的连续性,中间必有一层纵向线的长度保持不变,这一纵向平面称为中性层,中性层与横截面的交线称为该截面的中性轴,如图 5-62 所示。梁在弯曲时,各横截面就是绕中性轴作相对转动的。

现在来推导纯弯曲时梁横截面上的正应力公式。要从几何、物理和静力学三方面来综合考虑。

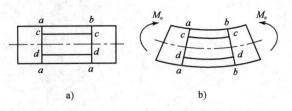 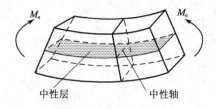

图 5-61 纯弯曲梁变形　　　　图 5-62 中性层及中性轴

1. 几何关系

假想从梁中截取长 dx 的微段进行分析。梁弯曲后，由平面假设可知，两横截面将相对转动一个角度 $d\theta$，如图 5-63a）所示，图中的 ρ 为中性层的曲率半径。取梁的轴线为 x 轴，横截面的对称轴为 y 轴，中性轴（其在横截面上的具体位置尚未确定）为 z 轴，如图 5-63b）所示，现求距中性轴为 y 处的纵向线 ab 的线应变。ab 线变形前原长为 $dx(\rho d\theta)$，变形后的长度为 $(\rho+y)d\theta$，故 ab 线的纵向线应变为

$$\varepsilon = \frac{(\rho+y)d\theta - \rho d\theta}{\rho d\theta} = \frac{y}{\rho} \tag{a}$$

上式表明，梁横截面上各点处的纵向线应变 ε 与该点到中性轴的距离 y 成正比。

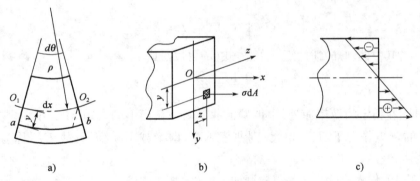

图 5-63 纯弯曲时梁横截面正应力

2. 物理关系

如前所述，梁内各纵向线之间无相互挤压，因此，当材料处于线弹性范围内，且拉伸和压缩弹性模量相同时，由虎克定律可得

$$\sigma = E\varepsilon = \frac{y}{\rho}E \tag{b}$$

上式表明，梁横截面上各点处的正应力 σ 与该点到中性轴的距离 y 成正比，而在离中性轴等距线上各点处的正应力相等，如图 5-63c）所示。

3. 静力学关系

以上已得到正应力的分布规律，但由于中性轴的位置与中性层曲率半径的大小均尚未确定，所以仍不能确定正应力的大小。这些问题需再从静力学关系来解决。

横截面上各点处的法向微内力 σdA 组成一空间平行力系，而且由于横截面上没有轴力，仅存在位于 x-y 平面的弯矩 M，因此

$$N = \int_A \sigma dA = 0 \tag{c}$$

$$M_y = \int_A z\sigma \mathrm{d}A = 0 \tag{d}$$

$$M_z = \int_A y\sigma \mathrm{d}A = 0 \tag{e}$$

以式(b)代入式(c),得

$$\int_A \sigma \mathrm{d}A = \frac{E}{\rho}\int_A y \mathrm{d}A = 0 \tag{f}$$

上式中的积分代表截面对 z 轴的静矩 S_z。静矩等于零意味着 z 轴必然通过截面的形心。以式(b)代入式(d),得

$$\int_A \sigma \mathrm{d}A = \frac{E}{\rho}\int_A yz \mathrm{d}A = 0 \tag{g}$$

其中,积分是横截面对 y 和 z 轴的惯性积。由于 y 轴是截面的对称轴,必然有 $I_{yz}=0$,所示上式是自然满足的。

以式(b)代入式(e),得

$$M = \int_A y\sigma \mathrm{d}A = \frac{E}{\rho}\int_A y^2 \mathrm{d}A \tag{h}$$

其中积分

$$\int_A y^2 \mathrm{d}A = I_z \tag{i}$$

是横截面对 z 轴(中性轴)的惯性矩。于是,式(h)可以写成

$$\frac{1}{\rho} = \frac{M}{EI_z} \tag{5-19}$$

此式表明,在指定的横截面处,中性层的曲率与该截面上的弯矩 M 成正比,与 EI_z 成反比。在同样的弯矩作用下,EI_z 越大,则曲率越小,即梁越不易变形,故 EI_z 称为梁的抗弯刚度。

再将式(5-19)代入式(b),于是得横截面上 y 处的正应力为

$$\sigma = \frac{M}{I_z}y \tag{5-20}$$

式中:M——横截面上的弯矩;

I_z——截面对中性轴的惯性矩;

y——所求应力点至中性轴的距离。

此式即为纯弯曲正应力的计算公式。

当弯矩为正时,梁下部纤维伸长,故产生拉应力,上部纤维缩短而产生压应力;弯矩为负时,则与上相反。在利用式(5-20)计算正应力时,可以不考虑式中弯矩 M 和 y 的正负号,均以绝对值代入,正应力是拉应力还是压应力可以由梁的变形来判断。

应该指出,以上公式虽然是纯弯曲的情况下,以矩形梁为例建立的,但对于具有纵向对称面的其他截面形式的梁,如工字形、T 字形和圆形截面梁等仍然可以使用。同时,在实际工程中大多数受横向力作用的梁,横截面上都存在剪力和弯矩,但对一般细长梁来说,剪力的存在对正应力分布规律的影响很小。因此,式(5-20)也适用于非纯弯曲情况。

4. 最大弯曲正应力

由式(5-20)可知,在 $y=y_{max}$ 即横截在离中性轴最远的各点处,弯曲正应力最大,其值为

$$\sigma_{\max} = \frac{M}{I_z}y_{\max} = \frac{M}{\dfrac{I_z}{y_{\max}}}$$

其中比值 $I_z/y_{\max}$ 仅与截面的形状与尺寸有关,称为抗弯截面系数,也叫抗弯截面模量。用 W_z 表示,即

$$W_z = \frac{I_z}{y_{\max}} \tag{5-21}$$

于是,最大弯曲正应力为

$$\sigma_{\max} = \frac{M}{W_z} \tag{5-22}$$

可见,最大弯曲正应力与弯矩成正比,与抗弯截面系数成反比。抗弯截面系数综合反映了横截面的形状与尺寸对弯曲正应力的影响。

图 5-64 中矩形截面与圆形截面的抗弯截面系数分别为

$$W_z = \frac{bh^2}{6} \tag{5-23}$$

$$W_z = \frac{\pi d^3}{32} \tag{5-24}$$

而空心圆截面的抗弯截面系数则为

$$W_z = \frac{\pi D^3}{32}(1 - \alpha^4) \tag{5-25}$$

式中:α——内、外径的比值,$\alpha = d/D$。

至于各种型钢截面的抗弯截面系数,可从型钢规格表中查得。

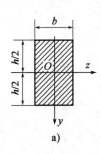
a)
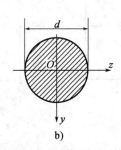
b)
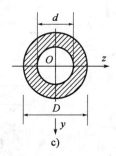
c)

图 5-64 抗弯截面系数计算

例 5-23 图 5-65 所示悬臂梁,自由端承受集中荷载 F 作用,已知:$h=18\text{cm},b=12\text{cm},y=6\text{cm},a=2\text{m},F=1.5\text{kN}$。计算 A 截面上 K 点的弯曲正应力。

解 先计算截面上的弯矩

$$M_A = -Fa = -1.5 \times 2 = -3(\text{kN} \cdot \text{m})$$

截面对中性轴的惯性矩

$$I_z = \frac{bh^3}{12} = \frac{120 \times 180^3}{12} = 5.832 \times 10^7 (\text{mm}^4)$$

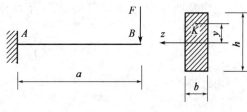

图 5-65 例 5-23 图

则

$$\sigma_K = \frac{M_A}{I_z}y = \frac{3 \times 10^6}{5.832 \times 10^7} \times 60 = 3.09(\text{MPa})$$

A 截面上的弯矩为负，K 点是在中性轴的上边，所以为拉应力。

三、梁剪切弯曲时的切应力

在横力弯曲的情形下，梁的横截面上除了有弯曲正应力外，还有弯曲切应力。切应力在截面上的分布规律较之正应力要复杂，本节不对其作详细讨论，仅准备对矩形截面梁、工字形截面梁、圆形截面梁的切应力分布规律作一简单介绍，具体的推导过程可参阅其他相关教材。

当进行平面弯曲梁的强度计算时，一般来说，弯曲正应力是梁强度计算的主要因素，但在某些情况下，例如，当梁的跨度很小或在支座附近有很大的集中力作用，这时梁的最大弯矩比较小，而剪力却很大，如果梁截面窄且高或是薄壁截面，这时剪应力可达到相当大的数值，剪应力就不能忽略了。下面介绍几种常见截面上弯曲剪应力的分布规律和计算公式。

1. 矩形截面梁的弯曲剪应力

图 5-66a)所示矩形截面梁，在纵向对称面内承受荷载作用。设横截面的高度为 h，宽度为 b，为研究弯曲剪应力的分布规律，现作如下假设：横截面上各点处的剪应力的方向都平行于剪力，并沿截面宽度均匀分布。有相距 dx 的横截面从梁中切取一微段，如图 5-67a)所示。然后，在横截面上纵坐标为 y 处，再用一个纵向截面 m-n，将该微段的下部切出，如图 5-67b)所示。设横截面上 y 处的剪应力为 τ，则由剪应力互等定理可知，纵横面 m-n 上的剪应力 τ' 在数值上也等于 τ。因此，当剪应力 τ' 确定后，τ 也随之确定。

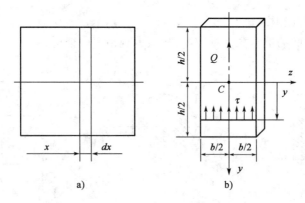

图 5-66 矩形截面梁及受力

如图 5-67a)所示，由于存在剪力 Q，截面 1-1 与 2-2 的弯矩将不相同，分别为 M 和 $M+dM$，因此，上述两截面的弯曲正应力也不相同。设微段下部横截面 $m1n2$ 的面积为 ω，在该两截面上由弯曲正应力所构成的轴向合力分别为 N_1 与 N_2，则由微段下部的轴向平衡方程 $\sum X=0$ 可知

$$\tau'bdx = \tau bdx = N_1 - N_2$$

由此得

$$\tau = \frac{N_1 - N_2}{bdx} \tag{a}$$

由图 5-67c)可知

$$N_1 = \int_\omega \sigma dA = \frac{M}{I_z}\int_\omega y^* dA$$

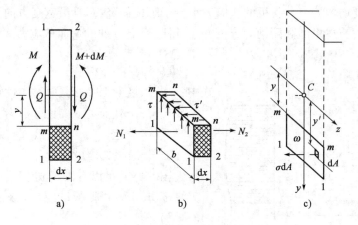

图 5-67 梁微段受力分析

其中，积分代表截面 ω 对 z 轴的静矩，并用 S_z^* 表示，因此有

$$N_1 = \frac{MS_z^*}{I_z} \qquad (b)$$

$$N_2 = \frac{(M+\mathrm{d}M)S_z^*}{I_z} = \frac{(M+Q\mathrm{d}x)S_z^*}{I_z} \qquad (c)$$

将式(b)和式(c)代入式(a)，于是得

$$\tau = \frac{QS_z^*}{I_z b} \qquad (5-26)$$

式中：I_z——整个横截面对中性轴 z 的惯性矩；

S_z^*——y 处横线一侧的部分截面对 z 轴的静矩。

对于矩形截面，如图 5-68 所示，其值为

$$S_z^* = b\left(\frac{h}{2}-y\right) \times \frac{1}{2}\left(\frac{h}{2}+y\right) = \frac{b}{2}\left(\frac{h^2}{4}-y^2\right)$$

将上式及 $I_z = bh^3/12$ 代入式(5-26)得

$$\tau = \frac{3Q}{2bh}\left(1-\frac{4y^2}{h^2}\right) \qquad (5-27)$$

由此可见：矩形截面梁的弯曲剪应力沿截面高度呈抛物线分布(图 5-68)；在截面的上、下边缘 $\left(y = \pm\frac{h}{2}\right)$，剪应力 $\tau = 0$；在中性轴($y=0$)，剪应力最大，其值为

$$\tau_{\max} = \frac{3}{2}\frac{Q}{bh} \qquad (5-28)$$

2. 工字形截面梁的弯曲剪应力

工字形截面由腹板和翼缘组成。其横截面如图 5-69 所示。中间狭长部分为腹板，上、下扁平部分为翼缘。梁横截面上的剪应力主要分布于腹板上，翼缘部分的剪应力情况比较复杂，数值很小，可以不予考虑。由于腹板比较狭长，因此可以假设：腹板上各点处的弯曲剪应力平行于腹板侧

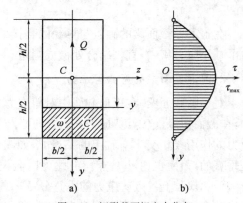

图 5-68 矩形截面切应力分布

边,并沿腹板厚度均匀分布。腹板的剪应力平行于腹板的竖边,且沿宽度方向均匀分布。根据上述假设,并采用前述矩形截面梁的分析方法,得腹板上 y 处的弯曲剪应力为

$$\tau = \frac{QS_z^*}{I_z b}$$

式中:I_z——整个工字形截面对中性轴 z 的惯性矩;
S_z^*——y 处横线一侧的部分截面对该轴的静矩;
b——腹板的厚度。

由图 5-69a)可以看出,y 处横线以下的截面是由下翼缘部分与部分腹板的组成,该截面对中性轴 z 的静矩为

$$S_z^* = B\left(\frac{H}{2}-\frac{h}{2}\right)\left[\frac{h}{2}+\frac{1}{2}\left(\frac{H}{2}-\frac{h}{2}\right)\right]+$$
$$b\left(\frac{h}{2}-y\right)\left[y+\frac{1}{2}\left(\frac{h}{2}-y\right)\right]$$
$$=\frac{B}{8}(H^2-h^2)+\frac{b}{2}\left(\frac{h^2}{4}-y^2\right)$$

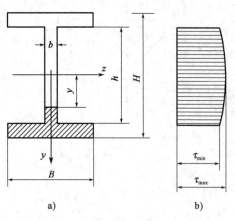

图 5-69 工字形截面及其腹板切应力

因此,腹板上 y 处的弯曲剪应力为

$$\tau = \frac{Q}{I_z b}\left[\frac{B}{8}(H^2-h^2)+\frac{b}{2}\left(\frac{h^2}{4}-y^2\right)\right] \tag{5-29}$$

由此可见,腹板上的弯曲剪应力沿腹板高度方向也是呈二次抛物线分布,如图 5-69b)所示。在中性轴处($y=0$),剪应力最大,在腹板与翼缘的交界处($y=\pm h/2$),剪应力最小,其值分别为

$$\tau_{\max} = \frac{Q}{I_z b}\left[\frac{BH^2}{8}-(B-b)\frac{h^2}{8}\right] \quad \text{或} \quad \tau_{\max} = \frac{Q}{\frac{I_z}{S^*}b} \tag{5-30}$$

$$\tau_{\min} = \frac{Q}{I_z b}\left(\frac{BH^2}{8}-\frac{Bh^2}{8}\right) \tag{5-31}$$

从以上两式可见,当腹板的宽度 b 远小于翼缘的宽度 B,$\tau_{\max}$ 与 $\tau_{\min}$ 实际上相差不大,所以可以认为在腹板上剪应力大致是均匀分布的。可用腹板的截面面积除剪力 Q,近似地得表示腹板的剪应力,即

$$\tau = \frac{Q}{bh} \tag{5-32}$$

在工字形截面梁的腹板与翼缘的交接处,剪应力分布比较复杂,而且存在应力集中现象,为了减小应力集中,宜将结合处做成圆角。

3. 圆形截面梁的弯曲剪应力

对于圆截面梁,在矩形截面中对剪应力方向所做的假设不再适用。由剪应力互等定理可知,在截面边缘上各点剪应力 τ 的方向必与圆周相切,因此,在水平弦 AB 的两个端点上的剪应力的作用线相交于 y 轴上的某点 P,如图 5-70a)所示。由于对称,AB 中点 C 的剪应力必定是垂直的,因而也通过 P 点。由此可以假设,AB 弦上各点剪应力的作用线都通过 P 点。如再假设 AB 弦上各点剪应力的垂直分量 τ_y 是相等的,于是对 τ_y 来说,就与对矩形截面所做的假设完全相同,所以,可用公式来计算,即

$$\tau_y = \frac{QS_z^*}{I_z b} \tag{5-33}$$

式中：b——AB 弦的长度；

S_z^*——图 5-70b)中阴影部分的面积对 z 轴的静矩。

在中性轴上，剪应力为最大值 τ_{max} 其值为

$$\tau_{max} = \frac{Q\dfrac{d^3}{12}}{\dfrac{\pi d^4}{64}d} = \frac{4}{3}\frac{Q}{A} \tag{5-34}$$

式中：Q/A——梁横截面上平均剪应力。

例 5-24 梁截面如图 5-71a)所示，横截面上剪力 $Q=15\text{kN}$。试计算该截面的最大弯曲剪应力，以及腹板与翼缘交接处的弯曲剪应力。截面的惯性矩 $I_z=8.84\times10^{-6}\text{m}^4$。

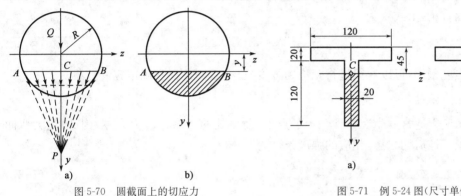

图 5-70 圆截面上的切应力   图 5-71 例 5-24 图(尺寸单位：mm)

解 (1)最大弯曲剪应力计算

最大弯曲剪应力发生在中性轴上。中性轴一侧的部分截面对中性轴的静矩为

$$S_{z,max}^* = \frac{(20+120-45)^2 \times 20}{2} = 9.025\times10^4(\text{mm}^3)$$

所以，最大弯曲剪应力为

$$\tau_{max} = \frac{QS_{z,max}^*}{I_z b} = \frac{(15\times10^3)(9.025\times10^4)}{(8.84\times10^6)\times20} = 7.66(\text{MPa})$$

(2)腹板、翼缘交接处的弯曲剪应力计算

由图 5-71b)可知，腹板、翼缘交接线一侧的部分截面对中性轴 z 的静矩为

$$S_z^* = 20\times120\times35 = 8.40\times10^4(\text{mm}^3)$$

所以，该交接处的弯曲剪应力为

$$\tau = \frac{QS_z^*}{I_z b} = \frac{(15\times10^3)(8.40\times10^4)}{(8.84\times10^6)\times20} = 7.13(\text{MPa})$$

四 梁弯曲的容许应力及强度条件

前面已提到，梁在横力弯曲时，其横截面上同时存在着弯矩和剪力，因此，一般应从正应力和切应力两个方面来考虑梁的强度计算。

在实际工程中使用的梁以细长梁居多，一般情况下，梁很少发生剪切破坏，往往都是弯曲

破坏。也就是说,对于细长梁,其强度主要是由正应力控制的,按照正应力强度条件设计的梁,一般都能满足切应力强度要求,不需要进行专门的切应力强度校核。但在少数情况下,比如对于弯矩较小而剪力很大的梁(如短粗梁和集中荷载作用在支座附近的梁)、铆接或焊接的组合截面钢梁或者使用某些抗剪能力较差的材料(如木材)制作的梁等,除了要进行正应力强度校核外,还要进行切应力强度校核。

1. 弯曲正应力强度条件

最大弯曲正应力发生在横截面上离中性轴最远的各点处,而该处的剪应力一般为零或很小,因而最大弯曲正应力作用点可看成是处于单向受力状态,所以,弯曲正应力强度条件为

$$\sigma_{\max} = \left[\frac{M}{W_z}\right]_{\max} \leqslant [\sigma] \tag{5-35}$$

即要求梁内的最大弯曲正应力 $\sigma_{\max}$ 不超过材料在单向受力时的容许应力 $[\sigma]$。

对于等截面直梁,上式变为

$$\sigma_{\max} = \frac{M_{\max}}{W_z} \leqslant [\sigma] \tag{5-36}$$

利用上述强度条件,可以对梁进行正应力强度校核、截面选择和确定容许荷载。

2. 弯曲剪应力强度条件

最大弯曲剪应力通常发生在中性轴上各点处,而该处的弯曲正应力为零,因此,最大弯曲剪应力作用点处于纯剪切状态,相应的强度条件为

$$\tau_{\max} = \left(\frac{QS_{z\max}^*}{I_z b}\right)_{\max} \leqslant [\tau] \tag{5-37}$$

即要求梁内的最大弯曲剪应力 $\tau_{\max}$ 不超过材料在纯剪切时的容许剪应力 $[\tau]$。对于等截面直梁,上式变为

$$\tau_{\max} = \frac{QS_{z,\max}^*}{I_z b} \leqslant [\tau] \tag{5-38}$$

在一般细长的非薄壁截面梁中,最大弯曲正应力远大于最大弯曲剪应力。因此,对于一般细长的非薄壁截面梁,通常强度的计算由正应力强度条件控制。因此,在选择梁的截面时,一般都是按正应力强度条件选择,选好截面后再按剪应力强度条件进行校核。但是,对于薄壁截面梁与弯矩较小而剪力较大的梁,后者如短而粗的梁、集中荷载作用在支座附近的梁等,则不仅应考虑弯曲正应力强度条件,而且弯曲剪应力强度条件也可能起控制作用。

例 5-25 图 5-72a)所示外伸梁用铸铁制成,横截面为 T 形,并承受均布荷载 q 作用。试校该梁的强度。已知荷载集度 $q=25\text{N/mm}$,截面形心离底边与顶边的距离分别为 $y_1=450\text{mm}$ 和 $y_2=950\text{mm}$,惯性矩 $I_z=8.84\times10^{-6}\text{m}^4$,容许拉应力 $[\sigma_t]=35\text{MPa}$,容许压应力 $[\sigma_c]=140\text{MPa}$。

解 (1)危险截面与危险点判断。

梁的弯矩如图 5-72b)所示,在横截面 D 与 B 上,分别作用有最大正弯矩与最大负弯矩,因此,该二截面均为危险截面。

截面 D 与 B 的弯曲正应力分布分别如图 5-72c)、d)所示。截面 D 的 a 点与截面 B 的 d 点处均受压;而截面 D 的 b 点与截面 B 的 c 点处均受拉。

由于 $|M_D|>|M_B|$,$|y_a|>|y_d|$,因此

$$|\sigma_a|>|\sigma_d|$$

即梁内的最大弯曲压应力 $\sigma_{c,max}$ 发生在截面 D 的 a 点处。至于最大弯曲拉应力 $\sigma_{t,max}$，究竟发生在 b 点处，还是 c 点处，则须经计算后才能确定。概言之，a、b、c 三点处为可能最先发生破坏的部位。简称为危险点。

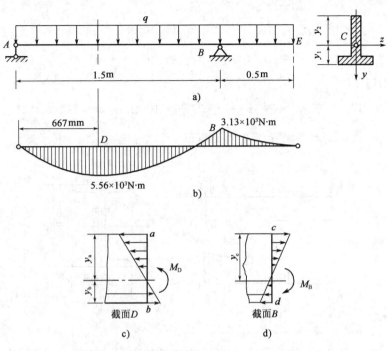

图 5-72　例 5-25 图

(2) 强度校核。

由式 (5-20) 得 a、b、c 三点处的弯曲正应力分别为

$$\sigma_a = \frac{M_D y_a}{I_z} = \frac{(5.56 \times 10^6) \times 950}{8.84 \times 10^6} = 59.8 \text{(MPa)}$$

$$\sigma_b = \frac{M_D y_b}{I_z} = 28.3 \text{(MPa)}$$

$$\sigma_c = \frac{M_B y_c}{I_z} = 33.6 \text{(MPa)}$$

由此得

$$\sigma_{c,max} = \sigma_a = 59.8 \text{(MPa)} < [\sigma_c]$$
$$\sigma_{t,max} = \sigma_c = 33.6 \text{(MPa)} < [\sigma_t]$$

可见，梁的弯曲强度符合要求。

例 5-26　悬臂工字钢梁 AB 如图 5-73a) 所示，长 $l=1.2\text{m}$，在自由端有一集中荷载 F，工字钢的型号为 I18 [图 5-73b)]，已知钢材的容许应力 $[\sigma]=170\text{MPa}$，略去梁的自重。(1) 试计算集中荷载 F 的最大许可值。(2) 若集中荷载为 45kN，试确定工字钢的型号。

解　(1) 梁的弯矩图如图 5-73c) 所示，最大弯矩在靠近固定端处，其绝对值为

$$M_{max} = Fl = 1.2F (\text{N} \cdot \text{m})$$

由附表中查得，I18 的抗弯截面模量为

$$W_z = 185 \times 10^3 (\text{mm}^3)$$

由式(5-34)得

$$1.2F \leq (185 \times 10^{-6})(170 \times 10^6)$$

因此,可知 F 的最大许可值为

$$[F]_{\max} = \frac{185 \times 170}{1.2} = 26.2 \times 10^3 \text{N} = 26.2(\text{kN})$$

(2)最大弯矩值 $M_{\max} = Fl = 1.2 \times 45 \times 10^3 = 54 \times 10^3 (\text{N} \cdot \text{m})$

按强度条件计算所需抗弯截面系数为

$$W_z \geq \frac{M_{\max}}{[\sigma]} = \frac{54 \times 10^6}{170} = 3.18 \times 10^5 (\text{mm}^3) = 318 (\text{cm}^3)$$

查附表可知,I22b 的抗弯截面模量为 326cm³,所以可选用 I22b。

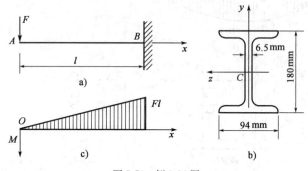

图 5-73 例 5-26 图

例 5-27 例 5-26 中的 I18 悬臂梁,按正应力的强度计算,在自由端可承受的集中荷载 $F = 26.2$kN。已知钢材的容许抗剪应力 $[\tau] = 100$MPa。试按剪应力校核梁的强度,绘出沿工字钢腹板高度的剪应力分布图,并计算腹板所担负的剪力 Q_1。

解 (1)按剪应力进行强度校核

截面上的剪力 $Q = 26.2$kN。由附表查得 I18 截面的几个主要尺寸如图 5-74a)所示,又由附表查得

$$I_z = 1699 \times 10^4 (\text{mm}^4), \frac{I_z}{S_z} = 154 (\text{mm})$$

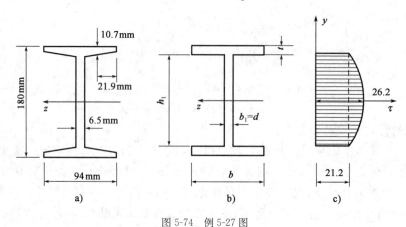

图 5-74 例 5-27 图

腹板上的最大剪应力

$$\tau_{\max} = \frac{Q}{\left(\dfrac{I_z}{S_z}\right)d} = \frac{26.2 \times 10^3}{(154 \times 10^{-3})(6.5 \times 10^{-3})} = 26.2 \times 10^6 \, \text{N/m}^2$$

$$= 26.2(\text{MPa}) < 100(\text{MPa})$$

可见工字钢的剪应力强度是足够的。

(2) 沿腹板高度剪应力的计算

将工字钢截面简化如图5-74b)所示。

$$h_1 = 180 - 2 \times 10.7 = 158.6(\text{mm})$$

$$b_1 = d = 6.5(\text{mm})$$

腹板上最大剪应力的近似值为

$$\tau_{\max} = \frac{Q}{h_1 b_1} = \frac{26.2 \times 10^3}{(158.6 \times 10^{-3})(6.5 \times 10^{-3})}$$

$$= 25.4 \times 10^6 (\text{N/m}^2) = 25.4(\text{MPa})$$

这个近似值与上面所得26.2MPa比较,略偏小,误差为3.9%。腹板上的最小剪应力在腹板与翼缘的连接处,翼缘面积对中性轴的静矩为

$$S_z^* = (94 \times 10^{-3})(10.7 \times 10^{-3})\left[\left(\frac{180}{2} - \frac{6.5}{2}\right) \times 10^{-3}\right]$$

$$= 87.3 \times 10^{-4} (\text{m}^3)$$

腹板上的最小剪应力为

$$\tau_{\min} = \frac{Q S_z^*}{I_z b_1} = 21.2 \times 10^6 \, \text{N/m}^2 = 21.2(\text{MPa})$$

得出了 $\tau_{\max}$ 和 $\tau_{\min}$ 值可作出沿着腹板高度的剪应力分布图如图5-74c)所示。

(3) 腹板所担负剪力的计算

腹板所担负的剪力 Q_1 等于图5-74c)所示剪力分布图的面积 A_1 乘以腹板厚度 b_1。剪力分布图面积可以用图5-74c)中虚线将面积分为矩形和抛物线弓形两部分,得

$$A_1 = (21.2 \times 10^6)(158.6 \times 10^{-3}) + \frac{2}{3}(158.6 \times 10^{-3})$$

$$[(26.2 - 21.2) \times 10^6] = 3890 \times 10^3 (\text{N/m})$$

由此得

$$Q_1 = A_1 b_1 = 25.3 \times 10^3 (\text{N}) = 25.3(\text{kN})$$

可见,腹板所承担的剪力占整个截面剪力 F_Q 的96.6%。

前面已指出,在横力弯曲中,控制梁强度的主要因素是梁的最大正应力,梁的正应力强度条件

$$\sigma_{\max} = \frac{M_{\max}}{W} \leqslant [\sigma]$$

此正应力强度条件为设计梁的主要依据,由这个条件可看出,对于一定长度的梁,在承受

一定荷载的情况下,应设法适当地安排梁所受的力,使梁最大的弯矩绝对值降低,同时选用合理的截面形状和尺寸,使抗弯截面模量 W 值增大,以达到设计出的梁满足节约材料和安全适用的要求。关于提高梁的抗弯强度问题,分别作以下几方面讨论。

五 提高梁强度的措施

1. 合理安排梁的受力

在工程实际容许的情况下,提高梁强度的一重要措施是合理安排梁的支座和加荷方式。例如,图 5-75a)所示简支梁,承受均布载荷 q 作用,如果将梁两端的铰支座各向内移动少许,例如移动 $0.2l$,如图 5-75b)所示,则后者的最大弯矩仅为前者的 1/5。

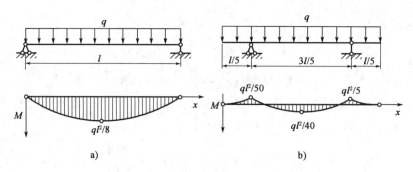

图 5-75　合理安排简支梁受力案例 1

又如,图 5-76a)所示简支梁 AB,在跨度中点承受集中荷载 P 作用,如果在梁的中部设置一长为 $l/2$ 的辅助梁 CD 如图 5-76b)所示,这时,梁 AB 内的最大弯矩将减小一半。

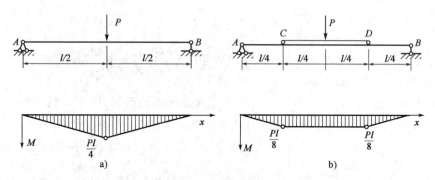

图 5-76　合理安排简支梁受力案例 2

上述实例说明,合理安排支座和加载方式,将显著减小梁内的最大弯矩。

在成都 132 厂 11K 车间里,技术员和工人正面临着一个问题,如何用现有的起重量只有 5t 的吊车吊起 10t 的重物。经过大家的认真思考和努力,改进了装置(图 5-77),结果就吊起了 10t 的重物。

2. 选用合理的截面形状

从弯曲强度考虑,比较合理的截面形状,是使用较小的截面面积,却能获得较大抗弯截面系数的截面。截面形状和放置位置不同,W_z/A 值不同,因此,可用比值 W_z/A 来衡量截面的合理性和经济性,比值越大,所采用的截面就越经济合理。

现将跨中受集中力作用的简支梁为例,其截面形状分别为圆形、矩形和工字形三种情况作一粗略比较。设三种梁的面积 A、跨度和材料都相同,容许正应力为 170MPa。其抗弯截面系数 W_z 和最大承载力比较见表 5-3。

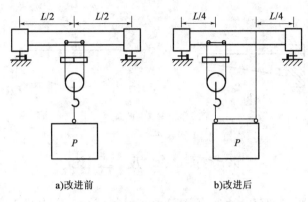

a)改进前　　　　　　　b)改进后

图 5-77　改进吊车梁

几种常见截面形状的 W_z 和最大承载力比较　　　　　表 5-3

截面形状	尺寸	$W_z(mm^3)$	最大承载力(kN)
圆形	$d=87.4mm$ $A=60cm^2$	$\frac{\pi d^3}{32}=65.5\times 10^3$	44.5
矩形	$b=60mm$ $b=100mm$ $A=60cm^2$	$\frac{bh^2}{6}=100\times 10^3$	68.0
I28b	$A=61.0cm^2$	543×10^3	383

从表中可以看出,矩形截面比圆形截面好,工字形截面比矩形截面好得多。

从正应力分布规律分析,正应力沿截面高度呈线性分布,当离中性轴最远各点处的正应力达到容许应力值时,中性轴附近各点处的正应力仍很小。因此,在离中性轴较远的位置配置较多的材料,将提高材料的利用率。

根据上述原则,对于抗拉与抗压强度相同的塑性材料梁,宜采用对中性轴对称的截面,如工字形截面等。而对于抗拉强度低于抗压强度的脆性材料梁,则最好采用中性轴偏于受拉一侧的截面,便如 T 字形和槽形截面等。

3. 采用变截面梁

一般情况下,梁内不同横截面的弯矩不同。因此,在按最大弯矩所设计的等截面梁中,除最大弯矩所在截面外,其余截面的材料强度均未得到充分利用。因此,在工程实际中,常根据弯矩沿梁轴线的变化情况,将梁设计成变截面的。横截面沿梁轴线变化的梁,称为变截面梁。如图 5-78a)、b)所示上下加焊盖板的板梁和悬挑梁,就是根据各截面上弯矩的不同而采用的变截面梁。如果将变截面梁设计为使每个横截面上最大正应力都等于材料的容许应力值,这种梁称为等强度梁。显然,这种梁的材料消耗最少、重量最轻,是最合理的。但实际上,由于加工、制造等因素,一般只能近似地做到等强度的要求。图 5-78c)、d)所示的车辆上常用的叠板弹簧、鱼腹梁就是很接近等强度要求的形式。

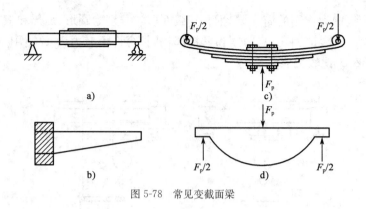

图 5-78 常见变截面梁

第六节 强度理论

通常认为当构件承受的荷载达到一定值时,其材料就会在应力状态最危险的一点处首先发生破坏。故为了保证构件能正常地工作,必须找出材料进入危险状态的原因,并根据一定的强度条件设计或校核构件的截面尺寸。

各种材料因强度不足而引起的失效现象是不同的。如以普通碳钢为代表的塑性材料,以发生屈服现象、出现塑性变形为失效的标志。对以铸铁为代表的脆性材料,失效现象则是突然断裂。在单向受力情况下,出现塑性变形时的屈服极限 σ_s 和发生断裂时的强度极限 σ_b 可由试验测定。σ_s 和 σ_b 统称为失效应力,以安全系数除失效应力得到容许应力 $[\sigma]$,于是建立强度条件

$$\sigma \leqslant [\sigma]$$

可见,在单向应力状态下,强度条件都是以试验为基础的。

实际构件危险点的应力状态往往不是单向的。实现复杂应力状态下的试验,要比单向拉伸或压缩困难得多。常用的方法是把材料加工成薄壁圆筒(图 5-79),在内压 p 作用下,筒壁为二向应力状态。如再配以轴向拉力 F,可使两个主应力之比等于各种预定的数值。这种薄壁圆筒试验除作用内压和轴力外,有时还在两端作用扭矩,这样还可得到更普遍的情况。此外,还有一些实现复杂应力状态的试验方法。尽管如此,要完全复现实际中遇到的各种复杂应力状态并不容易。况且复杂应力状态中应力组合的方式和比值又有各种可能。如果像单向拉伸一样,靠试验来确定失效状态,建立强度条件,则必须对各式各样的应力状态一一进行试验,

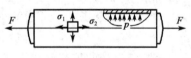

图 5-79 薄壁圆筒

确定失效应力,然后建立强度条件。由于技术上的困难和工作的繁重,往往是难以实现的。解决这类问题,经常是依据部分试验结果,经过推理,提出一些假说,推测材料失效的原因,从而建立强度条件。

经过分析和归纳发现,尽管失效现象比较复杂,强度不足引起的失效现象主要还是屈服和断裂两种类型。同时,衡量受力和变形程度的量又有应力、应变和变形能等。人们在长期的生产活动中,综合分析材料的失效现象和资料,对强度失效提出各种假说。这类假说认为,材料之所以按某种方式(断裂或屈服)失效,是应力、应变或变形能等因素中某一因素引起的。按照这类假说,无论是简单应力状态还是复杂应力状态,引起失效的因素是相同的。也就是说,造成失效的原因与应力状态无关。这类假说称为强度理论。利用强度理论,便可由简单应力状态的试验结果,建立复杂应力状态下的强度条件。至于某种强度理论是否成立,在什么条件下

能够成立,还必须经受科学试验和生产实践的检验。

本章只介绍4种常用强度理论,这些都是在常温、静载下,适用于均匀、连续、各向同性材料的强度理论。当然,强度理论远不止这几种。而且,现有的各种强度理论还不能圆满地解决所有的强度问题,这方面还有待继续研究。

前面提到,强度失效的主要形式有屈服和断裂两种。相应地,强度理论也分成两类,一类是解释断裂失效的,有最大拉应力理论和最大伸长线应变理论。另一类是解释屈服失效的,有最大切应力理论和形状改变比能理论。

1. 最大拉应力理论(第一强度理论)

意大利科学家伽利略(Galilei)于1638年在《两种新的科学》一书中首先提出最大正应力理论,后来经过修正为最大拉应力理论,由于它是最早提出的强度理论,所以也称为第一强度理论。这一理论认为:最大拉应力是使材料发生断裂破坏的主要因素。即认为不论是什么应力状态,只要最大拉应力达到与材料性质有关的某一极限值,材料就发生断裂。既然最大拉应力的极限值与应力状态无关,于是就可用单向应力状态确定这一极限值。单向拉伸时只有σ_1($\sigma_2=\sigma_3=0$),当σ_1达到强度极限σ_b时即发生断裂。故据此理论得知,不论是什么应力状态,只要最大拉应力σ_1达到σ_b就导致断裂。于是得断裂准则

$$\sigma_1 = \sigma_b \tag{5-39}$$

将极限应力σ_b除以安全系数得到容许应力$[\sigma]$,故按第一强度理论建立的强度条件是

$$\sigma_1 \leqslant [\sigma] \tag{5-40}$$

试验证明,这一理论与铸铁、陶瓷、玻璃、岩石和混凝土等脆性材料的拉断试验结果相符,例如由铸铁制成的构件,不论它是在简单拉伸、扭转、二向或三向拉伸的复杂应力状态下,其脆性断裂破坏总是发生在最大拉应力所在的截面上。但是这一理论没有考虑其他两个主应力的影响,且对没有拉应力的状态(如单向压缩、三向压缩等)也无法应用。

2. 最大伸长线应变理论(第二强度理论)

法国科学家马里奥(E. Mariotte)在1682年提出最大线应变理论,后经修正为最大伸长线应变理论。这一理论认为最大伸长线应变是引起断裂的主要因素。即认为不论什么应力状态,只要最大伸长线应变ε_1达到与材料性质有关的某一极限值时,材料即发生断裂。ε_1的极限值既然与应力状态无关,就可由单向拉伸来确定。设单向拉伸直到断裂仍可用虎克定律计算应变,则拉断时伸长线应变的极限值应为$\frac{\sigma_b}{E}$。按照这一理论,任意应力状态下,只要ε_1达到极限值$\frac{\sigma_b}{E}$,材料就发生断裂。故得断裂准则为

$$\varepsilon_1 = \frac{\sigma_b}{E} \tag{a}$$

由广义虎克定律

$$\varepsilon_1 = \frac{1}{E}[\sigma_1 - \mu(\sigma_2 + \sigma_3)]$$

代入式(a)得到断裂准则

$$\sigma_1 - \mu(\sigma_2 + \sigma_3) = \sigma_b \tag{5-41}$$

将σ_b除以安全系数得容许应力$[\sigma]$,于是按第二强度理论建立的强度条件是

$$\sigma_1 - \mu(\sigma_2 + \sigma_3) \leqslant [\sigma] \tag{5-42}$$

石料或混凝土等脆性材料受轴向压缩时,如在试验机与试块的接触面上,加添润滑剂,以减小摩擦力的影响,试块将沿垂直于压力的方向裂开。裂开的方向也就是 ε_1 的方向。铸铁在拉—压二向应力状态,且压应力较大的情况下,试验结果也与这一理论接近。按照这一理论,铸铁在二向拉伸时应比单向拉伸安全,但试验结果并不能证实这一点。在这种情况下,第一强度理论比较接近试验结果。

3. 最大切应力理论(第三强度理论)

法国科学家库伦(C. A. Coulomb)在 1773 年提出最大切应力理论,这一理论认为最大切应力是引起屈服的主要因素。即认为不论什么应力状态,只要最大切应力 $\tau_{\max}$ 达到与材料性质有关的某一极限值,材料就发生屈服。在单向拉伸下,当横截面上的拉应力到达极限应力 σ_s 时,与轴线成 $45°$ 的斜截面上相应的最大切应力为 $\tau_{\max} = \dfrac{\sigma_s}{2}$,此时材料出现屈服。可见 $\dfrac{\sigma_s}{2}$ 就是导致屈服的最大切应力的极限值。因这一极限值与应力状态无关,故在任意应力状态下,只要 $\tau_{\max}$ 达到 $\dfrac{\sigma_s}{2}$,就引起材料的屈服。由于对任意应力状态有 $\tau_{\max} = \dfrac{\sigma_1 - \sigma_3}{2}$,于是得屈服准则

$$\frac{\sigma_1 - \sigma_3}{2} = \frac{\sigma_s}{2} \tag{b}$$

或

$$\sigma_1 - \sigma_3 = \sigma_s \tag{5-43}$$

将 σ_s 除以安全系数得容许应力 $[\sigma]$,得到按第三强度理论建立的强度条件

$$\sigma_1 - \sigma_3 \leqslant [\sigma] \tag{5-44}$$

最大切应力理论较为满意地解释了屈服现象。例如,低碳钢拉伸时沿与轴线成 45 度的方向出现滑移线,这是材料内部沿这一方向滑移的痕迹。根据这一理论得到的屈服准则和强度条件,形式简单,概念明确,目前广泛应用于机械工业中。但该理论忽略了中间主应力 σ_2 的影响,使得在二向应力状态下,按这一理论所得的结果与试验值相比偏于安全。

4. 形状改变比能理论(第四强度理论)

意大利力学家贝尔特拉密(E. Beltrami)在 1885 年提出能量理论,1904 年胡伯(M. T. Huber)将其修正为形状改变比能理论。胡伯认为形状改变比能是引起屈服的主要因素。即认为不论什么应力状态,只要形状改变比能 u_f 达到与材料性质有关的某一极限值,材料就发生屈服。单向拉伸时屈服极限为 σ_s,相应的形状改变比能为 $\dfrac{1+\mu}{6E}(2\sigma_s^2)$。这就是导致屈服的形状改变比能的极限值。对任意应力状态,只要形状改变比能 u_f 达到上述极限值,便引起材料的屈服。故形状改变比能屈服准则为

$$u_f = \frac{1+\mu}{6E}(2\sigma_s^2) \tag{c}$$

在任意应力状态下,形状改变比能为

$$u_f = \frac{1+\mu}{6E}\left[(\sigma_1-\sigma_2)^2 + (\sigma_2-\sigma_3)^2 + (\sigma_3-\sigma_1)^2\right]$$

代入式(c),整理后得屈服准则为

$$\sqrt{\frac{1}{2}(\sigma_1-\sigma_2)^2 + (\sigma_2-\sigma_3)^2 + (\sigma_3-\sigma_1)^2} = \sigma_s \tag{5-45}$$

将 σ_s 除以安全系数得容许应力 $[\sigma]$,于是,按第四强度理论得到的强度条件为

$$\sqrt{\frac{1}{2}(\sigma_1-\sigma_2)^2+(\sigma_2-\sigma_3)^2+(\sigma_3-\sigma_1)^2} \leqslant [\sigma] \tag{5-46}$$

若将 $\tau_1=\dfrac{\sigma_2-\sigma_3}{2}$，$\tau_2=\dfrac{\sigma_3-\sigma_1}{2}$，$\tau_3=\dfrac{\sigma_1-\sigma_2}{2}$，$\tau_s=\dfrac{\sigma_s}{2}$ 代入式(5-45)，即得到

$$\sqrt{\frac{1}{2}(\tau_1^2+\tau_2^2+\tau_3^2)}=\tau_s \tag{d}$$

式(d)是根据形状改变比能理论建立的屈服准则的另一种表达形式。由此可以看出，这个理论在本质上仍然认为切应力是使材料屈服的决定性因素。

钢、铜、铝等塑性材料的薄管试验表明，这一理论与试验结果相当接近，它比第三强度理论更符合试验结果。在纯剪切的情况下，由屈服准则式(5-45)得出的结果比式(5-43)的结果大15%，这是两者差异最大的情况。

可以把四个强度理论的强度条件写成以下的统一形式

$$\sigma_r \leqslant [\sigma] \tag{5-47}$$

式中：σ_r——相当应力。

相当应力是由三个主应力按一定形式组合而成的，实质上是个抽象的概念，即 σ_r 是与复杂应力状态危险程度相当的单轴拉应力（图5-80）。按照从第一强度理论到第四强度理论的顺序，相当应力分别为

$$\left.\begin{aligned}\sigma_{r1}&=\sigma_1\\ \sigma_{r2}&=\sigma_1-\mu(\sigma_2+\sigma_3)\\ \sigma_{r3}&=\sigma_1-\sigma_3\\ \sigma_{r4}&=\sqrt{\frac{1}{2}[(\sigma_1-\sigma_2)^2+(\sigma_2-\sigma_3)^2+(\sigma_3-\sigma_1)^2]}\end{aligned}\right\} \tag{5-48}$$

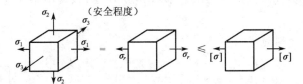

图 5-80 强度理论

以上介绍了四种常用的强度理论。铸铁、石料、混凝土、玻璃等脆性材料，通常以断裂的形式失效，宜采用第一和第二强度理论。碳钢、铜、铝等塑性材料，通常以屈服的形式失效，宜采用第三和第四强度理论。

应该指出，不同材料固然可以发生不同形式的失效，但即使是同一材料，处于不同应力状态下也可能有不同的失效形式。例如碳钢在单向拉伸下以屈服的形式失效，但碳钢制成的螺纹根部因应力集中引起三向拉伸就会出现断裂。又如铸铁单向受拉时以断裂的形式失效，但淬火钢球压在厚铸铁板上，接触点附近的材料处于三向受压状态，随着压力的增大，铸铁板会出现明显的凹坑，这表明已出现屈服现象。无论是塑性材料还是脆性材料，在三向拉应力相近的情况下，都将以断裂的形式失效，在三向压应力相近的情况下，都可引起塑性变形。因此，我们把塑性材料和脆性材料理解为材料处于塑性状态或脆性状态更为确切些。

应用强度理论解决实际问题的步骤是：

(1) 分析计算构件危险点上的应力。

(2) 确定危险点的主应力 σ_1、σ_2 和 σ_3。

(3)选用适当的强度理论计算其相当应力 σ_r,然后运用强度条件 $\sigma_r \leqslant [\sigma]$ 进行强度计算。

例 5-28 由 Q235 钢制蒸汽锅炉的壁厚 $t=10$mm,内径 $D=1000$mm(图 5-81)。蒸汽压力 $P=3$MPa,$[\sigma]=160$MPa。试校核锅炉的强度。

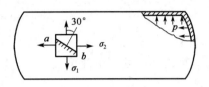

图 5-81 例 5-28 图

解 锅炉横截面和纵向截面上的应力是

$$\sigma' = \frac{pD}{4t} = \frac{3 \times 1}{4 \times 10 \times 10^{-3}} = 75(\text{MPa})$$

$$\sigma'' = \frac{pD}{2t} = \frac{3 \times 1}{2 \times 10 \times 10^{-3}} = 150(\text{MPa})$$

锅炉壁内一点的 3 个主应力是

$$\sigma_1 = \sigma'' = 150(\text{MPa})$$
$$\sigma_2 = \sigma' = 75(\text{MPa})$$
$$\sigma_3 \approx 0$$

对 Q235 钢这类塑性材料,应运用第四强度理论。由式(5-48)得

$$\sigma_{r4} = \sqrt{\frac{1}{2}[(\sigma_1-\sigma_2)^2+(\sigma_2-\sigma_3)^2+(\sigma_3-\sigma_1)^2]}$$

$$= \sqrt{\frac{1}{2}[(150-75)^2+(75-0)^2+(0-150)^2]}$$

$$=130(\text{MPa}) < [\sigma]$$

所以锅炉满足第四强度理论的强度条件。

也可以用第三强度理论进行强度校核。由式(5-48)得

$$\sigma_{r3} = \sigma_1 - \sigma_3 = 150(\text{MPa}) < [\sigma]$$

可见也满足第三强度理论的强度条件。

例 5-29 构件内某危险点的应力状态如图 5-82 所示,试按四个强度理论建立相应的强度条件。

解 三个主应力分别为

$$\sigma_1 = \frac{\sigma}{2} + \sqrt{\left(\frac{\sigma}{2}\right)^2 + \tau^2}$$
$$\sigma_2 = 0$$
$$\sigma_3 = \frac{\sigma}{2} - \sqrt{\left(\frac{\sigma}{2}\right)^2 + \tau^2}$$

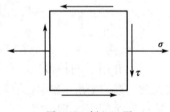

图 5-82 例 5-29 图

四个强度理论的强度条件为

$$\sigma_{r1} = \frac{1}{2}\sqrt{\sigma^2+4\tau^2} + \frac{\sigma}{2} \leqslant [\sigma]$$

$$\sigma_{r2} = \frac{1-\mu}{2}\sigma + \frac{1+\mu}{2}\sqrt{\sigma^2+4\tau^2} \leqslant [\sigma]$$

$$\sigma_{r3} = \sqrt{\sigma^2+4\tau^2} \leqslant [\sigma]$$

$$\sigma_{r4} = \sqrt{\sigma^2+3\tau^2} \leqslant [\sigma]$$

例 5-30 试按强度理论建立纯剪切应力状态的强度条件,并寻求塑性材料容许剪应力 $[\tau]$ 与容许拉应力 $[\sigma]$ 之间的关系。

解 纯剪切应力状态为二向应力状态,如图 5-83 所示。其三个主应力分别为:$\sigma_1=\tau$,$\sigma_2=$

$0, \sigma_3 = -\tau$。对塑性材料应采用最大切应力理论。按最大切应力理论得出的强度条件为

$$\sigma_1 - \sigma_3 = \tau - (-\tau) = 2\tau \leqslant [\sigma]$$

$$\tau \leqslant \frac{[\sigma]}{2}$$

而剪切的强度条件是

$$\tau \leqslant [\tau]$$

比较上两式可见

$$[\tau] = \frac{[\sigma]}{2} = 0.5[\sigma]$$

即$[\tau]$为$[\sigma]$的$\frac{1}{2}$。这是按最大切应力理论求得的$[\tau]$与$[\sigma]$之间的关系。

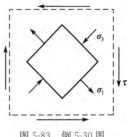

图 5-83　例 5-30 图

如按形状改变比能理论,则纯剪切的强度条件是

$$\sqrt{\frac{1}{2}[(\sigma_1-\sigma_2)^2+(\sigma_2-\sigma_3)^2+(\sigma_3-\sigma_1)^2]}$$

$$=\sqrt{\frac{1}{2}[(\tau-0)^2+(+\tau)^2+(-\tau-\tau)^2]}$$

$$=\sqrt{3}\tau \leqslant [\sigma]$$

与剪切强度条件 $\tau \leqslant [\tau]$ 比较,得

$$[\tau] = \frac{[\sigma]}{\sqrt{3}} = 0.577[\sigma] \approx 0.6[\sigma]$$

即$[\tau]$约为$[\sigma]$的 0.6 倍。这是按第四强度理论得到的$[\tau]$与$[\sigma]$之间的关系。它与试验结果比较接近。

本章小结

本章为本书的重点章节,内容较多,包括了杆件的轴向拉压、扭转、剪切、弯曲变形,以及在这 4 种变形下的内力、内力图的绘制、应力计算,强度分析,强度理论。

(1)构件的内力总结如表 5-4 所示。

构件内力计算　　　　　　　　　　　　　　　　　　　　　　　　表 5-4

基本受力与变形		拉　压	扭　转	弯　曲
外力	力学简图	←[　　　]→ F　　F	M[　　　]M	F↓　q↓↓↓↓
	受力特征	外力(合力)的作用线沿杆的轴线	外力偶的作用面垂直于轴线。由功率,转速算外力偶矩 $M=9549\frac{P}{n}$	外力作用在通过梁轴线的对称面内

续上表

基本受力与变形		拉 压	扭 转	弯 曲
内力	截面法显示内力	轴力 N	扭矩 T	剪力 Q 弯矩 M
		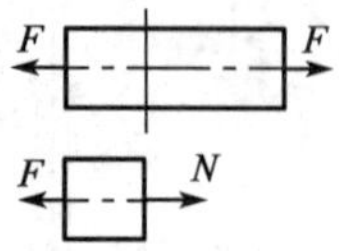 (图示)	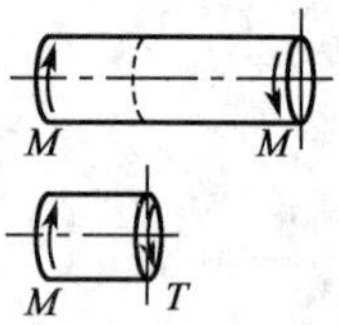 (图示)	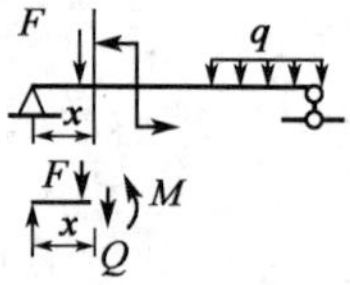 (图示)
	内力正负号规定	轴力 N 的作用线沿杆轴线。拉力为正,压力为负 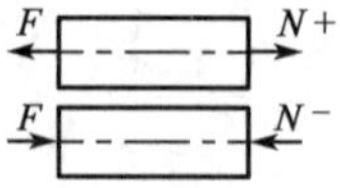	扭矩 T 的方向用右手螺旋定则确定,大拇指方向指向截面外,四指的方向就是扭矩正方向;反之为负 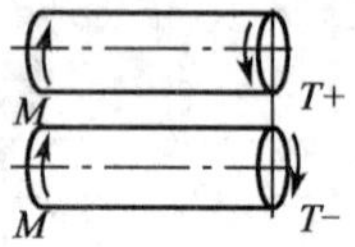	弯矩 M 向上挤压为正。 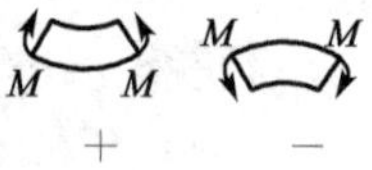 使微段沿顺时针方向转动的剪力为正 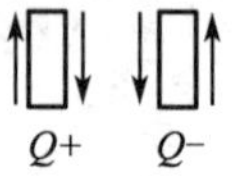
	平衡方程求内力	$\sum X = 0$ $N = F$	$\sum M_x = 0$ $T = M$	$\sum Y = 0$ $\sum M_x = 0$

(2)构件的应力总结如表 5-5 所示。

构件应力计算　　　　　表 5-5

受力状态	拉(压)杆	圆轴扭转	梁弯曲
公式应用条件	外力(合力)作用线沿杆轴线	圆轴,应力不超过材料的比例极限	平面弯曲,应力不超过材料的比例极限
应力分布	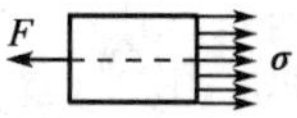 (图示 σ)	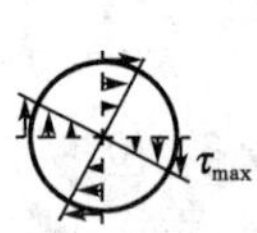 (图示 τ_{max})	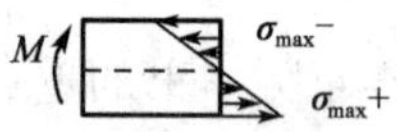 (图示 σ_{max}^-, σ_{max}^+)

(3)构件的强度总结如表 5-6 所示。

构件强度计算　　　　　表 5-6

拉(压)杆	圆轴扭转	梁弯曲
$\sigma_{max} = \left(\dfrac{N}{A}\right)_{max} \leqslant [\sigma]$	$\tau_{max} = \left(\dfrac{T}{W}\right)_{max} \leqslant [\tau]$	$\sigma_{max} = \left(\dfrac{N}{W}\right)_{max} \leqslant [\sigma]$ $\tau_{max} = \left(\dfrac{Q \cdot S^*}{I_z \cdot b}\right)_{max} \leqslant [\tau]$ 拉压容许用应力不相等的材料 $\sigma_{max}^+ \leqslant [\sigma_+]$　$\sigma_{max}^- \leqslant [\sigma_-]$

(4)强度理论总结如表 5-7 所示。

强 度 理 论　　　　　　　　　　表 5-7

最大拉应力理论(脆性) (第一强度理论)	$\sigma_1 \leqslant [\sigma]$
最大拉应变理论(脆性) (第二强度理论)	$\sigma_1 - \mu(\sigma_2 + \sigma_3) \leqslant [\sigma]$
最大切应力理论(塑性) (第三强度理论)	$\sigma_1 - \sigma_3 \leqslant [\sigma]$
畸变能密度理论(塑性) (第四强度理论)	$\sqrt{\dfrac{1}{2}[(\sigma_1-\sigma_2)^2+(\sigma_2-\sigma_3)^2+(\sigma_3-\sigma_1)^2]} \leqslant [\sigma]$

第六章　组合变形

> 🌀 **职业能力目标**
>
> 掌握组合变形的定义；能够进行多种常见组合变形情况下的内力及强度计算，培养分析组合变形受力规律并运用规律解决问题的能力。
>
> 🌀 **教学重点与难点**
>
> 1. 教学重点：常见组合变形的强度条件验算。
> 2. 教学难点：常见组合变形的内力、应力计算。

第一节　组合变形的概念

在前面分别讨论了杆件在拉伸(压缩)、剪切、扭转和弯曲(主要是平面弯曲)4种基本变形时的内力、应力及变形计算，并建立了相应的强度条件。另外，也讨论了复杂应力状态下的应力分析及强度理论。但在实际工程中，许多杆件往往同时存在着几种基本变形，它们对应的应力或变形属同一量级，在杆件设计计算时均需要同时考虑。本章将讨论此种由两种或两种以上基本变形组合的情况，统称为组合变形。图6-1所示的一端固定另一端自由的悬臂杆，若在其自由端截面上作用有一空间任意的力系，我们总可以把空间的任意力系沿截面形心主惯性轴 $xOyz$ 简化，得到向 x、y、z 三坐标轴上投影 P_x、P_y、P_z 和对 x、y、z 三坐标轴的力矩 M_x、M_y、M_z。当这6种力(或力矩)中只有某一个作用时，杆件产生基本变形，这在前面已经讨论过了。

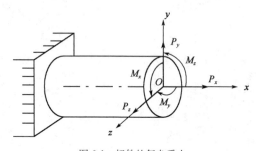

图6-1　杆件的复杂受力

若6种力只有 P_x 和 M_z(或 M_y)两个作用时，杆件既产生拉(或压)变形又产生纯弯曲，简称为拉(压)纯弯曲的组合，又可称它为偏心拉(压)，如图6-2a)所示。

若6种力中只有 M_z 和 M_y 两个作用时，杆件产生两个互相垂直方向的平面弯曲(纯弯曲)的组合，如图6-2b)所示。

若6种力中只有 P_z 和 P_y 两个作用时，杆件也产生两个互相垂直方向的平面弯曲(横力弯曲)的组合，如图6-2c)所示。

若6种力中只有对 P_y 和 M_x 两个作用时，杆件产生弯曲和扭转的组合，如图6-2d)所示。

若6种力中有 P_x、P_y 和 M_x 三个作用时，杆件产生拉(压)与弯曲和扭转的组合，如图6-2e)所示。

组合变形的工程实例是很多的，例如，图6-3a)所示屋架上檩条的变形，是由檩条在 y、z 两方向的平面弯曲变形所组合的斜弯曲；图6-3b)表示一悬臂吊车，当在横梁 AB 跨中的任一点处起吊重物时,梁 AB 中不仅有弯矩作用,而且还有轴向压力作用,从而使梁处在压缩和弯曲的组合变形情况下;图 6-3c)中所示的空心桥墩(或渡槽支墩),图 6-3d)中所示的厂房支柱,在偏心力 P_1、P_2 作用下,也都会发生压缩和弯曲的组合变形;图 6-3e)中所示的卷扬机机轴,在力 P 作用下,则会发生弯曲和扭转的组合变形。

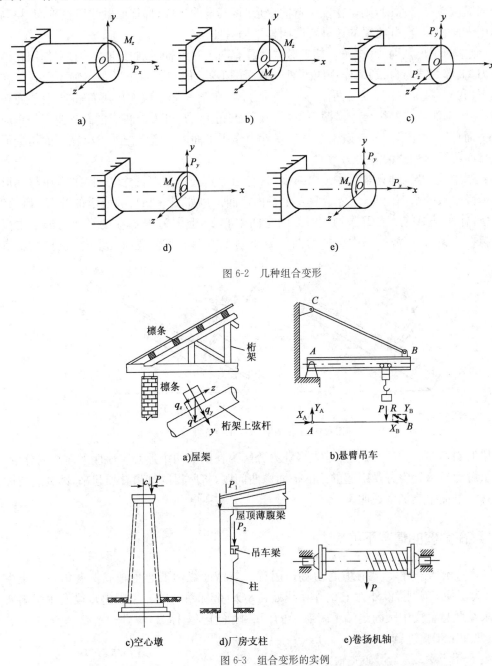

图 6-2　几种组合变形

图 6-3　组合变形的实例

在小变形假设和虎克定律有效的情况下可根据叠加原理来处理杆件的组合变形问题。即首先将杆件的变形分解为基本变形,然后分别考虑杆件在每一种基本变形情况下所发生的应力、应变或位移,最后再将它们叠加起来,即可得到杆件在组合变形情况下所发生的应力、应变或位移。

第二节　弯曲和弯曲(斜弯曲)的组合变形

对于横截面有竖向对称轴(即形心主轴)的梁,若所有的外力都作用在包含此竖向对称轴与梁轴线的纵向对称平面内,则梁在发生弯曲变形时,其弯曲平面(即挠曲轴线所在平面)将与外力的作用平面相重合,并将梁的这种弯曲叫作平面弯曲。

图 6-3a)中的矩形截面梁(檩条),其矩形截面具有两个对称轴(也叫形心主轴)。作用在该梁上的外力(上部荷载与自重)的作用线虽通过截面的形心,但与其两个形心主轴不重合。在这种情况下,我们可以将外荷载沿两个形心主轴分解,在某一分荷载作用下都将产生平面弯曲,这就叫两个平面弯曲的组合。横截面上任一点处的正应力,可看作两个平面弯曲下的正应力的叠加。而杆件的变形曲线一般不会发生在外力作用平面内。通常把外力所在平面与变形曲线所在平面不重合的弯曲称为斜弯曲。

在第五章中曾指出,具有非对称截面的梁,只有当外力通过其弯曲中心,且作用在与其形心主惯性平面平行的平面内时,它才会只发生平面弯曲。例如图 6-4a)、b)所示的"["形和"Z"形截面檩条,作用其上的外力 P 虽通过截面的弯曲中心 k,但因为 P 所在的平面与形心主惯性平面间存在一夹角 φ,故檩条发生的弯曲仍属于两个方向的平面弯曲的组合(也称为斜弯曲)。

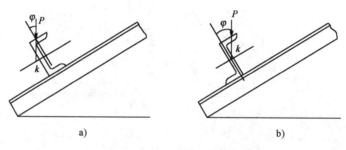

图 6-4　在斜弯曲情况下的檩条

处理梁的斜弯曲问题的方法是,首先将外力分解为在梁的两个形心主惯性平面内的分量,然后分别求解由每一外力分量引起的梁的平面弯曲问题,将所得的结果叠加起来,即为斜弯曲问题的解答。下面举例加以说明。

一　梁在斜弯曲情况下的应力

如图 6-5 所示的悬臂梁,当在其自由端作用有一与截面纵向形心主轴成一夹角 φ 的集中荷载 P 时(为了便于说明,设外力 P 的作用线处在 yOz 坐标系的第一象限内),梁发生了斜弯曲。若要求在此悬臂梁中距固定端距离为 x 的任一截面上,坐标为 (y,z) 的任一点 A 处的应力,可按照如下步骤进行。

将荷载 P 沿 y、z 两个形心主轴方向进行分解,得到

$$P_y = P\cos\varphi \quad \text{和} \quad P_z = P\sin\varphi$$

P_y 和 P_z 将分别使梁在 xOy 和 xOz 两个主惯性平面内发生平面弯曲,它们在任意截面上产生的弯矩为

$$M_y = P_z(l-x) = P(l-x)\sin\varphi = M\sin\varphi \brace M_z = P_y(l-x) = P(l-x)\cos\varphi = M\cos\varphi} \tag{6-1}$$

式中：M——斜向荷载 P 在任意截面上产生的弯矩。

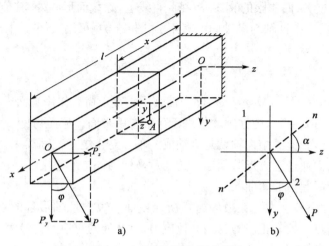

图 6-5 在斜弯曲情况下的悬臂梁

点 A 处的正应力，可根据叠加原理求出

$$\sigma = \frac{M_y z}{I_y} + \frac{M_z y}{I_z} = \frac{M\sin\varphi}{I_y}z + \frac{M\cos\varphi}{I_z}y$$

$$= M\left(\frac{\sin\varphi}{I_y}z + \frac{\cos\varphi}{I_z}y\right) \tag{6-2}$$

式(6-2)是计算梁在斜弯曲情况下其横截面上正应力的一般公式，它适用于具有任意支承形式和在通过截面形心且垂直于梁轴的任意荷载作用下的梁。但在应用此公式时，要注意随着支承情况和荷载情况的不同，正确地根据弯矩 M 确定其分量 $M_y = M\sin\varphi$，$M_z = M\cos\varphi$ 的大小和正负号。对弯矩的正负号规定是：凡能使梁横截面上，在选定坐标系的第一象限内的各点产生拉应力的弯矩为正，反之为负。

同样，荷载 P 使梁发生斜弯曲时，在梁横截面上所引起的剪应力，也可将由 P_y、P_z 分别引起的剪应力 τ_y 和 τ_z 进行叠加而求得。但应注意，因 τ_y 与 τ_z 的指向互相垂直，故叠加时是几何叠加，即

$$\tau = \sqrt{\tau_y^2 + \tau_z^2} \tag{6-3}$$

二 梁在斜弯曲情况下的强度条件

在工程设计计算中，通常认为梁在斜弯曲情况下的强度仍是由最大正应力来控制。因横截面上的最大正应力发生在离中性轴最远处，故要求得最大正应力，必须先确定中性轴的位置。由于在中性轴上的正应力为零，故可用将 $\sigma = 0$ 代入式(6-2)的办法得到中性轴的方程并确定它在横截面上的位置。为此，设在中性轴上任一点的坐标为 y_0 和 z_0，代入式(6-2)，则有

$$\sigma = M\left(\frac{\sin\varphi}{I_y}z_0 + \frac{\cos\varphi}{I_z}y_0\right) = 0$$

或

$$\frac{z_0}{I_y}\sin\varphi + \frac{y_0}{I_z}\cos\varphi = 0 \qquad (6\text{-}4)$$

式(6-4)就是中性轴[图 6-5b)中的 n-n 线]的方程。不难看出，它是一条通过截面形心($y_0=0$，$z_0=0$)且穿过二、四象限的直线，故在此直线上，除截面形心外，其他各点的坐标 y_0 和 z_0 的正负号一定相反。中性轴与 z 轴间的夹角 α [图 6-5b)]可用式(6-4)求出，即

$$\tan\alpha \left|\frac{y_0}{z_0}\right| = \frac{I_z}{I_y}\tan\varphi \qquad (6\text{-}5)$$

在一般情况下，$I_y \neq I_z$，故 $\alpha \neq \varphi$，即中性轴不垂直于荷载作用平面。只有当 $\varphi=0°$，$\varphi=90°$ 或 $I_y = I_z$ 时，才有 $\alpha = \varphi$，中性轴才垂直于荷载作用平面。显而易见，$\varphi=0°$ 或 $\varphi=90°$ 的情况就是平面弯曲情况，相应的中性轴就是 z 轴或 y 轴。对于矩形截面梁来说，$I_z = I_y$ 说明梁的横截面是正方形，而通过正方形截面形心的任意坐标轴都是形心主轴，故无论荷载所在平面的方向如何，都只会引起平面弯曲。

梁的最大正应力显然会发生在最大弯矩所在截面上离中性轴最远的点处，例如图 6-5b)中的 1、2 两点处，且点 1 处的正应力为最大拉应力，点 2 处的正应力为最大压应力。将最大弯矩 $M_{\max}$ 和点 1、2 的坐标(y_1，z_1)、(y_2，z_2)代入式(6-2)可以得到

$$\left.\begin{array}{l} \sigma_{\max} = M_{\max}\left(\dfrac{\sin\varphi}{I_y}z_1 + \dfrac{\cos\varphi}{I_z}y_1\right) \\[2mm] \sigma_{\min} = -M_{\max}\left(\dfrac{\sin\varphi}{I_y}z_2 + \dfrac{\cos\varphi}{I_z}y_2\right) \end{array}\right\} \qquad (6\text{-}6)$$

对于具有凸角而又有两条对称轴的截面(如矩形、工字形截面等)，因 $|y_1| = |y_2| = y_{\max}$，$|z_1| = |z_2| = z_{\max}$，故 $\sigma_{\max} = |\sigma_{\min}|$。这样，当梁所用材料的抗拉、抗压能力相同时，其强度条件就可写为

$$\begin{aligned}
\sigma_{\max} &= \left|M_{\max}\left(\frac{z_{\max}\sin\varphi}{I_y} + \frac{y_{\max}\cos\varphi}{I_z}\right)\right| \\
&= \left|\frac{M_{\max}}{W_z}\left(\cos\varphi + \frac{W_z}{W_y}\sin\varphi\right)\right| \leqslant [\sigma]
\end{aligned} \qquad (6\text{-}7)$$

式中：$W_z = \dfrac{I_z}{y_{\max}}$，$W_y = \dfrac{I_y}{z_{\max}}$。

三 梁在斜弯曲情况下的变形

梁在斜弯曲情况下的变形，也可根据叠加原理求得。例如图 6-5a)所示悬臂梁在自由端的挠度就等于斜向荷载 P 的分量 P_y、P_z 在各自弯曲平面内的挠度的几何叠加，因

$$f_y = \frac{P_y l^3}{3EI_z} = \frac{Pl^3}{3EI_z}\cos\varphi$$

$$f_z = \frac{P_z l^3}{3EI_y} = \frac{Pl^3}{3EI_y}\sin\varphi$$

故梁在自由端的总挠度为

$$f = \sqrt{f_y^2 + f_z^2} \qquad (6\text{-}8)$$

总挠度 f 的方向线与 y 轴之间的夹角 β 可由下式求得

$$\tan\beta = \frac{f_z}{f_y} = \frac{I_z}{I_y}\frac{\sin\varphi}{\cos\varphi} = \frac{I_z}{I_y}\tan\varphi \qquad (6\text{-}9)$$

将式(6-9)与式(6-5)比较,可知

$$\tan\beta = \tan\alpha \text{ 或 } \beta = \alpha$$

这就说明,梁在斜弯曲时其总挠度的方向与中性轴垂直,即梁的弯曲一般不发生在外力作用平面内,而发生在垂直于中性轴 n-n 的平面内,如图 6-6 所示。

从式(6-9)可以看出,当 $\dfrac{I_z}{I_y}$ 值很大时(例如梁横截面为狭长矩形时),即使荷载作用线与 y 轴间的夹角 φ 非

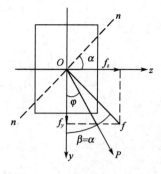

图 6-6 梁在斜弯曲情况下的变形

常微小,也会使总挠度 f 对 y 轴发生很大的偏离,这是非常不利的。因此,在较难估计外力作用平面与主轴平面是否能相当准确地重合的情况下,应尽量避免采用 I_z 和 I_y 相差很大的截面,否则就应采用一些结构上的辅助措施,以防止梁在斜弯曲时发生过大的侧向变形。

例 6-1 有一屋桁架结构如图 6-7a)所示。已知:屋面坡度为 1∶2,二桁架之间的距离为 4m,木檩条的间距为 1.5m,屋面重(包括檩条)为 1.4kN/m^2。若木檩条采用 $120\text{mm}\times180\text{mm}$ 的矩形截面,所用松木的弹性模量为 $E=10\text{GPa}$,容许应力 $[\sigma]=10\text{MPa}$,容许挠度 $[f]=\dfrac{l}{200}$,试校核木檩条的强度和刚度。

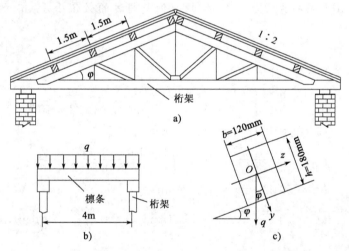

图 6-7 例 6-1 图

解 (1)确定计算简图

屋面的重力是通过檩条传给桁架的。檩条简支在桁架上,其计算跨度等于两桁架间的距离 $l=4\text{m}$,檩条上承受的均布荷载 $q=1.4\times1.5=2.1\text{kN/m}$,其计算简图如图 6-7b)、c)所示。

(2)内力及有关数据的计算

$$M_{\max} = \frac{ql^2}{8} = \frac{2.1\times10^3\times4^2}{8} = 4200(\text{N}\cdot\text{m})$$

$$= 4.2(\text{kN}\cdot\text{m})\text{(发生在跨中截面)}$$

屋面坡度为 1∶2,即 $\tan\varphi = \dfrac{1}{2}$ 或 $\varphi = 26°34'$。故

$$\sin\varphi = 0.4472, \cos\varphi = 0.8944$$

另外算出

$$I_z = \frac{bh^3}{12} = \frac{120 \times 180^3}{12} = 0.5832 \times 10^8 (\text{mm}^4)$$
$$= 0.5832 \times 10^{-4} (\text{m}^4)$$
$$I_y = \frac{hb^3}{12} = \frac{180 \times 120^3}{12} = 0.2592 \times 10^8 (\text{mm}^4)$$
$$= 0.2592 \times 10^{-4} (\text{m}^4)$$
$$y_{\max} = \frac{h}{2} = 90(\text{mm}), z_{\max} = \frac{b}{2} = 60(\text{mm})$$

(3) 强度校核

将上列数据代入式(6-7),可得

$$\sigma_{\max} = \left| M_{\max}\left(\frac{z_{\max}}{I_y}\sin\varphi + \frac{y_{\max}}{I_z}\cos\varphi\right) \right|$$
$$= 4200 \times \left(\frac{60 \times 10^{-3}}{0.2592 \times 10^{-4}} \times 0.4472 + \frac{90 \times 10^{-3}}{0.5832 \times 10^{-4}} \times 0.8944\right)$$
$$= 4200 \times (1035 + 1380) = 10.14 \times 10^6 (\text{N/m}^2)$$
$$= 10.14(\text{MPa})$$

$\sigma_{\max} = 10.14$ MPa 虽稍大于 $[\sigma] = 10$ MPa,但所超过的数值小于 $[\sigma]$ 的 5%,故满足强度要求。

(4) 刚度校核

最大挠度发生在跨中

$$f_y = \frac{5(q\cos\varphi)l^4}{384EI_z} = \frac{5 \times 2.1 \times 10^3 \times 0.8944 \times 4^4}{384 \times 10 \times 10^9 \times 0.5832 \times 10^{-4}}$$
$$= 0.0107(\text{m}) = 10.7(\text{mm})$$
$$f_z = \frac{5(q\sin\varphi)l^4}{384EI_y} = \frac{5 \times 2.1 \times 10^3 \times 0.4472 \times 4^4}{384 \times 10 \times 10^9 \times 0.2592 \times 10^{-4}}$$
$$= 0.0121(\text{m}) = 12.1(\text{mm})$$

总挠度 $f = \sqrt{f_y^2 + f_z^2} = \sqrt{10.7^2 + 12.1^2} = 16.2(\text{mm}) < [f] = \frac{4000}{200} = 20(\text{mm})$,满足刚度要求。

第三节 拉伸(压缩)和弯曲的组合变形

一、拉伸(压缩)与弯曲的组合变形

若作用在杆上的外力除轴向力外,还有横向力,则杆将发生拉伸(或压缩)与弯曲的组合变形。

如图 6-8a)、b)所示的矩形等截面石墩。它同时受到水平方向的土压力和竖直方向的自重作用。显然土压力会使它发生弯曲变形,而自重则会使它发生压缩变形。

因石墩的横截面积 A 和惯性矩 I 都比较大,在受力后其变形很小,故可以忽略其压缩变形和弯曲变形间的相互影响,并根据叠加原理求得石墩任一截面上的应力。

现研究距墩顶端的距离为 x 的任意截面上的应力。由于自重作用,在此截面上将引起均匀分布的压应力

$$\sigma_N = \frac{N(x)}{A}$$

由于土压力的作用,在同一截面上离中性轴 Oz 的距离为 y 的任一点处的弯曲应力为

$$\sigma_q = \frac{M(x)y}{I_z}$$

根据叠加原理,在此截面上离中性轴的距离为 y 的点上的总应力为

$$\sigma = \sigma_N + \sigma_q = \frac{N(x)}{A} + \frac{M(x)y}{I_z}$$

应用上式时,注意将 $N(x)$、$M(x)$、y 的大小和正负号同时代入。

石墩横截面上应力 σ_N、σ_q 和 σ 的分布情况一般如图 6-8c)、d)、e)所示。由于土压力和自重大小的不同,总应力 σ 的分布也可能有如图 6-8f)、g)所示的 2 种情况。

石墩的最大正应力 σ_{max} 及最小正应力 σ_{min},都发生在最大弯矩 M_{max} 及最大轴力 N_{max} 所在的截面上离中性轴最远处。故石墩的强度条件为

$$\sigma_{max} = \left| \frac{N_{max}}{A} + \frac{M_{max}}{W_z} \right| \leqslant [\sigma] \tag{6-10}$$

式中:W_z——石墩矩形横截面对 z 轴的抗弯截面模量 $W_z = \frac{I_z}{y_{max}}$。

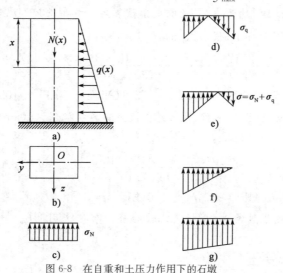

图 6-8 在自重和土压力作用下的石墩

上面介绍了怎样计算杆在拉伸(压缩)与弯曲组合变形情况下的应力。也可用同样方法求解类似情况的问题。

例 6-2 有一三角形托架如图 6-9a)所示,杆 AB 为一工字钢。已知作用在点 B 处的集中荷载 $P=8kN$,工字钢的容许应力 $[\sigma]=100MPa$,试选择杆 AB 的型号。

解 (1)计算杆 AB 的内力,并作内力图

杆 AB 的受力如图 6-9b)所示,由 $\sum M_A = 0$,有

$$Y_C \times 2.5 - 8 \times 4 = 0$$

求得

$$Y_C = 12.8(kN)(\uparrow)$$

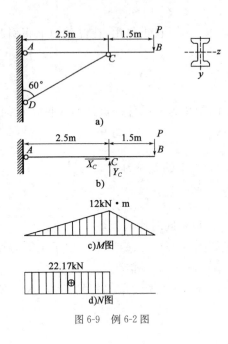

图 6-9 例 6-2 图

而

$$X_C = Y_C \tan 30° = 12.8 \times 1.732 = 22.17(\text{kN})$$

作出杆 AB 的弯矩图和轴力图分别如图 6-9c)、d) 所示。

(2) 从内力图上可看出最大弯矩（绝对值）及最大轴力均发生在截面 C 左侧，分别为

$$M_{max} = 12(\text{kN} \cdot \text{m})$$
$$N_{max} = 22.17(\text{kN})$$

(3) 计算最大正应力

根据叠加原理，杆 AB 在截面 C 上的最大拉应力为

$$\sigma_{max} = \frac{N_{max}}{A} + \frac{M_{max}}{W_z}$$

$$= \frac{22.17 \times 10^3}{A} + \frac{12 \times 10^3}{W_z} \quad (a)$$

式中：A——杆 AB 横截面的面积；

W_z——相应的抗弯截面模量。

(4) 选择工字钢的型号

因式 (a) 中的 A 和 W_z 均为未知，故需采用试算法。首先选用 I18，由附表可查得 $A = 30.8 \times 10^2 \text{mm}^2$，$W_z = 185 \times 10^3 \text{mm}^3$，代入式 (a) 得

$$\sigma = \frac{22.17 \times 10^3}{30.8 \times 10^2 \times 10^{-6}} + \frac{12 \times 10^3}{185 \times 10^3 \times 10^{-9}}$$

$$= 72.1 \times 10^6 (\text{N/m}^2) = 72.1(\text{MPa}) < [\sigma] = 100(\text{MPa})$$

强度是够的，但富余太多，不经济。改选 I16，其 $A = 26.1 \times 10^2 \text{mm}^2$，$W_z = 141 \times 10^3 \text{mm}^3$，代入式 (a) 得

$$\sigma = \frac{22.17 \times 10^3}{26.1 \times 10^2 \times 10^{-6}} + \frac{12 \times 10^3}{141 \times 10^3 \times 10^{-9}} = 93.6 \times 10^6 (\text{N/m}^2)$$

$$= 93.6(\text{MPa}) < [\sigma] = 100(\text{MPa})$$

这样，就既能满足强度条件，用材又比较经济。确定选用 I16。

二 单向偏心受压

图 6-9a) 所示的情况与单向偏心受压的变形情况一致。因压力 P 的作用线平行于杆轴线，故在杆的各横截面上有同样的轴力 N 和同样的弯矩 M。根据叠加原理，可求得杆任一横截面上任一点处的正应力为

$$\sigma = \frac{N}{A} \pm \frac{M_y}{I_z} \quad (6-11)$$

在应用式 (6-11) 时，对第二项前的正负号一般可根据弯矩 M 的转向凭直观来选定，即当 M 对计算点处引起的正应力为压应力时取正号，为拉应力时取负号。但应注意，在这种情况下，M 和 y 都只要代入它们的绝对值。

最大正应力和最小正应力分别发生在截面的两个边缘上，其计算公式为

$$\sigma_{\min}^{\max} = \frac{N}{A} \pm \frac{M}{W} \qquad (6-12)$$

式中：A——杆的横截面面积；

W——相应的抗弯截面模量。

对于矩形截面偏心受压杆，从偏心力 P 所在的位置可以看出，在任一横截面上，最大的正应力发生在近压力 P 的边缘上。在远压力 P 的边缘上，则根据 N 和 M 的不同，可能发生最小的压应力、最大的拉应力或该处的应力等于零。若将矩形截面的面积 $A=bh$，抗弯截面模量 $W = \dfrac{bh^2}{6}$ 和截面上的弯矩 $M = Ne$ 代入式(6-12)，即可将其改写为

$$\sigma_{\min}^{\max} = \frac{N}{bh} \pm \frac{6Ne}{bh^2} = \frac{N}{bh}\left(1 \pm \frac{6e}{h}\right) \qquad (6-13)$$

三 双向偏心受压

如上所述，当偏心压力 P 的作用点 F 不在横截面的任一形心主轴上时，力 P 可简化为作用在截面形心 O 处的轴向压力 P 和两个弯曲力偶 $m_y = Pe_z$、$m_z = Pe_y$。故在杆任一横截面上的内力，将包括轴力 $N=P$ 和弯矩 $M_y = Pe_z$、$M_z = Pe_y$，根据叠加原理，可得到杆横截面上任一点 (y, z) 处的正应力计算公式为

$$\sigma = \frac{N}{A} + \frac{M_y z}{I_y} + \frac{M_z y}{I_z} = \frac{P}{A} + \frac{Pe_z z}{I_y} + \frac{Pe_y y}{I_z} \qquad (6-14)$$

式中：I_y、I_z——分别为横截面对 y 轴和 z 轴的惯性矩。

将式(6-14)与式(6-2)比较可以看出，双向偏心受压实际上是轴心受压与斜弯曲的叠加。另外当式(6-14)中的 e_z 或 e_y 为零时，它就成为在单向偏心受压情况下的式(6-11)。注意，式(6-14)是根据力 P 作用在坐标系的第一象限内，并规定压应力的符号为正而导出的。若需求图 6-10 中点 $C(y_C, z_C)$ 处的应力，应将坐标 y_C、z_C 的绝对值代入式(6-14)，并将 y_C、z_C 所带的正、负号提到式中各项的前面，则可得到

$$\sigma_C = \frac{P}{A} - \frac{Pe_z |z_C|}{I_y} + \frac{Pe_y |y_C|}{I_z}$$

一般来说，每一种内力在截面上某一点处产生的应力的正、负号，是可从图上直接判断出来的。例如由图 6-10 不难看出，轴心压力 P 会使点 C 处产生压应力，对 z 轴的弯矩 M_z 会使点 C 处产生压应力，对 y 轴的弯矩 M_y 则会使点 C 处产生拉应力，这与上式中各项所有的正负号是一致的。故在应用式(6-14)时，经常用到的办法是，只将 N、M_y、M_z、y、z 等的绝对值代入，至于每一项前应有的正负号，则用上述直接判断的方法来确定。

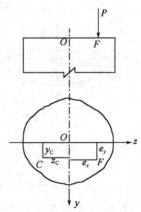

图 6-10 双向偏心受压

为了进行强度计算，我们需要求出在截面上所产生的最大正应力和最小正应力，为此需先确定出中性轴的位置。同样，根据中性轴的概念可将 $\sigma = 0$ 代入式(6-14)，求得中性轴的方程为

$$\frac{P}{A} + \frac{Pe_z z}{I_y} + \frac{Pe_y y}{I_z} = 0$$

将 $I_y = Ar_y^2$、$I_z = Ar_z^2$ 代入，则上式可改写为

$$1 + \frac{e_y y}{r_z^2} + \frac{e_z z}{r_y^2} = 0 \tag{6-15}$$

这个方程是一直线方程，故中性轴为一直线，如图 6-11 中的直线 $n\text{-}n$ 所示。由式(6-15)还可看出，坐标 y 和 z 不能同时为零，故中性轴不通过截面的形心。至于中性轴是在截面之内还是在截面之外，则与力 P 的作用点 F 的位置(e_y, e_z)有关。将 $z = 0$ 和 $y = 0$ 分别代入式(6-15)，即可求得中性轴与轴 y 和轴 z 的截距 a_y、a_z (图 6-11)。

$$\left. \begin{aligned} a_y &= -\frac{r_z^2}{e_y} \\ a_z &= -\frac{r_y^2}{e_z} \end{aligned} \right\} \tag{6-16}$$

由式(6-16)可以看出，e_y、e_z 愈小时，a_y、a_z 就愈大，即力 P 的作用点愈向截面形心靠近，截面的中性轴就离开截面形心愈远，甚至会移到截面以外去。中性轴不在截面上面，则意味着在整个截面上只有压应力作用。

例 6-3 起重能力为 80kN 的起重机，安装在混凝土基础上(图 6-12)。起重机支架的轴线通过基础的中心。已知起重机的自重为 180kN(荷载 P 及平衡锤 Q 的重力不包括在内)，其作用线通过基础底面的轴 Oz，且有偏心距 $e = 0.6$m。若矩形基础的短边长为 3m，问：(1)其长边的尺寸 a 应为多少才能使基础上不产生拉应力？(2)在所选的 a 值之下，基础底面上的最大压应力等于多少(已知混凝土的密度 $\rho = 2.243 \times 10^3$ kg/m^3)？

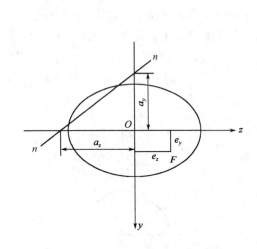

图 6-11 中性轴的位置

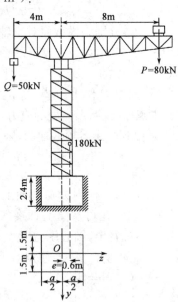

图 6-12 例 6-3 图

解 (1)将有关各力向基础的中心简化，得到轴向压力

$$P = 50 + 80 + 180 + 2.4 \times 3 \times a \times 2.243 \times 9.81$$
$$= (310 + 158.4a)(\text{kN})$$

对主轴 Oy 的力矩为

$$M = -50 \times 4 + 180 \times 0.6 + 80 \times 8 = 548(\text{kN} \cdot \text{m})$$

要使基础上不产生拉应力，必须使式(6-12)中的 $\sigma_{\min} = \dfrac{N}{A} - \dfrac{M}{W} = 0$，将 $N = P$, $A = 3a$, M

和 $W = \dfrac{3a^2}{6}$ 代入，可得

$$\sigma_{\min} = \dfrac{310 + 158.4a}{3a} - \dfrac{548}{\dfrac{3a^2}{6}} = 0$$

从而解得 $a = 3.68\text{m}$，取 $a = 3.7\text{m}$。

（2）在基础底面上产生的最大压应力可以由式(6-12)中的另一式求得

$$\sigma_{\max} = \dfrac{N}{A} + \dfrac{M}{W} = \dfrac{310 + 158.4 \times 3.7}{3 \times 3.7} + \dfrac{548}{\dfrac{3 \times 3.7^2}{6}}$$

$$= 161(\text{kN/m}^2) = 0.161(\text{MPa})$$

式(6-12)也可推广用于由其他形式荷载使构件同时受到压缩（或拉伸）和弯曲作用的情况。

例 6-4 某水库溢洪道的浆砌块石挡土墙如图 6-13 所示（墙高与基宽的比例尺未画成一致），通常是取单位长度(1m)的挡土墙来进行计算。已知：墙的自重 $G = G_1 + G_2$，$G_1 = 72\text{kN}$ 的作用线到横截面 BC 的形心 O 的距离为 $x_1 = 0.8\text{m}$，$G_2 = 77\text{kN}$ 的作用线到点 O 的距离为 $x_2 = 0.03\text{m}$；在横截面 BC 以上的土壤作用在墙面上的总土压力 $E = 95\text{kN}$，其作用线与水平面的夹角 $\theta = 42°$，其在墙面上的作用点 D 到点 O 的水平距离和竖直距离分别为 $x_0 = 0.43\text{m}$ 和 $y_0 = 1.67\text{m}$；砌体的容许压应力为 3.5MPa，容许拉应力为 0.14MPa。要求计算出作用在截面 BC 上点 B 和点 C 处的正应力并进行强度校核。

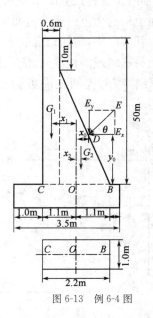

图 6-13 例 6-4 图

解 （1）土压力 E 的水平分力和竖直分力分别为

$$E_x = E\cos\theta = 95\cos 42° = 70.6(\text{kN})$$
$$E_y = E\sin\theta = 95\sin 42° = 63.7(\text{kN})$$

作用在横截面 BC 上的全部竖向压力为

$$N = G_1 + G_2 + E_y = 72 + 77 + 63.7 = 212.7(\text{kN})$$

各力对横截面 BC 的形心 O 的总力矩为

$$M = G_1 x_1 - G_2 x_2 + E_x y_0 - E_y x_0$$
$$= 72 \times 0.8 - 77 \times 0.03 + 70.6 \times 1.67 - 63.7 \times 0.43$$
$$= 145.8(\text{kN})$$

横截面 BC 的面积（按1m长的挡土墙计算）$A = 1 \times 2.2 = 2.2\text{m}^2$，其抗弯截面模量为

$$W = \dfrac{bh^2}{6} = \dfrac{1 \times 2.2^2}{6} = 0.807(\text{m}^3)$$

（2）由式(6-12)可求得点 C 处的正应力

$$\sigma_c = \dfrac{N}{A} + \dfrac{M}{W} = \dfrac{212.7}{2.2} + \dfrac{145.8}{0.807}$$

$$= 278(\text{kN/m}^2) = 0.278(\text{MPa})(压应力) < [\sigma]_c = 3.5(\text{MPa})$$

点 B 处的正应力

$$\sigma_t = \frac{N}{A} - \frac{M}{W} = 97 - 181 = -84 (\text{kN/m}^2)$$
$$= -0.08(\text{MPa})(拉应力) < [\sigma]_t = 0.14(\text{MPa})$$

故截面 BC 满足强度要求。

四 截面核心

上面曾经指出,采用使偏心压力 P 向截面形心靠近(即减小偏心距 e_y、e_z)的办法,可使杆横截面上的正应力全部为压应力而不出现拉应力。当偏心压力作用在截面的某个范围以内时,中性轴的位置将在截面以外或与截面周边相切,这样在整个截面上就只会产生压应力。通常把截面上的这个范围称为截面核心。

在工程实际中,砖、石、混凝土一类的建筑材料,其承压能力比抗拉能力要强得多,故在设计由这类材料制成的构件时,应充分发挥材料的抗压能力,在构件的横截面上最好不要出现拉应力,或使拉应力控制在许可的范围以内,以避免出现拉裂破坏。这就要用到截面核心的概念。

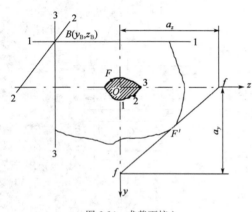

图 6-14 求截面核心

图 6-14 表示一任意形状的截面。要求其截面核心时,首先应选择通过截面形心的主轴 Oy 与 Oz 为坐标轴,然后过截面周边上的任意一点 F' 作与周边相切的中性轴 $f\text{-}f$,并求出它在两个坐标轴上的截距 a_y 和 a_z,将 a_y 与 a_z 代入式(6-16)求得 e_y 和 e_z,它们就是与中性轴 $f\text{-}f$ 相对应的偏心压力作用点 F 的坐标。按照同样的方法,由与截面周边相切的一系列中性轴,可求得一系列偏心压力作用点,将这些点按顺序连接起来得出的闭合图形(如图 6-14 中阴影部分)即为我们要求的截面核心。

在确定多边形的截面核心时,会遇到中性轴必须绕一定点(如图 6-14 中的点 B)转动的情况,它与力作用点在一直线上的移动相对应。现证明如下。

将定点 B 的坐标 y_B 与 z_B 代入中性轴方程(6-15)可以得到

$$e_y = -\frac{r_z^2}{y_B} - \frac{r_z^2 z_B}{r_y^2 y_B} e_z$$

因截面的形状不变,其 A、I_y、I_z 均为定值,故上式中的 r_y、r_z 也都是常数,e_y、e_z 间的关系是线性关系。如图 6-14 所示,与过点 B 的三条中性轴 1-1、2-2、3-3 分别对应的力的作用点 1、2、3 必定在一条直线上。

对边长为 b 和 h 的矩形截面[图 6-15a],其截面核心可用如下的简单方法确定。设偏心荷载 P 作用在形心主轴 Oy 上的点 F_1 处时,与其相应的中性轴恰与 AD 边重合,运用式(6-14),并令 $\sigma = \frac{N}{bh}\left(1 - \frac{6e}{h}\right) = 0$,即可得出 $e_y = \frac{h}{6}$;再设偏心荷载 P 作用在形心主轴 Oy 上的点 F_3 处时,与其相应的中性轴恰与 BC 边重合,令 $\sigma = \frac{N}{bh}\left(1 + \frac{6e}{h}\right) = 0$,即可得出 $e_y = -\frac{h}{6}$;

根据 e_y 的这两个值,可在截面的形心主轴 Oy 上描出点 1 和 3,如图 6-15b)所示。同样设偏心荷载 P 作用在另一形心主轴 Oz 上,且中性轴与 CD 边或 AB 边重合,可得到 $e_z = \pm \dfrac{b}{6}$,从而又可在截面的形心主轴 Oz 上描出点 2 和 4。用直线将 1、2、3、4 顺序相连,所形成的菱形 [图 6-15b)中阴影部分] 即为矩形截面的截面核心。从图 6-15b)可以看出,$e = \dfrac{h}{6}\left(\text{或}\dfrac{b}{6}\right)$ 表示偏心压力 P 正作用在矩形截面宽度 h(或 b)的三分点处。可得到这样的结论,即当偏心压力作用在矩形截面任一形心主轴的中间三分点以内时,在截面上即不会出现拉应力。这个三分点的概念,对于设计砖、石、混凝土等材料结构来说是非常重要的。

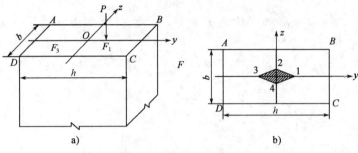

图 6-15　矩形截面的截面核心

在图 6-16 中画出了工字形、槽形、T 形和圆形截面的截面核心。

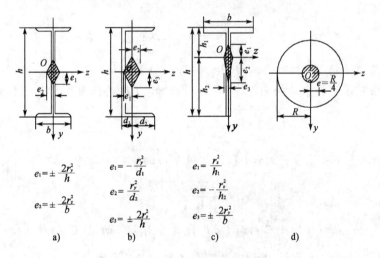

图 6-16　几种常用截面的截面核心

例 6-5　试作出如图 6-17 所示边长为 a 的等边三角形截面的截面核心。

解　(1) 取坐标系 yOz 如图 6-17 所示,并将坐标原点 O 放在三角形的形心上。

(2) 计算出三角形的一些几何性质如下

$$A = \dfrac{1}{2}a \times \dfrac{\sqrt{3}}{2}a = \dfrac{\sqrt{3}}{4}a^2$$

$$I_z = \dfrac{1}{36} \times a \times \left(\dfrac{\sqrt{3}}{2}a\right)^3 = \dfrac{\sqrt{3}}{96}a^4$$

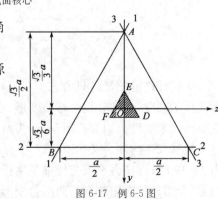

图 6-17　例 6-5 图

$$I_y = 2\left[\frac{1}{36} \times \frac{\sqrt{3}}{2}a \times \left(\frac{a}{2}\right)^3 + \frac{\sqrt{3}}{4}a^2 \times \left(\frac{1}{3} \times \frac{a}{2}\right)^2\right] = \frac{\sqrt{3}}{96}a^4$$

可以看出，$I_z = I_y$（事实上，任何正多边形对通过其形心的任一轴线的惯性矩都是相等的），与其相应的惯性半径 r_z 和 r_y 也相等，且有 $r_z^2 = r_y^2 = \dfrac{I_z}{A} = \dfrac{a^2}{24}$。

(3) 求截面核心。

由式(6-15)可知中性轴的方程为

$$1 + \frac{e_y}{r_z^2}y + \frac{e_z}{r_y^2}z = 0$$

当中性轴 1-1 与三角形的 AB 边重合时，将点 A 和点 B 的坐标 $\left(y = -\dfrac{\sqrt{3}}{3}a, z=0\right)$、$\left(y=-\dfrac{\sqrt{3}}{6}a, z=-\dfrac{a}{2}\right)$ 以及上面算得的 $r_z^2 = r_y^2 = \dfrac{a^2}{24}$ 代入中性轴方程，可以得到

$$\left. \begin{aligned} 1 + \frac{e_y}{\frac{a^2}{24}}\left(-\frac{\sqrt{3}}{3}a\right) &= 1 - \frac{8\sqrt{3}}{a}e_y = 0 \\ 1 + \frac{e_y}{\frac{a^2}{24}}\left(\frac{\sqrt{3}}{6}a\right) + \frac{e_z}{\frac{a^2}{24}}\left(-\frac{a}{2}\right) &= 1 + \frac{4\sqrt{3}}{a}e_y - \frac{12}{a}e_z = 0 \end{aligned} \right\}$$

解此二式可得

$$e_y = \frac{\sqrt{3}a}{24}, e_z = \frac{a}{8}$$

它们就是与中性轴 1-1 相对应的力 P 的作用点 D 的坐标。

用同样方法可求得当中性轴 2-2 与 BC 边重合时，力 P 的作用点 E 的坐标为

$$e_y = -\frac{\sqrt{3}}{12}a, e_z = 0$$

当中性轴 3-3 与 CA 边重合时，力 P 的作用点 F 的坐标为

$$e_y = \frac{\sqrt{3}a}{24}, e_z = -\frac{a}{8}$$

以 D、E、F 为顶点所作的小三角形 DEF 即为三角形截面 ABC 的截面核心。不难证明，小三角形 DEF 也是等边三角形，其边长为 $\dfrac{a}{4}$，其形心与三角形 ABC 的形心重合。

第四节 弯曲和扭转的组合变形

研究杆件的扭转时只考虑了扭矩对杆的作用。实际上，工程中的许多受扭杆件，在发生扭转变形的同时，还常会发生弯曲变形，当这种弯曲变形不能忽略时，则应按弯曲与扭转的组合变形问题来处理。例如在图 6-3e) 中所示的卷扬机轴，绳子的拉力除会使机轴发生扭转以外还将使机轴发生弯曲。又如图 6-18 中所示的传动轴，在两个轮子的边缘上作用有沿切线方向的力 P_1 和 P_2，这些力不但会使轴发生扭转，同时还会使它发生弯曲。本节将以圆截面杆为研究对象，介绍杆件在扭转与弯曲组合变形情况下的强度计算问题。

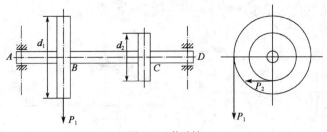

图 6-18 传动轴

一 内力计算

图 6-19 表示一机轴，其横截面是直径为 d 的圆形。在轴的左端有一重力为 W、半径为 R 的皮带轮，轴转动时，皮带中的拉力为 T 和 t ($T>t$)，轴的右端为一曲柄，曲柄把手上的力 P 总是垂直于曲柄平面。为了求得在机轴各个截面上的扭矩 M_n、弯矩 M 和剪力 Q，首先需将各个外力对轴心进行简化。

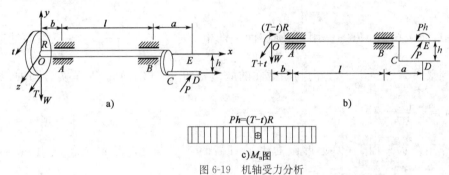

图 6-19 机轴受力分析

现在研究图 6-19a) 中所示 P、T、t 三个力与水平轴 Oz 平行时的情形。为了计算机轴的内力，将左端作用在轮周的拉力 T 与 t 对点 O 进行简化，得到作用在杆轴上的水平力 $(T+t)$ 和扭转外力偶矩 $(T-t)R$。同样将右端作用在手柄上的力 P 向机轴延长线上的点 E 进行简化，得到水平力 P 与扭转外力偶矩 Ph [图 6-19b)]。容易看出，扭转外力偶矩将使机轴发生扭转，水平力和竖直力将使机轴发生弯曲。当机轴处在等速转动的平衡状态时，机轴受到的扭矩为

$$M_n = (T-t)R = Ph$$

机轴的扭矩图如图 6-19c) 所示。

$$M_A = \sqrt{W^2b^2+(T+t)^2b^2} = b\sqrt{W^2+(T+t)^2}$$

当力 $(T+t)$、P、W 使机轴弯曲时，支承 A 与 B 可以看作是铰支座。这样，竖直力 W 使机轴在竖直平面内引起的弯矩图如图 6-20a) 所示，水平产力 $(T+t)$ 和 P 使机轴在水平面内引起的弯矩图如图 6-20b) 所示。在机轴每个横截面上的总弯矩应等于在竖直方向的弯矩和在水平方向的弯矩的几何叠加。例如在机轴的截面 A 上的总弯矩为

$$M_A = \sqrt{(Wb)^2+[(T+t)b]^2} = b\sqrt{W^2+(T+t)^2}$$

一般各个横截面在竖直方向和水平方向的弯矩都互不相同，而对于圆形截面轴，截面上的任一直径都是形心主轴，截面对任一直径的抗弯截面模量都相等，故可将各个截面上的总弯矩都画在同一平面内，得到如图 6-20c) 所示的总弯矩图。由总弯矩图可以看出，机轴中的最大弯矩发生在横截面 A 或 B 上。

用类似的计算方法也可求出在机轴各个横截面上的剪力。

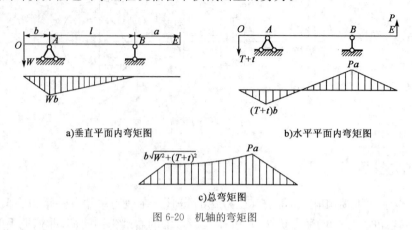

图 6-20 机轴的弯矩图

二、应力计算

图 6-19 中,由于扭矩 M_n 的作用,在圆截面上产生剪应力 $\tau = \dfrac{M_n \rho}{I_\rho}$,它在圆截面的边缘 $\left(\rho = \dfrac{d}{2}\right)$ 达到最大值 $\tau_n = \dfrac{M_n}{W_\rho}$,方向与圆截面的周边相切[图 6-21a)]。对于实心圆轴,其抗扭截面模量 $W_\rho = \dfrac{\pi d^3}{16}$。

弯矩 M 作用在水平面上,使圆形截面水平直径的二端点处产生最大正应力 $\sigma_M = \dfrac{M}{W}$ [图 6-21b)]。对实心圆轴来说,其抗弯截面模量 $W = \dfrac{\pi d^3}{32}$,并与 W_ρ 具有 $W_\rho = 2W$ 的关系。

机轴弯曲时,剪力 Q 在圆轴截面上产生的剪应力仍可用公式 $\tau = \dfrac{QS}{bI}$ 计算,最大剪应力 $\tau_Q = \dfrac{4}{3} \dfrac{Q}{A} = \dfrac{16Q}{3\pi d^2}$ 发生在圆截面的竖向直径上[图 6-21c)]。

由上面的分析可知,各种应力的最不利组合情况肯定会发生在最大弯矩和最大扭矩所作用的横截面的边缘处。故为了进行强度计算,必须分析如图 6-21d)中所示的某些边缘点(如

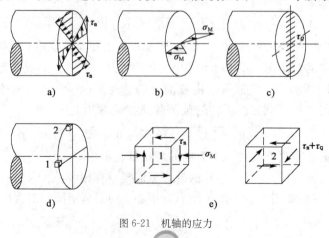

图 6-21 机轴的应力

点 1 和点 2)的应力状态。在图 6-21e)中表示了分别由点 1 和点 2 取出的单元体。

在单元体 1 上,将有由弯矩 M 产生的正应力 $\sigma_M = \dfrac{M}{W}$ 与由扭矩 M_n 产生的剪应力 $\tau_n = \dfrac{M_n}{W_\rho}$,其主应力和最大剪应力分别为

$$\begin{matrix}\sigma_1\\\sigma_2\end{matrix} = \dfrac{\sigma_M}{2} \pm \sqrt{\left(\dfrac{\sigma_M}{2}\right)^2 + \tau_n^2} = \dfrac{16}{\pi d^3}(M^2 \pm \sqrt{M^2 + M_n^2}) \tag{6-17}$$

$$\tau_{\max} = \dfrac{\sigma_1 - \sigma_3}{2} = \sqrt{\left(\dfrac{\sigma_M}{2}\right)^2 + \tau_n^2} = \dfrac{16}{\pi d^3}\sqrt{M^2 + M_n^2} \tag{6-18}$$

在单元体 2 上,将有由扭矩 M_n 产生的剪应力 $\tau_n = \dfrac{M_n}{W_\rho}$ 和由剪力 Q 产生的剪应力 $\tau_Q = \dfrac{4}{3}\dfrac{Q}{A}$,且 τ_n 和 τ_Q 的方向相同,故单元体 2 是处在($\tau_n + \tau_Q$)作用下的纯剪切状态。其主应力为

$$\begin{matrix}\sigma_1\\\sigma_2\end{matrix} = \pm(\tau_n + \tau_Q) \tag{6-19}$$

在工程实际中,因作用在实心圆轴上的 τ_Q 一般都很小,往往可忽略不计。

若在机轴上还作用有轴力 N,它会在截面上产生正应力 $\sigma_N = \dfrac{N}{A}$。在这种情况下,应将 σ_N 与 σ_M 的代数和代替式(6-17)中的 σ_M。

三 强度校核

当构件处在扭转和弯曲组合变形的情况下时,由其中取出的单元体一般是处在复杂应力状态之下。故在对这类构件进行强度校核时,首先应计算出危险截面上某些危险点处的主应力,再根据所选择的强度理论,列出相应的强度条件,进行强度校核。下面举例说明。

例 6-6 试根据最大剪应力理论(第三强度理论)确定图 6-22 中所示手摇卷扬机(辘轳)能起吊的最大许可荷载 P 的数值。已知:机轴的横截面为直径 $d=30$mm 的圆形,机轴材料的容许应力 $[\sigma]=160$MPa。

解 在力 P 作用下,机轴将同时发生扭转和弯曲变形,应按扭转与弯曲组合变形问题计算。

(1)跨中截面的内力

$$扭矩\ M_n = P \times 0.18 = 0.18P\ (\text{N·m})$$

$$弯矩\ M = \dfrac{P \times 0.8}{4} = 0.2P\ (\text{N·m})$$

$$剪力\ Q = \dfrac{P}{2} = 0.5P\ (\text{N})$$

(2)截面的几何特性

$$W = \dfrac{\pi d^3}{32} = \dfrac{\pi \times 30^3}{32} = 2650\ (\text{mm}^3)$$

$$W_\rho = 2W = 5300\ (\text{mm}^3)$$

$$A = \dfrac{\pi d^2}{4} = \dfrac{\pi \times 30^2}{4} = 707\ (\text{mm}^2)$$

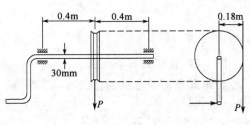

图 6-22 例 6-6 图

(3) 应力计算

$$\tau_n = \frac{M_n}{W_\rho} = \frac{0.18P}{5300 \times 10^{-9}} = 0.034P \times 10^6 (\text{N/m}^2)$$

$$\tau_Q = \frac{4}{3}\frac{Q}{A} = \frac{4}{3} \times \frac{0.5P}{707 \times 10^{-6}} = 0.001P \times 10^6 (\text{N/m}^2)$$

$$= 0.001P(\text{MPa})$$

$$\tau_n = \frac{M}{W} = \frac{0.2P}{2650 \times 10^{-9}} = 0.076P \times 10^6 (\text{N/m}^2)$$

$$= 0.076P(\text{N/m}^2)$$

由式(6-17)求主应力

$$\begin{matrix}\sigma_1\\\sigma_3\end{matrix} = \frac{\sigma_M}{2} \pm \sqrt{\left(\frac{\sigma_M}{2}\right)^2 + \tau_n^2}$$

$$= \frac{0.076P}{2} \pm \sqrt{\left(\frac{0.076P}{2}\right)^2 + (0.034P)^2}$$

$$= 0.038P \pm 0.051P = \begin{matrix}0.089P\\-0.013P\end{matrix} \quad (\text{MPa})$$

(4) 根据最大剪应力理论求许可荷载

因

$$\sigma_1 - \sigma_3 = 0.089P + 0.013P = 0.102P \leqslant [\sigma] = 160(\text{MPa})$$

故

$$P \leqslant \frac{160}{0.102} = 1570\text{N} = 1.57(\text{kN})$$

由本例题可以看出,在实心轴中由剪力 Q 产生的剪应力 τ_Q 一般很小,可以忽略。

第五节 组合变形的工程实例

例 6-7 图 6-23a)所示将一等边角钢($\llcorner 100 \times 12$)的一端固定在墙上,而在其另一端悬挂一通过其截面形心的重物 $P=2\text{kN}$。已知钢的弹性模量 $E=210\text{GPa}$。试计算此角钢的最大正应力、最大挠度和最大挠度的方向(忽略角钢的自重及外力 P 没有通过角钢弯曲中心的影响)。

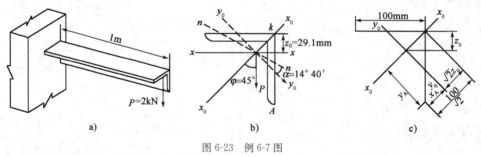

图 6-23 例 6-7 图

解 (1)角钢的有关数据

由附表查得等边角钢 $\llcorner 100 \times 12$ 的一些有关数据如下

$$I_{x0} = 330.95(\text{cm}^4) = 330.95 \times 10^4 (\text{mm}^4)$$

$$I_{y0} = 86.84(\text{cm}^4) = 86.84 \times 10^4 (\text{mm}^4)$$

$$z_0 = 2.91(\text{cm}) = 29.1(\text{mm})$$

(2) 内力计算

等边角钢的形心主轴为 x_0-x_0 和 y_0-y_0，荷载 P 与主轴间的夹角 $\varphi = 45°$。

最大弯矩发生在固定端截面，即

$$M_{\max} = Pl = 2 \times 10^3 \times 1 = 2000(\text{N} \cdot \text{m})$$

(3) 确定中性轴位置

因最大正应力发生在梁横截面上离中性轴最远处，故要计算应力必须首先确定中性轴的位置。由式(6-4)可求得中性轴的方程，但要注意，因型钢表中坐标轴的符号与图 6-5 中的不同，图 6-23b)中的 x_0 轴相当于图 6-5 中的 y 轴，而 y_0 轴则相当于 z 轴，故在角钢截面上的中性轴方程为

$$\frac{y_0}{I_{x0}}\sin\varphi + \frac{x_0}{I_{y0}}\cos\varphi = 0$$

$$x_0 = -\frac{I_{y0}}{I_{x0}} y_0 \tan\varphi = -\frac{86.84 \times 10^4}{330.95 \times 10^4} \times 1 \times y_0 = -0.262 y_0$$

同样，中性轴 n-n 与 y_0 轴间的夹角 α 可由式(6-5)求出

$$\tan\alpha = \frac{x_0}{y_0} = -0.262$$

$$\alpha = -14°40'$$

(4) 最大正应力的计算

从图 6-23b)可见，最大正应力发生在离中性轴 n-n 最远的点 A 处。

点 A 的坐标[图 6-23c)]为

$$x_A = \frac{100}{\sqrt{2}} - \sqrt{2} z_0 = \frac{100}{\sqrt{2}} - \sqrt{2} \times 29.1 = 70.71 - 41.15 = 29.56(\text{mm})$$

$$y_A = \frac{100}{\sqrt{2}} = 70.71(\text{mm})$$

根据式(6-6)可求得在点 A 的最大压应力为

$$\sigma_{\max} = \left| M_{\max}\left(\frac{y_A}{I_{x0}}\sin\varphi + \frac{x_A}{I_{y0}}\cos\varphi\right) \right|$$

$$= 2000 \times \left(\frac{70.71 \times 10^{-3}}{330.95 \times 10^{-3}} \times \sin 45° + \frac{29.56 \times 10^{-3}}{86.84 \times 10^{-3}} \times \cos 45°\right)$$

$$= 2000 \times (0.0151 + 0.0241) \times 10^6$$

$$= 78.4 \times 10^6 (\text{N/m}^2) = 78.4(\text{MPa})$$

(5) 最大挠度的计算

最大挠度发生在自由端，由式(6-8)可得

$$f = \sqrt{f_{x0}^2 + f_{y0}^2} = \sqrt{\frac{P\cos 45° \times l^3}{3EI_{y0}} + \frac{P\sin 45° \times l^3}{3EI_{x0}}}$$

$$= \sqrt{\frac{2 \times 10^3 \times 0.707 \times 1^3}{3 \times 210 \times 10^9}\left(\frac{1}{86.84 \times 10^{-8}} + \frac{1}{330.95 \times 10^{-8}}\right)}$$

$$= 5.7 \times 10^{-3}(\text{m}) = 5.7(\text{mm})$$

最大挠度的方向与中性轴 n-n 垂直，由图 6-23b)可以看出，它对力 P 的偏离角为

$$45° - 14°40' = 30°20'$$

讨论：若力 P 作用在包含对称形心主轴 x_0-x_0 的平面内，梁将发生平面弯曲。在这种情况下的最大压应力仍发生在点 A 处，即

$$\sigma_{\max} = \left|\frac{M_{\max}x_A}{I_{y0}}\right| = \frac{2000 \times 29.56 \times 10^{-3}}{86.84 \times 10^{-8}}$$

$$= 68.1 \times 10^6 (\text{N/m}^2) = 68.1(\text{MPa})$$

比梁在斜弯曲情况下的 $\sigma_{\max} = 78.4$ MPa 要小。

在这种情况下的最大挠度

$$f = \frac{Pl^3}{3EI_{y0}} = \frac{2 \times 10^3 \times 1^3}{3 \times 210 \times 10^9 \times 86.84 \times 10^{-8}}$$

$$= 3.66 \times 10^{-3}(\text{m}) = 3.66(\text{mm})$$

比梁在斜弯曲情况下的 $f = 5.7$ mm 要小得多。

例 6-8 图 6-24a)表示某渡槽工程中混凝土空心墩的构造简图。试计算当渡槽正常工作时，在距墩顶的距离为 20m 处的截面 $n\text{-}n$ [图 6-24b)]上的正应力。已知：当渡槽正常工作时，作用在空心墩上的荷载组合如图 6-24a)所示。其中，槽身重 $W_1 = 2143$kN，水重 $W_2 = 2400$kN，截面 $n\text{-}n$ 以上的墩身自重 $W_3 = 2431$kN，槽身所受的总风压力 $P_1 = 95.7$kN，墩帽所受的总风压力 $P_2 = 11.7$kN，截面 $n\text{-}n$ 以上墩身所受的总风压力 $P_3 = 47.3$kN。空心墩的截面 $n\text{-}n$ 的尺寸如图 6-24b)所示。

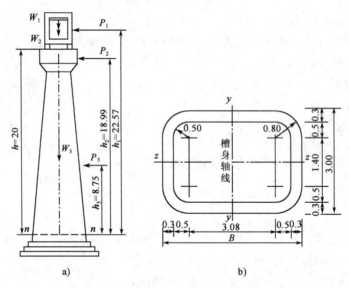

图 6-24 例 6-8 图(尺寸单位:m)

解 由图 6-24a)可以看出，槽身重、水重及墩身自重等将在截面 $n\text{-}n$ 上产生轴心压力，而风荷载 P_1、P_2、P_3 等将在截面 $n\text{-}n$ 上产生对 y 轴的弯曲力矩。

(1) 截面 $n\text{-}n$ 上的内力计算

轴力 $N = W_1 + W_2 + W_3 = 2143 + 2400 + 2431 = 6974$(kN)

弯矩 $M = P_1 h_1 + P_2 h_2 + P_3 h_3 = 95.7 \times 22.57 + 11.7 \times 18.99 + 47.3 \times 8.75 = 2796$(kN·m)

(2) 截面 $n\text{-}n$ 的几何性质计算

$$A = 2 \times (3.08 \times 0.3 + 1.40 \times 0.3) + 4 \times \frac{1}{4}\pi(0.8^2 - 0.5^2) = 3.92(\text{m}^2)$$

$$I_y = \frac{1.4 \times 4.68^3}{12} - \frac{1.4 \times 4.08^3}{12} + 2 \times \frac{0.3 \times 3.08^3}{12} + 4I' = 5.49 + 4I'$$

其中 I' 是截面 n-n 的一个角上的圆弧形面积(图 6-25)对截面主轴 y-y 的惯性矩,可以算出如下

$$I' = \int_0^{\pi/2} t(R\sin\theta + a)^2 R d\theta = \frac{\pi R^3 t}{4} + 2aR^2 t + \frac{\pi}{2}a^2 Rt$$

将 $R = \dfrac{R_1 + R_2}{2} = \dfrac{0.5 + 0.8}{2} = 0.65\,(\text{m})$, $a = 1.54\,\text{m}$, $t = 0.3\,\text{m}$ 代入可得

$$I' = \frac{\pi \times 0.65^3 \times 0.3}{4} + 2 \times 1.54 \times 0.65^2 \times 0.3 + \frac{\pi \times 1.54^2}{2} \times 0.65 \times 0.3 = 1.185\,(\text{m}^4)$$

故

$$I_y = 5.49 + 4 \times 1.185 = 10.23\,(\text{m}^4)$$

$$W_y = \frac{I_y}{2.34} = \frac{10.23}{2.34} = 4.38\,(\text{m}^3)$$

(3) 截面 n-n 上的正应力计算

$$\begin{matrix}\sigma_{\max}\\ \sigma_{\min}\end{matrix} = \frac{N}{A} \pm \frac{M}{W} = \frac{6974}{3.92} \pm \frac{2796}{4.38}$$

$$= 1779 \pm 638.36 = \begin{matrix}2418\\ 1140\end{matrix}(\text{kN/m}^2)$$

$$= \begin{matrix}2.42\\ 1.14\end{matrix}(\text{MPa})(\text{都是压应力})$$

例 6-9 如图 6-26 所示的钻床,当它工作时,钻孔进刀力 $P = 2\text{kN}$。已知 P 的作用线与立柱轴线间的距离为 $e = 180\text{mm}$,立柱的横截面为外径 $D = 40\text{mm}$,内径 $d = 30\text{mm}$ 的空心圆,材料的容许应力 $[\sigma] = 100\text{MPa}$,试校核此钻床立柱的强度。

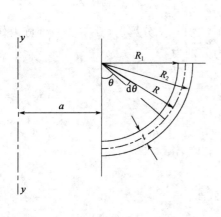

图 6-25 求圆弧形面积对 y-y 轴的惯性矩

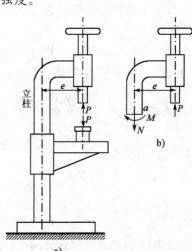

图 6-26 例 6-9 图

解 对于钻床立柱来说,外力 P 是偏心的拉力。它将使立柱受到偏心拉伸,在立柱任一横截面上产生的内力[图 6-26b)]为

轴力

$$N = P = 2(\text{kN}) = 2000(\text{N})$$

弯矩
$$M = Pe = 2000 \times 0.18 = 360(\text{N} \cdot \text{m})$$

因轴向拉力 N 与弯矩 M 都会使横截面的内侧边缘的点 a 处产生拉应力，并使该处的拉应力最大，应对其进行强度校核。

$$\sigma_a = \sigma_{\max} = \left| \frac{N}{A} + \frac{M}{W} \right|$$

$$= \frac{2000}{\frac{\pi}{4}(40^2 - 30^2) \times 10^{-6}} + \frac{2000 \times 0.18}{\dfrac{\frac{\pi}{4}(40^4 - 30^4) \times 10^{-12}}{\frac{40}{2} \times 10^{-3}}}$$

$$= 3.64 \times 10^6 + 83.2 \times 10^6$$

$$= 87.46(\text{MPa}) < [\sigma] = 100(\text{MPa})$$

满足强度要求。

◆本章小结◆

1. 组合变形

杆件上同时有两种或两种以上基本变形时，称为组合变形。如拉(压)与弯曲的组合；两个相互垂直平面内弯曲的组合；偏心拉、压；弯曲与扭转的组合等。要解决组合变形的问题首先要掌握前面学过的 4 种基本变形的知识。其次要能将杆件上的任意荷载分解或简化成若干与基本变形受力特点相对应的简单荷载，然后按各种基本变形下的结果叠加起来(代数叠加或几何叠加)，即可得到组合变形的应力及变形。

2. 斜弯曲

将杆件上作用的外荷载沿着横截面两个形心主惯性轴 z、y 分解后，其中任一个分力作用均为平面弯曲。两个平面弯曲产生的正应力和剪应力分别为

$$\sigma' = \frac{M_z y}{I_z}$$

$$\sigma'' = \frac{M_y z}{I_y}$$

$$\tau_y = \frac{Q_y S_z^*}{b I_z}$$

$$\tau_z = \frac{Q_z S_y^*}{h I_y} \quad (\text{矩形截面})$$

同截面上同一点的正应力为两个正应代数叠加

$$\sigma = \sigma' + \sigma'' = \frac{M_z y}{I_z} + \frac{M_y z}{I_y}$$

剪应力为几何叠加

$$\tau = \sqrt{\tau_y^2 + \tau_z^2}$$

横截面上的中性轴(即 $\sigma = 0$)是一条通过截面形心的斜直线。

两个平面的弯曲产生的最大挠度为 f_z、f_y，则组合变形的最大挠度为

$$f = \sqrt{f_z^2 + f_y^2}$$

当截面的 $I_z \neq I_y$（如矩形、工字形等截面）时，组合变形的变形曲线所在平面与荷载所在平面不重合，这种情况称为斜弯曲。如果截面的 $I_z = I_y$（如正方形、圆形、圆环形等）时，变形曲线所在平面与荷载所在平面重合，这种情况仍称为平面弯曲。这时可以将两个弯矩合成综合成弯矩 $M = \sqrt{M_z^2 + M_y^2}$，然后按平面弯曲正应公式计算应力。

3. 拉（压）与弯曲的组合

拉（压）与弯曲的组合可以分为：拉（压）与横力弯曲的组合和拉（压）与纯弯曲的组合。也称为偏心拉（压）。

(1) 拉（压）与横力弯曲的组合

通过内力分析任一截面上的内力有轴力 N 剪力 Q 和弯矩 M，若忽略剪力 Q 产生的剪应力 τ 对强度的影响，则截面上的应力只有 N 产生的正应力 σ_N 和 M 产生的正应力 σ_M，分别用下面公式计算

$$\sigma_N = \frac{N}{A}（均匀分布）$$

$$\sigma_M = \frac{My}{I_z}（线性分布）$$

由叠加原理，得截面上的总应力为

$$\sigma = \sigma_N + \frac{My}{I_z}$$

危险截面发生在 $|M|_{max}$ 所在截面，危险点发生在该截面的上、下边缘，有最大拉应力和最大压应力。均属于单向应力状态。

对于抗拉、抗压能力相同的塑性材料而言，其强度条件为

$$\sigma_{max} = \frac{N}{A} + \frac{|M|_{max}}{W_z} \leqslant [\sigma]$$

对于抗拉能力小于抗压能力的脆性材料而言分别求出危险截面上的最大拉应力 $(\sigma_t)_{max}$ 和最大压应力 $(\sigma_c)_{max}$ 值，然后再建立强度条件

$$(\sigma_t)_{max} \leqslant [\sigma_t]$$
$$(\sigma_c)_{max} \leqslant [\sigma_c]$$

(2) 拉（压）与纯弯曲的组合——偏心拉（压）

在土建工程中常遇见偏心受压柱，当柱顶上作用有平行柱轴线的集中力，力的作用点是截面上任意点时，偏心距为 e_y、e_z，可以将力平移到柱顶截面的形心上，得到一个轴向压力 P 和两个绕截面形心主惯性轴 z、y 轴的力偶矩 $M_z = Pe_y$，$M_y = Pe_z$，三者在截面上产生的正应力分别为

$$\sigma' = \frac{P}{A}$$

$$\sigma'' = \frac{M_z y}{I_z}$$

$$\sigma''' = \frac{M_y z}{I_y}$$

由叠加原理得，共同作用下的应力

$$\sigma = \sigma' + \sigma'' + \sigma''' = \frac{P}{A} + \frac{Pe_y y}{I_z} + \frac{Pe_z z}{I_y}$$

$$= \frac{P}{A}\left(1 + \frac{e_y y}{r_z^2} + \frac{e_z z}{r_y^2}\right)$$

其中 3 项的正负号可以直观判断,若以受压为正则第 1 项为正,第 2、第 3 项使截面产生压应力时取正号,产生拉应力时取负号。另外 $r_z = \sqrt{\frac{I_z}{A}}$,$r_y = \sqrt{\frac{I_y}{A}}$,称为惯性半径。

设 z_0、y_0 为截面中性轴上的任一点的坐标,则该点的正应力

$$\sigma = \frac{P}{A}\left(1 + \frac{e_y y_0}{r_z^2} + \frac{e_z z_0}{r_y^2}\right) = 0$$

得中性轴方程

$$1 + \frac{e_y y_0}{r_z^2} + \frac{e_z z_0}{r_y^2} = 0$$

中性轴方程为直线方程,故中性轴为一条不通过截面形心的斜直线。

当上式中的 $e_y = 0$(或 $e_z = 0$)时,得到单向偏心受压的应力公式

$$\sigma = \frac{P}{A} + \frac{Pe_z z}{I_y}$$

或

$$\sigma = \frac{P}{A} + \frac{Pe_y y}{I_z}$$

(3)截面核心

偏心受压柱的中性轴是一条不过形心的斜直线。中性轴将截面分成两个区域,一个是受压区,另一边是受拉区。若力的作用点往截面形心移动,则中性轴向截面外面移动。当中性轴正好与截面周边相切时力作用点连成的包括形心在内的一个区域——截面核心。当偏心外力作用点在截面核心内或边界上时,截面上只有一种应力(偏心受压时只有压应力,偏心受拉时只产生拉应力)。矩形截面($b \times h$)的截面核心是对角线长为 $b/3$、$h/3$ 的菱形。图形截面(直径为 d)的截面核心是直径为 $d/4$ 的小圆。

在建筑工程中的偏心受压柱往往是由抗压性能好,抗拉性能差的材料(如砖、石、混凝土等)制成,希望在偏心压力作用下截面上不要出现拉应力或拉应力很小在允许的范围内。就要用到截面核心的概念。

4. 弯曲与扭转的组合

这种组合变形在机械工程中常见,例如传动轴既受扭转外力偶矩作用又有横向外力作用使其产生弯曲。在建筑工程中圆轴有扭转比较少,而矩形截面材料受弯扭组合变形作用也有实例,这种问题将在"钢筋混凝土"课程中介绍。

对于弯扭组合杆件的强度计算按如下步骤分析。

(1)进行内力分析

在扭转外力偶矩作用下,求出各截面的内力并作出扭矩图。在横向外力作用下求各截面的剪力及弯矩并作出剪力图、弯矩图。对于两个互相垂直平面内的横力弯曲还必须作出各弯矩图(即 $M = \sqrt{M_z^2 + M_y^2}$)。

(2)危险截面分析

符合危险截面的条件是:在同一截面上扭矩和弯矩均为最大值,或均比较大,可能有一个

截面也可能同时有几个截面。

(3) 危险截面上的应力分析

由扭矩产生的剪应力
$$\tau_n = \frac{M_n \rho}{I_p} \text{(线性分布)}$$
$$(\tau_n)_{max} = \frac{|M_n|_{max}}{W_\rho}$$

$(\tau_n)_{max}$发生在圆形截面的$\rho_{max} = \frac{d}{2}$的圆周上各点。

由剪力产生的剪应力
$$\tau_Q = \frac{QS_z^*}{bI_z} \text{(二次曲线分布)}$$
$$(\tau_Q)_{max} = \frac{|Q|_{max} S_{z\ max}^*}{bI_z}$$

对于圆形截面
$$(\tau_Q)_{max} = \frac{4}{3} \frac{|Q|_{max}}{A}$$

此$(\tau_Q)_{max}$发生在水平直径上。

由弯矩产生的正应力
$$\sigma = \frac{My}{I_z} \text{(线性分布)}$$
$$\sigma_{max} = \frac{|M|_{max}}{W_z}$$

此σ_{max}发生在离中性轴z最远的圆周上。

(4) 危险截面上危险点的分析

危险点可能有3个点:第1点是同一点上有弯矩产生的最大拉应力同时有扭转产生的最大剪应力;第2点是在同一点上有弯矩产生的最大压应力同时又有扭转产生的最大剪应力;第3点是在同一点上有剪力产生的最大剪应力同时又有扭转产生的最大剪应力且两者的指向相同。对于实心截面杆正应力和剪应力比较,正应力是主要的,则3点比较,第1、2两点为危险点。

从危险点取出单元体分析,该单元体属二向应力状态,可以用应力状态分析的知识求出主应力大小及方向。

(5) 对危险点建立强度条件

若受弯扭组合的圆轴为塑性材料,则应用第三、四强度理论校核强度。

对于土木专业来说本章主要掌握斜弯曲和偏心受压及截面核心的概念两部分内容,而弯扭组合为次要内容。

第七章 压杆稳定

🌀 职业能力目标

掌握压杆稳定的定义;能够计算施工中涉及的实际构件,如支架的各个压杆、起重机的起重臂及支撑的稳定性验算。

🌀 教学重点与难点

1. 教学重点:杆件柔度的判定;杆件临界应力的计算;杆件稳定的计算方法;压杆稳定在工程中的应用。

2. 教学难点:杆件临界应力的计算。

第一节 压杆稳定的基本概念

工程中,有些构件尽管具有足够的强度、刚度,却不能安全可靠地工作。

1907年8月9日,在加拿大离魁北克城14.4km横跨圣劳伦斯河的大铁桥在施工中倒塌。灾变发生在当日收工前15min,桥上74人坠河遇难。大桥倒塌的原因不是因为偷工减料,而是在施工中悬臂桁架西侧的受压下弦杆突然失稳所致。

19世纪的最后25年,欧美发生过一系列铁路和公路桥梁以及杆系结构破坏的事故,有不少是由于压杆失稳造成,如瑞士明汉斯太因铁路桥的破坏。1891年5月14日,一座架设在莱茵河支流比尔斯河上的单轨铁路桥坠毁,74人蒙难,200人受伤。经研究,桥梁破坏的原因是当载荷位于桥梁跨中时桁架中间斜杆的压应力最大,导致该杆件失稳。

1983年10月4日,北京的一幢正在施工的高54.2m、长17.25m、总重565.4kN的高层建筑的大型脚手架屈曲坍塌(图7-1),5人死亡、7人受伤,事故原因是建筑脚手架失稳。

图7-1 脚手架屈曲坍塌

为什么会出现这样的破坏呢?

构件除了强度和刚度不足而引起失效外,有时由于不能保持其原有的平衡状态而失效,这种失效形式称为丧失稳定性。

试验证明,如图7-2所示的等直杆AB,若A端固定,B端作用沿轴线方向的荷载P,若外力P较小时,杆件保持在直线形状的平衡,微小的外界扰动将使杆件发生轻微的弯曲,干扰力解除后,杆件仍恢复直线形状,即外界的干扰不能改变其原有的铅垂平衡状态,压杆的直线平衡是稳定的;若外力P慢慢地增加到某一数值并且超过这一数值时,任何微小的外界扰动将使杆件

AB 发生弯曲,干扰力解除后,杆件处于弯曲状态下的平衡,不能恢复原有的直线平衡状态,杆件原有的直线平衡状态是不稳定的。若外力 P 继续增大,杆件将因过大的弯曲变形而突然折断。杆件维持直线稳定平衡的最大外力称为临界压力,记为 P_{cr}。压杆丧失其直线形状的平衡而过渡为曲线平衡,称为丧失稳定,简称"失稳"。工程上,一般的细长压杆,由于轴向荷载的偏心或杆件的初曲率,往往因这种屈曲而导致失效。因此压杆的"失稳"也称为"屈曲"。

土建中有许多细长压杆(图 7-3),如桁架结构中的抗压杆、建筑物中的柱等都是压杆。这类构件除了要有足够的强度外,还必须有足够的稳定性,才能正常工作。

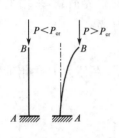

图 7-2 受压杆失稳

图 7-3 抗压杆

除了压杆的失稳形式外,一些细长或薄壁的构件也存在静力平衡的稳定性问题。例如,细长圆杆的纯扭转,薄壁矩形截面梁的横向弯曲以及承受均布压力的薄壁圆环等,都有可能丧失原有的平衡状态而失效。图 7-4 给出了几种构件失稳的示意图,图中虚线分别表示其丧失原有平衡形式后新的平衡状态。

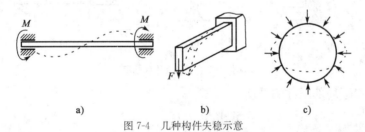

图 7-4 几种构件失稳示意

承受轴向压力的细长压杆的平衡,在什么条件下是稳定的,什么条件下是不稳定的;怎样才能保证压杆正常、可靠地工作等问题,统称为"稳定问题"。稳定问题与强度和刚度问题一样,在结构和构件的设计中占有重要的地位。

本章将主要讨论压杆的稳定性问题,其他构件的稳定性问题可参阅有关的专著。

第二节 压杆的稳定计算

一 确定压杆临界力的欧拉公式

1. 压杆的稳定平衡与不稳定平衡

设压力方向与杆件轴线重合,当压力逐渐增加但小于某一极限值时,杆件一直保持直线形状的平衡,即使用微小的侧向干扰力使它暂时发生轻微弯曲[图 7-5a)],但干扰力解除后,它仍将恢复直线形状[图 7-5b)],这表明压杆直线形状的平衡是稳定的。当压力逐渐增加到某一极限

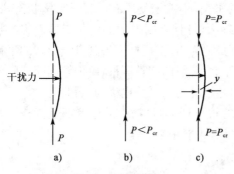

值时,压杆的直线平衡变为不稳定,将转变为曲线形状的平衡。这时如再用微小的侧向干扰力使它发生轻微弯曲,干扰力解除后,仍将保持曲线形状的平衡,不能恢复原有的直线形状[图 7-5c]。上述压力的极限值称为临界压力或临界力,记为 P_{cr}。

确定临界载荷是解决稳定问题的关键,下面首先讨论细长杆的临界荷载,采用平衡方法确定该类杆件的临界荷载。

图 7-5 轴压杆临界力

2. 两端铰支压杆的临界荷载

以两端铰支压杆为例,设一两端铰支细长杆 AB[图 7-6a],在外力 P 作用下处于微弯状态[图 7-6b],取距 B 长度为 x 段进行研究,该界面处挠度为 $w(x)$。

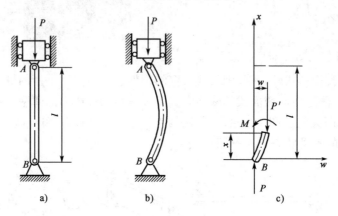

图 7-6 两端铰支压杆稳定

(1) 微弯状态下局部压杆的平衡

$$M(x) = P \cdot w(x) \tag{a}$$

又

$$M(x) = -EI\frac{d^2w}{dx^2} \tag{b}$$

即

$$EI\frac{d^2w}{dx^2} + Pw(x) = 0 \tag{c}$$

令

$$k^2 = \frac{P}{EI} \tag{d}$$

则式(c)写成

$$\frac{d^2w}{dx^2} + k^2 w(x) = 0 \tag{e}$$

(2) 求解微分方程

微分方程的通解是

$$w = A\sin kx + B\cos kx \tag{f}$$

式(f)中有3个未知量,即积分常数 A、B 及 k [见式(d),因 P 未知,故 k 待定],需根据杆端边界条件来决定。

(3)边界条件

支座 A、B 处的挠度为零,即

$$w(0)=0, w(l)=0$$

$$w(0)=0 \Longrightarrow 0 \cdot A + 1 \cdot B = 0 \Longrightarrow B=0$$
$$w(l)=0 \Longrightarrow \sin kl \cdot A + \cos kl \cdot B = 0 \Longrightarrow \sin kl = 0 \quad \text{(g)}$$
$$\sin kl = 0$$

(4)确定临界荷载

满足式(g)的条件为

$$kl = n\pi \ (n=1,2\cdots)$$

临界荷载

$$P = \frac{n^2\pi^2 EI}{l^2} \tag{h}$$

式(h)中如果 $n=0$,则 $P=0$,压杆不受力,所以无意义,不适用。因此,$n=1$ 时,由式(h)可求得压杆在微弯曲状态下保持平衡的最小力 $P_{\min}$,这也就是我们要求的细长压杆在两端铰支时的临界力 P_{cr}。表示为

$$P_{cr} = \frac{\pi^2 EI}{l^2} \tag{7-1}$$

式中:EI——压杆的界面抗弯刚度,按最小的方向取值;

l——压杆的长度。

式(7-1)就是著名的欧拉临界力公式,简称欧拉公式,依此式可计算两端铰支压杆的临界力。

3. 支承对压杆临界荷载的影响

(1)欧拉公式的一般形式

在工程实践中,压杆除两端铰支的约束形式外,还存在其他各种不同的端部约束情况。这些压杆的临界力计算公式,可以仿照上述方法,利用挠曲线近似微分方程式及边界条件求得,也可利用挠曲线相似的特点将两端铰支压杆的结果推广得到。欧拉公式的一般形式为

$$P_{cr} = \frac{\pi^2 EI}{(\mu l)^2} \tag{7-2}$$

式中:μ——不同约束条件下压杆的长度系数;

μl——相当于两端铰支压杆的半波正弦曲线的长度,称为相当长度。

几种常见的支承条件下的长度系数和相当长度见表 7-1。

(2)常见的支承条件

必须注意,以上结果是在理想杆端约束情况下得到的,实际支承约束情况较为复杂,需根据具体情况进行分析,看它与哪种理想情况接近,以决定长度系数。

例 7-1 如图 7-7 所示两端铰支、用 3 号钢制成的细

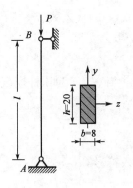

图 7-7 例 7-1 图

长压杆。已知 $l=1\text{m}, b=8\text{mm}, h=20\text{mm}, E=210\text{GPa}$，试计算压杆临界力。

解 压杆两端铰支 $\mu=1$。

压杆截面的最小惯性矩为

$$I_{\min}=I_y=\frac{hb^3}{12}=\frac{20\times 8^3}{12}=853(\text{mm}^4)$$

$$P_{\text{cr}}=\frac{\pi^2 EI_y}{(\mu l)^2}$$

$$=\frac{\pi^2\times 210\times 10^3\times 853}{(1\times 1000)^2}=1760(\text{N})=1.76(\text{kN})$$

压杆的长度系数　　　　　　　　　　　　　　　　　　　　　表 7-1

杆端部约束情况	两端铰支	一端固定一端自由	一端固定一端铰支	两端固定
挠曲线形状	$\mu=l$	$\mu=2l$	$\mu=0.7l$	$\mu=0.5l$
长度系数	1.0	2.0	0.7	0.5
临界压力公式	$P_{\text{cr}}=\dfrac{\pi^2 EI}{l^2}$	$P_{\text{cr}}=\dfrac{\pi^2 EI}{(2l)^2}$	$P_{\text{cr}}=\dfrac{\pi^2 EI}{(0.7l)^2}$	$P_{\text{cr}}=\dfrac{\pi^2 EI}{(0.5l)^2}$

二　压杆的临界应力

1. 临界应力及柔度

压杆在临界力 P_{cr} 作用下开始弯曲时的平均应力称为临界应力 σ_{cr}。设杆的截面面积为 A，则

$$\sigma_{\text{cr}}=\frac{P_{\text{cr}}}{A} \tag{7-3}$$

将式(7-2)代入式(7-3)，得

$$\sigma_{\text{cr}}=\frac{P_{\text{cr}}}{A}=\frac{\pi^2 EI}{(\mu l)^2 A} \tag{a}$$

令 $i^2=\dfrac{I}{A}$，i 为压杆横截面的惯性半径，则式(a)为

$$\sigma_{\text{cr}}=\frac{\pi^2 E}{\left(\dfrac{\mu l}{i}\right)^2} \tag{b}$$

引入符号

$$\lambda=\frac{\mu l}{i} \tag{7-4}$$

λ 是一个量纲为 1 的量,称为柔度或长细比。它集中反映了压杆的长度、约束条件、截面尺寸和形状等因素对临界应力 σ_{cr} 的影响。由于引用了柔度 λ,计算临界应力的公式中式(b)可写成

$$\sigma_{cr} = \frac{\pi^2 E}{\lambda^2} \tag{7-5}$$

式(7-5)称为欧拉公式的临界应力形式。

2. 非弹性屈曲

(1)欧拉公式适用的范围

在推导欧拉公式(7-1)时我们应用了挠曲线近似微分方程式,这个方程式是在材料服从虎克定律的条件下提出的,因此欧拉公式也只有在临界应力不超过比例极限时才适用,故其适用条件为

$$\sigma_{cr} = \frac{\pi^2 E}{\lambda^2} \leqslant \sigma_p \tag{c}$$

从式(7-5)知弹性模量 E 为常量,压杆的临界应力与柔度 λ 的平方成反比关系。为了显示临界应力与柔度 λ 的关系,可以 λ 为横坐标,σ_{cr} 为纵坐标,绘制曲线如图 7-8 所示,这是一条双曲线,称为欧拉双曲线。由此曲线可见,λ 越小则 σ_{cr} 值越大。设在图 7-8 中过 C 点的水平线代表应力,其等于材料的比例极限,则显然欧拉曲线只有比例极限以下的 CB 一段是适用的。从式(c)可得

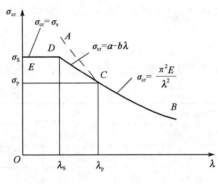

图 7-8 欧拉双曲线

$$\lambda \geqslant \sqrt{\frac{\pi^2 E}{\sigma_p}} \tag{d}$$

令

$$\lambda_p = \sqrt{\frac{\pi^2 E}{\sigma_p}} \tag{7-6}$$

则欧拉公式的适用范围表示为

$$\lambda \geqslant \lambda_p \tag{7-7}$$

从式(7-6)看出,λ_p 与材料的性质有关,不同的材料,其数值不同,欧拉公式适用的范围也就不同,以 Q235 钢为例,$E=200\text{GPa}$,$\sigma_p=200\text{MPa}$ 代入式(7-6)得 $\lambda_p \approx 100$。所以,对于钢制压杆,只有当 $\lambda_p \geqslant 100$ 时,才可使用欧拉公式。

(2)非弹性屈曲、临界应力经验公式

工程上解决中柔度压杆问题时,主要使用以试验数据为依据的经验公式。常用的经验公式有下面两种。

①直线公式

直线公式把临界应力 σ_{cr} 与柔度 λ 表示为下列的直线关系

$$\sigma_{cr} = a - b\lambda \tag{7-8}$$

其中,a 与 b 是和材料性质有关的常数(表 7-2)。例如对 Q235 钢制成的压杆,$a=304\text{MPa}$,$b=1.12\text{MPa}$。

②抛物线公式

抛物线公式把临界应力 σ_{cr} 与柔度 λ 表示为下列的抛物线关系

$$\sigma_{cr} = a - b\lambda^2 \qquad (7-9)$$

其中,a 与 b 是和材料性质有关的常数(表 7-3)。

③临界应力经验公式的适用范围

式(7-8)和式(7-9)的适用范围是 $\sigma_p < \sigma_{cr} < \sigma_s$。当 $\sigma_{cr} \leqslant \sigma_p$ 时,采用欧拉公式计算临界应力,$\sigma_{cr} \geqslant \sigma_s$ 时,材料已经处于屈服状态,应采用强度条件。

工程上由于线性公式比较简单,应用方便而广泛采用。因此,直线公式的适用范围表示为

$$\sigma_{cr} = a - b\lambda < \sigma_s$$

或

$$\lambda > \frac{a - \sigma_s}{b}$$

因此,使用直线经验公式的最小柔度值为

$$\lambda_s = \frac{a - \sigma_s}{b} \qquad (7-10)$$

经验公式的适用范围用柔度表示为 $\lambda_s < \lambda < \lambda_p$,因此,这类杆件被称为中柔度杆或中长杆。

直线公式的系数 a 和 b 值　　　　　　　　　　　　　　　　　　　　表 7-2

材料的 σ_b、σ_s (MPa)	a (MPa)	b (MPa)	材料的 σ_b、σ_s (MPa)	a (MPa)	b (MPa)
Q235 钢($\sigma_b > 372$,$\sigma_s = 235$)	304	1.12	铸铁	332.2	1.45
优质碳钢($\sigma_b > 471$,$\sigma_s = 306$)	461	2.57	强铝	373	2.15
硅钢($\sigma_b > 510$,$\sigma_s = 353$)	578	3.74	松木	28.7	0.19
铬钼钢	980	5.30			

抛物线公式中常用材料的系数 a 和 b 值　　　　　　　　　　　　　表 7-3

材料的 σ_b、σ_s (MPa)	a (MPa)	b (MPa)	λ 适用范围
Q235($\sigma_s = 235$,$\sigma_b = 380$)	235	0.00682	0~128
Q275($\sigma_s = 275$,$\sigma_b = 500$)	275	0.00872	0~96
Q345($\sigma_s = 345$,$\sigma_b = 520$)	345	0.0145	0~102
HT400($\sigma_b = 400$)	400	0.0193	0~102

(3)临界应力总图

总结以上讨论,当 $\lambda \leqslant \lambda_s$ 时称为小柔度杆,应按强度问题计算,表示为水平线 ED。图 7-7 给出的是临界应力 σ_{cr} 随柔度 λ 的变化,即三种不同压杆的临界应力,称为临界应力总图。对应地,临界应力总表如表 7-4 所示。

临界应力总表　　　　　　　　　　　　　　　　　　　　　　　　　表 7-4

压杆类型	临界应力	适用范围	失效类型
大柔度杆 (细长杆)	$\sigma_{cr} = \dfrac{\pi^2 E}{\lambda^2}$	$\lambda \geqslant \lambda_p$	弹性屈曲
中柔度杆 (中长杆)	$\sigma_{cr} = a - b\lambda$	$\lambda_s < \lambda < \lambda_p$	非弹性屈曲
小柔度杆 (短粗杆)	$\sigma_{cr} = \sigma_s$	$\lambda \leqslant \lambda_s$	塑性屈服

(4)稳定问题的求解过程

①计算可能失稳平面内的柔度系数。

②按最大的柔度选择相关的临界应力公式(根据图7-8或表7-4)。

③计算临界应力及临界力。

④稳定性校核。

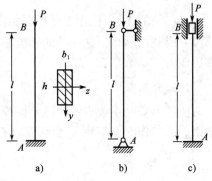

图 7-9 例 7-2 图

例 7-2 如图 7-9 所示压杆。已知 $l=300\mathrm{mm}, h=20\mathrm{mm}, b_1=12\mathrm{mm}$，材料为 3 号钢，$E=200\mathrm{GPa}, a=304\mathrm{MPa}, b=1.12\mathrm{MPa}, \sigma_\mathrm{p}=200\mathrm{MPa}, \lambda_\mathrm{p}=100, \sigma_\mathrm{s}=235\mathrm{MPa}, \lambda_\mathrm{s}=60$，试分别计算图示 3 种支承方式各杆的临界应力和临界力。

解 首先判断属哪种类型杆件，需计算

$$i_{\min}=\sqrt{\frac{I_y}{A}}=\sqrt{\frac{hb_1^3/12}{b_1 h}}=\frac{b_1}{\sqrt{12}}=\frac{12}{\sqrt{12}}=3.46(\mathrm{mm})$$

(1)一端固定，一端自由压杆

$$\lambda=\frac{\mu l}{i}=\frac{2\times 300}{3.46}=173$$

$$\lambda_\mathrm{p}=100$$

可见该杆属于细长压杆，用欧拉公式求得临界应力为

$$\sigma_\mathrm{cr}=\frac{\pi^2 E}{\lambda^2}=\frac{\pi^2\times 200\times 10^3}{173^2}$$

$$=65.88(\mathrm{MPa})$$

临界压力

$$P_\mathrm{cr}=A\sigma_\mathrm{cr}=20\times 12\times 65.88$$

$$=15811(\mathrm{N})=15.8(\mathrm{kN})$$

(2)两端铰支压杆

$$\lambda=\frac{\mu l}{i}=86.6 \begin{matrix}<\lambda_\mathrm{p}=100\\ >\lambda_\mathrm{s}=60\end{matrix}$$

临界应力 $\sigma_\mathrm{cr}=a-b\lambda=304-1.12\times 86.6=207(\mathrm{MPa})$

临界压力 $P_\mathrm{cr}=A\sigma_\mathrm{cr}=20\times 12\times 207=49682\mathrm{N}=49.68(\mathrm{kN})$

(3)两端固定压杆

$$\lambda=\frac{\mu l}{i}=\frac{0.5\times 300}{3.46}=43.3<\lambda_\mathrm{s}=60$$

杆属于短粗杆，应按强度问题计算。

临界应力 $\sigma_\mathrm{cr}=\sigma_\mathrm{s}=235(\mathrm{MPa})$

临界压力 $P_\mathrm{cr}=A\sigma_\mathrm{s}=20\times 12\times 235=56.4(\mathrm{kN})$

三 压杆的稳定条件

工程中的压杆,往往需要根据稳定性的条件校核它是否安全或者设计它安全工作时需要的尺寸或截面形状。这一类问题统称为稳定性设计。其要求是:压杆工作时,工作压力应小于临界压力。

1. 安全系数法

压杆由安全系数表示的稳定性校核的条件为压杆的工作安全系数应不小于规定的稳定安全系数。工作安全系数 n_{st} 为临界力 P_{cr} 与杆工作压力 P 之比,故压杆的稳定性条件为

$$n_{st} = \frac{P_{cr}}{P} \geqslant [n_{st}] \tag{7-11}$$

$[n_{st}]$ 为稳定安全系数,一般规定比强度安全系数要高。压杆的一些难以避免的因素,如杆件的初弯曲、荷载的偏心、材料的不均匀和支座缺陷等,会严重地影响它的稳定性,降低其临界力值,故必须加以考虑。

2. 折减系数法

我国在钢结构中规定,轴心受压的杆件的稳定性按下式进行计算。

$$\sigma = \frac{N}{A} \leqslant \varphi[\sigma] \tag{7-12}$$

式中:φ——稳定系数或折减系数,与材料、柔度有关。

例 7-3 图 7-10 所示托架,承受载荷 $Q=10\mathrm{kN}$,已知 AB 杆的外径 $D=50\mathrm{mm}$,内径 $d=40\mathrm{mm}$,两端铰支,材料为 Q235 钢,$E=210\mathrm{GPa}$,若规定稳定安全系数 $[n_{st}]=3$,试问 AB 杆是否安全?($\alpha=30°$)

解 (1) 计算 AB 杆件的轴向压力 P

分别取 AB 及 CD 杆为研究对象,受力如图 7-11 所示。

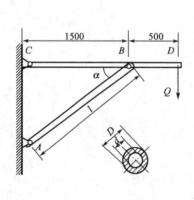

图 7-10 例 7-3 图(尺寸单位:mm)

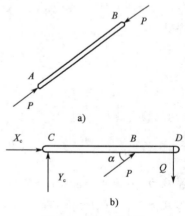

图 7-11 例 7-3 受力图

平衡方程为

$$\sum M_C = 0, P \times 1500\sin 30° - 2000 \times Q = 0$$

可得

$$P = \frac{2000 \times 10}{1500\sin 30°} = 26.67(\mathrm{kN})$$

(2) 计算压杆柔度

$$i = \sqrt{\frac{I}{A}} = \sqrt{\frac{(\pi/64)(D^4-d^4)}{(\pi/4)(D^2-d^2)}} = \frac{\sqrt{D^2+d^2}}{4} = \frac{\sqrt{50^2+40^2}}{4} = 16(\text{mm})$$

$$l = \frac{1500}{\cos 30°} = 1732(\text{mm})$$

$$\mu = 1$$

$$\lambda = \frac{\mu l}{i} = \frac{1 \times 1732}{16} = 108.2$$

(3) 计算杆件的临界应力

由表查得,$\lambda_p=100$,$\lambda_s=60$,$\lambda=108.2>\lambda_p=100$ 为细长压杆,故

$$\sigma_{cr} = \frac{\pi^2 E}{\lambda^2} = \frac{3.14^2 \times 200 \times 10^9}{108.2^2} = 168.4 \times 10^6(\text{Pa})$$

(4) 校核稳定性

压杆工作应力

$$\sigma = \frac{P}{A} = \frac{4 \times 26.67 \times 10^3}{3.14 \times (50^2-40^2) \times 10^{-6}} = 37.8 \times 10^6(\text{Pa})$$

稳定安全系数

$$n_{st} = \frac{\sigma_{cr}}{\sigma} = \frac{168.4}{37.8} = 4.46 > [n_{st}] = 3$$

压杆满足稳定要求。

例 7-4 图 7-12 所示的结构中,梁 AB 为 I14 普通热轧工字钢,CD 为圆截面直杆,其直径为 $d=20$mm,两者材料均为 Q235 钢。结构受力如图中所示,A,C,D 三处均为球铰约束。若已知 $F=25$kN,$l_1=1.25$m,$l_2=0.55$m,$\sigma_s=235$MPa,强度安全系数 $n_s=1.45$,稳定安全系数 $[n_{st}]=3$。试校核此结构是否安全?

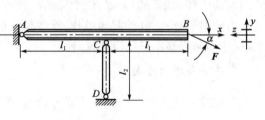

图 7-12 例 7-4 图

解 图示结构中,有两个构件:梁 AB,在外力作用下会发生拉伸与弯曲的组合,为强度问题;杆 CD 承受压缩载荷,属稳定问题。分别校核如下。

(1) 大梁 AB 的强度校核

危险截面 C

$$M_{max} = F\sin 30° \times l_1 = 25 \times 10^3 \times 0.5 \times 1.25 = 15.63 \times 10^3(\text{N}\cdot\text{m})$$

$$N = F\cos 30° = 25 \times 10^3 \times 0.866 = 21.65 \times 10^3(\text{N})$$

$$W_z = 102(\text{cm}^3) = 102 \times 10^{-6}(\text{m}^3)$$

$$A = 21.5(\text{cm}^2) = 21.5 \times 10^{-4}(\text{m}^2)$$

$$\sigma_{max} = \frac{M_{max}}{W_z} + \frac{N}{A} = \frac{15.63 \times 10^3}{102 \times 10^{-6}} + \frac{21.65 \times 10^3}{21.5 \times 10^{-4}} = 163.2 \times 10^6(\text{Pa})$$

Q235 钢的容许应力 $[\sigma] = \frac{\sigma_s}{n_s} = 162(\text{MPa})$

$$\sigma_{max} < (1+5\%)[\sigma] = 1.05 \times 162 = 170.1(\text{MPa})$$

杆 AB 符合强度要求。

(2) 压杆 CD 的稳定校核

由平衡方程求得压杆 CD 的轴向压力为

$$P = 2F\sin30° = 25(\text{kN})$$

$$i = \sqrt{\frac{I}{A}} = \frac{d}{4} = 5(\text{mm})$$

$$\mu = 1$$

$$\lambda = \frac{\mu l}{i} = \frac{1 \times 0.55 \times 10^3}{5} = 110 > \lambda_P$$

属于细长杆,则

临界应力 $\sigma_{cr} = \dfrac{\pi^2 E}{\lambda^2} = \dfrac{3.14^2 \times 210 \times 10^9}{110^2} = 171.1 \times 10^6(\text{Pa})$

工作应力 $\sigma = \dfrac{P}{A} = \dfrac{25 \times 10^3 \times 4}{\pi \times 20^{-4}} = 79.6 \times 10^6(\text{Pa})$

工作安全系数 $n_{st} = \dfrac{\sigma_{cr}}{\sigma} = \dfrac{171.1}{79.6} = 2.15 < [n_{st}]$

压杆不符合稳定性要求。

第三节　提高压杆稳定性的措施

由以上各节的讨论可知,压杆的临界应力或临界压力的大小,直接反映了压杆稳定性的高低。提高压杆稳定性的关键,在于提高压杆的临界压力或临界应力,而影响压杆临界应力或临界压力的因素有:压杆的截面形状、长度和约束条件、材料的性质等。因而,我们从这几方面入手,讨论如何提高压杆的稳定性。

1. 选择合理的截面形状

从欧拉公式和直线型经验公式可看到,柔度越小,临界应力越高。由于 $\lambda = \dfrac{\mu l}{i}$,所以提高惯性半径 i 的数值就能减小柔度 λ 的数值。可见,如不增加截面面积 A,尽可能把材料放在离截面形心较远处,以取得较大的 I 和 i,就等于提高了临界应力和临界压力。

如图 7-13 所示的两组截面,图 a)与图 b)的面积相同,图 b)的 I 和 i 要比图 a)大得多。由 4 根角钢组成的起重机的起重臂[图 7-14a)],其 4 根角钢分散布置在截面的四角[图 7-14b)],比集中布置在截面形心附近[图 7-14c)]更为合理。由型钢组成的桥梁桁架中的压杆或建筑物中的柱,也都是把型钢分开安放,如图 7-15 所示。当然,也不能为了取得较大的 I 和 i,就无限制地增加环形截面的直径并减小其壁厚,这将使其因变成薄壁圆管而引起局部失稳,发生局部折皱的危险。对于由型钢组成的组合压杆,也要用足够的缀条或缀板把分开放置的型钢连成一个整体(图 7-14、图 7-15)。否则,各条型钢将变为分散单独的受压杆件,反而降低了稳定性。

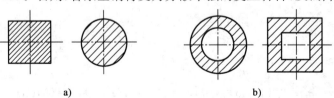

图 7-13　合理的截面形状选择

当压杆两端在各弯曲平面内约束条件相同时,失稳总是发生在最小刚度的平面内。因此,当截面面积一定时,使压杆在各方向上的惯性矩 I 相等并尽可能大些,如图 7-14～图 7-15 所示。但是,某些压杆在不同的纵向平面内,μl 并不相同。例如,发动机的连杆,在摆动平面的平面内,两端可简化为铰支座[图 7-16a)],$\mu_1 = 1$;而在垂直于摆动平面的平面内,两端可简化为固定端[图 7-16b)],$\mu_2 = 1/2$。这就要求连杆截面对两个主形心惯性轴 x 和 y 有不同的 i_x 和 i_y,使得在两个主惯性平面内的柔度 $\lambda_1 = \mu_1 l_1 / i_x$ 和 $\lambda_2 = \mu_2 l_2 / i_y$ 接近相等。这样,连杆在两个主惯性平面内仍可以有接近相似的稳定性。

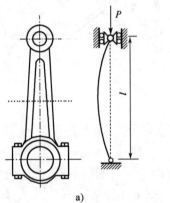

图 7-14 起重臂截面形状选择

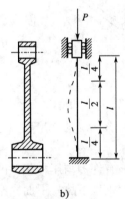

图 7-15 双槽钢压杆截面形状选择

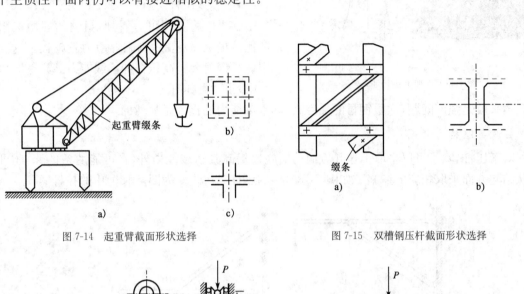

图 7-16 发动机连杆受压状态

2. 改变压杆的约束条件或者增加中间支座

从欧拉公式和直线型经验公式以及 $\lambda = \mu l / i$ 可以看出,改变压杆的支座情况及压杆的有效长度 l,都直接影响临界压力的大小。从表 7-1 可知,两端约束加强,长度系数增大,可增大压杆临界力 P_{cr}。此外,减小长度 l,如中间支座的使用等,也可大大增大杆件的临界压力 P_{cr}。如图 7-17 所示,杆件的临界压力变为

$$P_{cr} = \frac{\pi^2 EI}{\left(\dfrac{l}{2}\right)^2} = \frac{4\pi^2 EI}{l^2}$$

临界压力为原来的 4 倍。

3. 合理选择材料

(1) 大柔度压杆

临界应力与材料的弹性模量 E 成正比。因此钢压杆比铜、铸铁或铝制压杆的临界载荷高。但各种钢材的 E 基本相同，所以对大柔度杆选用优质钢材比低碳钢并无多大差别。

(2) 中柔度压杆

由临界应力总图可以看到，材料的屈服极限 σ_s 和比例极限 σ_p 越高，则临界应力就越大。这时选用优质钢材会提高压杆的承载能力。

(3) 小柔度压杆

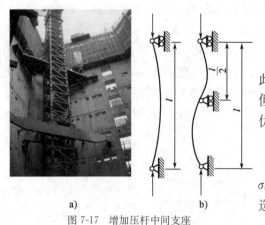

图 7-17 增加压杆中间支座

本来就是强度问题，优质钢材的强度高，其承载能力的提高是显然的。

4. 改善结构的形式

对于压杆，除了可以采取上述几方面的措施以提高其承载能力外，在可能的条件下，还可以从结构方面采取相应的措施。如图 7-18a) 中的压杆 AB 改变为图 7-18b) 中的拉杆 AB。

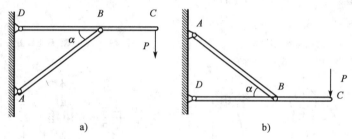

图 7-18 改善结构形式

第四节 压杆稳定的工程实例

在土木工程中，有许多与压杆相关的内容（图 7-19）。我们在施工的时候要对压杆进行验算，以避免出现重大工程事故。下面介绍一些工程上压杆稳定的算例。

图 7-19 压杆稳定工程实例

1. 简易起重机起重臂稳定性计算

例 7-5 简易起重机如图 7-20 所示，起重臂 OA 长 $l=2.7$m，由外径 $D=8$cm，内经 $d=$

7cm 的无缝钢管制成;材料为 Q235 钢,规定的稳定安全系数$[n_{st}]=3$,试确定起重臂的容许荷载。

解 (1)计算柔度

由图 7-20 所示的构造情况,考虑起重臂在平面 Oxy 内失稳时,两端可简化为铰支;考虑在平面 Oxz 内失稳时,应简化为一端固定、一端自由。显然,应根据后一情况来计算起重臂的柔度,取长度系数 $\mu=2$。

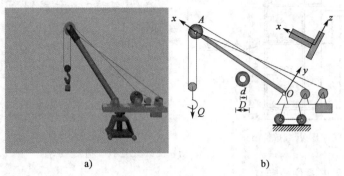

图 7-20 例 7-5 图

又由于圆管横截面的惯性半径为

$$i=\sqrt{\frac{I}{A}}=\sqrt{\frac{\frac{\pi}{64}(D^4-d^4)}{\frac{\pi}{4}(D^2-d^2)}}=\frac{1}{4}\sqrt{D^2+d^2}=\frac{1}{4}\sqrt{8^2+7^2}=2.66(\text{cm})$$

起重臂的柔度为

$$\lambda=\frac{\mu l}{i}=\frac{2\times 270}{2.66}=203>\lambda_1=100$$

故知起重臂为大柔度杆,应按欧拉公式计算其临界力。

(2)计算临界力,确定安全荷载

圆管横截面的惯性矩为

$$I=\frac{\pi}{64}(D^4-d^4)=\frac{3.14}{64}(8^4-7^4)=83.2(\text{cm}^4)$$

起重臂的临界力为

$$P_{cr}=\frac{\pi^2 EI}{(\mu l)^2}$$
$$=\frac{3.14^2\times 200\times 10^9\times 83.2\times 10^{-8}}{(2\times 2.7)^2}$$
$$=56300(\text{N})$$

起重臂的最大安全荷载为

$$[P]=\frac{P_{cr}}{[n_{st}]}$$
$$=\frac{56300}{3}=18700(\text{N})=18.7(\text{kN})$$

求得起重臂的安全荷载后,再考虑 A 点的平衡,即可求得起重机的安全起重重量 Q。

2. 扣件式落地双排脚手架稳定性计算

例 7-6* 脚手架体系剖面如图 7-21 所示,试进行各项验算。

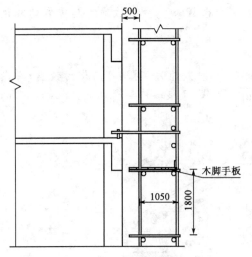

图 7-21 例 7-6 图(尺寸单位:mm)

解 (1)基本数据计算

① 立杆长细比验算。

依据《建筑施工扣件式钢管脚手架安全技术规范》(JTG 130—2011)第 5.1.9 条,长细比 $\lambda = \dfrac{l_0}{i} = \dfrac{k\mu h}{i} = \dfrac{\mu h}{i}$ (k 取为 1)。

查《建筑施工扣件式钢管脚手架安全技术规范》(JGJ 130—2011)表 5.3.3 得

$$\mu = 1.500$$

立杆的截面回转半径

$$i = 1.580 \text{cm}$$

$$\lambda = 1.500 \times 1.8 \times 100 / 1.580 = 170.886$$

立杆实际长细比计算值 $\lambda = 170.886$ 小于容许长细比 210,满足要求。

② 确定轴心受压构件的稳定系数 φ。

$$\text{长细比} \lambda = \frac{l_0}{i} = \frac{k\mu h}{i} = \frac{1.155 \times 1.500 \times 1.8 \times 100}{1.580} = 197.373$$

稳定系数 φ 查《建筑施工扣件式钢管脚手架安全技术规范》(JGJ 130—2011)附录 C 表得到

$$\varphi = 0.185$$

③ 风荷载设计值产生的立杆段弯矩 M_w。

$$M_w = \frac{0.85 \times 1.4 W_k L_a h^2}{10}$$

经计算得到脚手架底部弯矩

$$M_w = 0.205 \text{(kN·m)}$$

(2)外立杆稳定性计算

① 组合风荷载时,外立杆的稳定性计算。

$$\sigma = N/(\varphi A) + M_w/W \leqslant [f]$$

外立杆的轴心压力设计值 $N = 1.2 \times (N_{G1k} + N_{G2k}) + 0.85 \times 1.4 \sum N_{Qk}$

$$= 1.2 \times (5.137 + 1.575) + 0.85 \times 1.4 \times 2.363 = 10.866 \text{kN}$$

$$\sigma = \frac{10866.37}{0.185 \times 489} + \frac{20531.07}{5080}$$

$$= 124.158 \text{(N/mm}^2)$$

组合风荷载时,外立杆实际抗压应力计算值 $\sigma = 124.158 \text{N/mm}^2$ 小于抗压强度设计值 $[f] = 205 \text{N/mm}^2$,满足要求。

② 不组合风荷载时,外立杆的稳定性计算。

$$\sigma = N/(\varphi A) \leqslant [f]$$

外立杆的轴心压力设计值 $N = 1.2 \times (N_{G1k} + N_{G2k}) + 1.4 \sum N_{Qk}$

$$= 1.2 \times (5.137 + 1.575) + 1.4 \times 2.363 = 11.363 \text{(kN)}$$

$$\sigma = \frac{11362.66}{0.185 \times 489} = 125.602 \text{(N/mm}^2)$$

不组合风荷载时,外立杆实际抗压应力计算值 $\sigma = 125.602 \text{N/mm}^2$ 小于抗压强度设计值

$[f]=205\text{N/mm}^2$,满足要求。

(3)内立杆稳定性计算

全封闭双排脚手架仅考虑外立杆承受风荷载的作用,内立杆不考虑风荷载作用。

$$\sigma = N/(\varphi A) \leqslant [f]$$

内立杆的轴心压力设计值 $N = 1.2(N_{G1k}+N_{G2k})+1.4\sum N_{Qk}$
$$= 1.2\times(4.291+0.523)+1.4\times 3.713 = 10.975(\text{kN})$$

$$\sigma = \frac{10975}{0.185\times 489} = 121.318(\text{N/mm}^2)$$

内立杆实际抗压应力计算值 $\sigma=121.318\text{N/mm}^2$ 小于抗压强度设计值 $[f]=205\text{N/mm}^2$,满足要求。

◀本章小结▶

(1)承受轴向压力的直杆称为压杆,对于短粗压杆,是强度问题;对于细长压杆,则是稳定性问题,当作用的轴向力超过临界力时,压杆就失稳。

(2)计算压杆临界力的公式称为欧拉公式。其表达式为

$$P_{\text{cr}} = \frac{\pi^2 EI}{(\mu l)^2}$$

相应的临界应力的计算公式为

$$\sigma_{\text{cr}} = \frac{\pi^2 E}{\lambda^2}$$

上两式中,μ 是长度系数,其值取决于压杆两端约束情况;λ 称为压杆柔度或细长比,它综合了压杆的所有外部特征,是压杆稳定计算中一个重要参数,压杆越细长,λ 值越大,则临界力越小,压杆越容易失稳。

(3)临界力的经验公式为

$$\sigma_{\text{cr}} = a - b\lambda$$

(4)对于压杆,究竟采用欧拉公式还是经验公式,取决于柔度 λ。用柔度 λ 可将压杆分为细长杆和非细长杆,对于3号钢,当 $\lambda > 100$ 时,为细长杆,用欧拉公式来计算其临界力;当 $\lambda \leqslant 100$ 时,为非细长杆,用经验公式来计算其临界应力。

(5)按许可承载能力建立的稳定条件为

$$n_{\text{st}} = \frac{P_{\text{cr}}}{P} \geqslant [n_{\text{st}}]$$

按稳定容许应力建立的稳定条件为

$$\sigma = \frac{N}{A} \leqslant \varphi[\sigma]$$

第三篇 结构的力学性能

在清楚知道构件的力学性能之后,要求每一个施工人员都清楚地知道怎样将构件组合在一起是可以应用到工程中的;构件组成一个体系之后,在主动力以及约束反力的作用下会发生什么样的变形,每个截面会产生什么样的位移。面对超静定结构的时候,作为施工技术人员能否将其内部的内力、应力分析清楚。荷载作用在什么位置最有可能发生破坏。为了不让施工出现工程事故,要对结构的力学性能掌握清楚。

第八章 体系的几何组成

职业能力目标

掌握结构几何组成分析的分析方法;通过对结构几何组成分析的学习,提高分析问题的能力,培养善于区分事物的主要矛盾和次要矛盾的能力。

教学重点与难点

1. 教学重点:几何组成分析的意义和结果;几何组成分析的方法。
2. 教学难点:结构几何组成分析的概念和方法。

第一节 概 述

杆件结构通常是由若干杆件连接而组成的体系,但并不是无论怎样组成都能作为工程结构使用的。例如图 8-1a)所示由两根杆件与地基组成的铰接三角形,受到任意荷载作用时,若不考虑材料的变形,则其几何形状与位置均能保持不变,这样的体系称为几何不变体系;而图 8-1b)所示铰接四边形,即使不考虑材料的变形,在很小的荷载作用下,也会发生机械运动而不能保持原有的几何形状和位置,这样的体系称为几何可变体系。作为工程结构都必须是几何不变体系,而不能采用几何可变体系,否则将不能承受荷载而维持平衡。因此,在设计结构和选取其计算简图时,首先必须判别它是否几何不变,从而决定能否采用。这一工作就称为体系的几何组成分析。

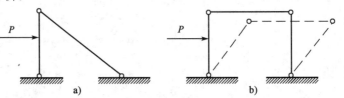

图 8-1 几何不变体系与几何可变体系

第二节 基本概念

一 刚片

刚片是指平面体系中几何形状不变的平面体。在几何组成分析中,由于不考虑材料的变形,所以,每根梁、每一杆件或已知的几何不变部分[图 8-1a)所示的铰接三角形]均可视为刚片。支承结构的地基也可以看作是一个刚片。

二 自由度

体系的自由度是指该体系运动时,确定其位置所需的独立坐标的数目。

1. 一个点的自由度

平面内,一个动点的位置可用两个独立的坐标来确定。如图 8-2a)所示,确定点 A 的位置需要用 x 和 y 两个坐标。所以,一个点在平面内的自由度为 2。

2. 刚片的自由度

平面内,一个刚片运动时的位置可用它上面任一点的坐标及通过该点的任一直线的倾角来确定。如图 8-2b)所示,刚片的位置由两个坐标 x_A、y_A 和一个 φ 角来确定。所以,一个刚片在平面内的自由度为 3。

应指出,地基是一个不动刚片,它的自由度为 0。

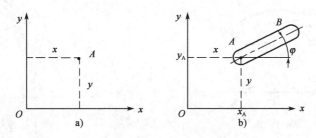

图 8-2 点与刚片的自由度

三 约束对自由度的影响

能够减少体系自由度的装置称为约束或联系。能减少几个自由度就叫作几个约束。常用的约束有链杆、铰(单铰、复铰)和刚结点。

1. 链杆约束

链杆是一根两端铰接于两个刚片的刚性杆件。如图 8-3a)所示,用一根链杆 AB 将一个刚片与地基相接,则刚片不能沿 y 轴运动,但可以沿 x 轴运动和绕 A 点转动,刚片的自由度由 3 减为 2。因此,一根链杆相当于一个约束。又如图 8-3b)所示的刚片Ⅰ和刚片Ⅱ,连接前共有 6 个自由度,当用链杆 BC 连接后,需用 x、y、φ 确定刚片Ⅰ的位置,用 α 和 β 确定刚片Ⅱ相对于刚片Ⅰ的位置。这样,体系的自由度变成 5 个,链杆 BC 使体系减少了一个自由度。

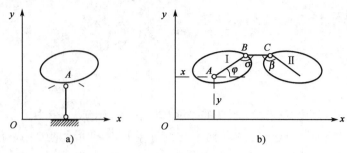

图 8-3 链杆约束

2. 单铰约束

连接 2 个刚片的铰称为单铰。如图 8-4 所示平面上 2 个刚片共有 6 个自由度,用铰 B 连接后,需 x、y、φ、α 4 个独立坐标即可确定它们的位置,体系的自由度为 4。因此,一个单铰减少了 2 个自由度,即相当于 2 个约束的作用。可见,一个单铰相当于两根链杆的作用。

3. 复铰约束

连接 3 个或 3 个以上刚片的铰称为复铰。复铰的作用可通过单铰来分析。如图 8-5 所示的复铰 A 连接着 3 个刚片,它们的连接过程可以理解为:刚片 Ⅰ 和刚片 Ⅱ 连接,再用单铰将它与刚片 Ⅲ 连接。这样,连接三刚片的复铰相当于两个单铰的作用。或者说,三刚片原共有 9 个自由度,由于复铰 A 起了 2 个单铰的作用,减少了 4 个自由度,所以,体系最后为 5 个自由度。一般地,连接 n 个刚片的复铰相当于 $n-1$ 个单铰,相当于 $2(n-1)$ 个约束。

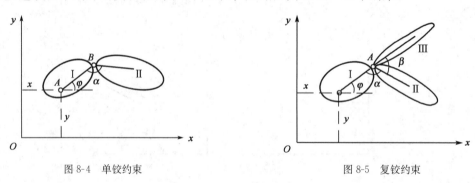

图 8-4 单铰约束　　　　　　图 8-5 复铰约束

4. 刚性连接

图 8-6a)所示刚片 Ⅰ 和刚片 Ⅱ 在 C 连接为一个整体,节点 C 称为一个刚结点。两个刚片原共有 6 个自由度,刚性连接成整体后只有 3 个自由度。所以,一个刚节点减少了 3 个自由度,相当于 3 个约束。图 8-6b)所示的固定端约束亦为刚性连接。

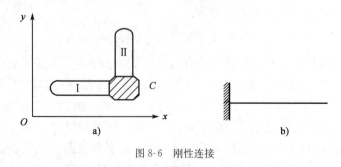

图 8-6 刚性连接

5. 多余约束

如果在一个体系中增加一个约束,并不能减少体系的自由度,则此约束称为多余约束。

如图 8-7a)所示平面内的一个动点 A,原来有两个自由度,当用不共线的链杆 AB、AC 将其与地基相连,则点 A 即被固定,体系的自由度为零。这时链杆 AB、AC 起到了减少两个自由度的作用,故称此为非多余约束或必要约束。如果再增加一根链杆 AD[图 8-7b)],A 点的自由度仍然为零,此时链杆 AD 并没有减少体系的自由度,即它对约束 A 点的运动已成为多余的,故称此为多余约束。实际上,体系的 3 根链杆中任何一根,都可看作是多余约束。

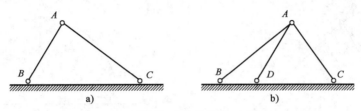

图 8-7　多余约束

6. 虚铰(瞬铰)

如图 8-8a)所示两刚片用两根链杆连接,两杆延长线交于 O 点。这时,两刚片的运动为绕 O 点的相对转动,O 点称为刚片Ⅰ和刚片Ⅱ的相对转动瞬心。此情形就像将刚片Ⅰ和刚片Ⅱ用铰在 O 点连接在一起一样,说明两根链杆连接两刚片的约束相当于一个单铰。由于该铰的位置在两根链杆的延长线上,且随两刚片作微小转动而改变,为了便于区别,我们称这种铰为虚铰(瞬铰)。而把普通的铰叫做实铰。图 8-8b)为虚铰的另一种形式。

当两刚片Ⅰ和Ⅱ用两根相互平行的链杆相连时,如图 8-8c)所示,这时两链杆的作用也相当于一个铰,不过铰的位置在无穷远,两刚片沿无穷大半径做相对运动,我们把两平行链杆延长线的无穷远处称为无穷远的虚铰。虚铰和实铰的约束作用是相同的,因此在组成分析中,常把它们作等同看待。

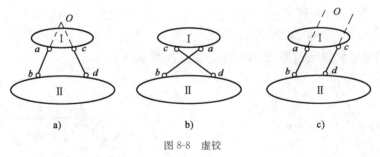

图 8-8　虚铰

第三节　几何不变体系的组成规则

三个刚片用不在同一直线上的三个单铰两两铰联,组成的体系是几何不变的。

图 8-9 所示的铰接三角形,每一根杆件均为一个刚片,每两个刚片间均用一个单铰相

连,故称为"两两铰连"。假定刚片Ⅰ不动(例如把Ⅰ看成地基),则刚片Ⅱ只能绕铰 A 转动,其上的 C 点只能在以 A 为圆心以 AC 为半径的圆弧上运动;刚片Ⅲ只能绕铰 B 转动,其上的 C 点只能在以 B 为圆心以 BC 为半径的圆弧上运动。但是刚片Ⅱ、Ⅲ又用铰 C 相连,铰 C 不可能同时沿两个方向不同的圆弧运动,因而只能在两个圆弧的交点处固定不动。于是各刚片间不可能发生任何相对运动。因此,这样组成的体系是几何不变的。

例如图 8-10 所示三铰拱,其左、右两半拱可作为刚片Ⅰ、Ⅱ,整个地基可作为一个刚片Ⅲ,故此体系是由三个刚片用不在同一直线上的三个单铰 A,B,C 两两相连组成的,为几何不变体系。

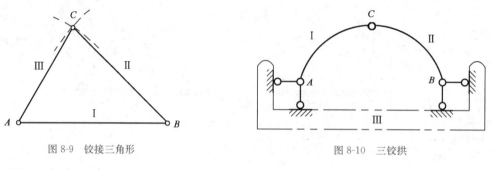

图 8-9　铰接三角形　　　　　　　　　　图 8-10　三铰拱

二　二元体规则

在一个刚片上增(减)一个二元体,不改变体系的几何组成性质。

图 8-11 所示体系,是按上述三刚片规则组成的。但如果把三个刚片中的一个作为刚片,而把另外两个看作链杆,则此体系又可认为是这样组成的:在一个刚片上增加两根链杆,此两杆不在一直线上,两杆的另一端又用铰相连。这种两根不在同一直线上的链杆连接一个新结点的构造称为二元体。显然,在一个刚片上增添一个二元体仍为几何不变体系,因为这与上述三刚片规则实际上相同。只是在分析某些体系特别是桁架时,用二元体规则更为方便,所以把它单独列为一个规则。

例如分析图 8-12 所示桁架时,可任选一铰接三角形例如 123 为基础,增加一个二元体得结点 4,从而得到几何不变体系 1234;再以其为基础,增加一个二元体得结点 5……如此依次增添二元体而最后组成该桁架,故知它是一个几何不变体系。

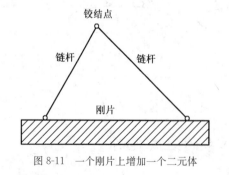 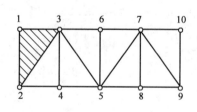

图 8-11　一个刚片上增加一个二元体　　　　图 8-12　几何不变桁架结构

此外,也可以反过来,用拆除二元体的方法来分析。因为从一个体系拆除一个二元体后,所剩下的部分若是几何不变的,则原来的体系必定也是几何不变的。现从结点 10 开始拆除一个二元体,然后依次拆除结点 9、8、7……最后剩下铰接三角形 123,它是几何不变的,故知原体系亦为几何不变的。

当然,若去掉二元体后所剩下的部分是几何可变的,则原体系必定也是几何可变的。

三 两刚片规则

两个刚片用一个铰和一根不通过此铰的链杆相连,为几何不变体系;或者两个刚片用三根不全平行也不交于同一点的链杆相连,为几何不变体系。

图 8-13 所示体系,显然也是按三刚片规则组成的。但如果把三个刚片中的两个作为刚片,另一个看作是链杆,则此体系即为两个刚片用一个铰和不通过此铰的一根链杆相连而组成的。这当然是几何不变体系,因为这与三刚片规则实际上也相同。但有时用两刚片规则来分析更方便些,故也将它列为一个规则。

以上是两个刚片用一个铰及一根链杆相连的情形。此外,两个刚片还有用三根链杆相连的情形。为了分析此种情形,先来讨论两刚片间用两根链杆相连时的运动情况。如图 8-14 所示,假定刚片 I 不动,则刚片 II 运动时,链杆 AB 将绕 A 点转动,因而 B 点将沿与 AB 杆垂直的方向运动;同理,D 点将沿与 CD 杆垂直的方向运动。因而可知,整个刚片 II 将绕 AB 与 CD 两杆延长线的交点 O 转动。O 点称为刚片 I 和 II 的相对转动瞬心。此情形就相当于将刚片 I 和 II 在 O 点用一个铰相连一样。因此,连接两个刚片的两根链杆的作用相当于在其交点处的一个单铰,不过这个铰的位置是随着链杆的转动而改变的,这种铰称为虚铰。

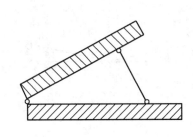

图 8-13 两刚片规则 1

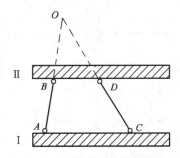

图 8-14 两刚片用两根链杆相连

图 8-15 所示为两个刚片用三根不全平行也不交于同一点的链杆相连的情况。此时可把链杆 AB、CD 看作是在其交点 O 处的一个铰。故此两刚片又相当于用铰 O 和链杆 EF 相连,而铰与链杆不在一直线上,故为几何不变体系。

对图 8-16 所示体系进行几何组成分析时,可把地基作为一个刚片,当中的 T 字形部分 BCE 作为一个刚片。左边的 AB 部分虽为折线,但本身是一个刚片而且只用两个铰与其他部分相连,因此它实际上与 A、B 两铰连线上的一根链杆(如图中虚线所示)的作用相同。同理右边的 CD 部分也相当于一根链杆。这样,此体系便是两个刚片用 AB、CD 和 EF 三根链杆相连而组成,三杆不全平行也不同交于一点,故为几何不变体系。

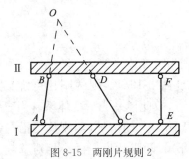

图 8-15 两刚片规则 2

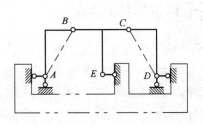

图 8-16 体系几何组成分析

以上介绍了几何不变的平面体系的三条简单组成规则,而它们实质上只是一条规则,即三刚片规则。按这些规则组成的几何不变体系,都是没有多余联系的。

第四节 瞬 变 体 系

一 瞬变体系的特征

为什么在前述三刚片规则中,要规定三个铰不在同一直线上?这可用图8-17所示三铰共线的情况来说明。假设刚片Ⅲ不动,刚片Ⅰ、Ⅱ分别绕铰A、B转动时,在铰C点处两圆弧有一公切线,故此时铰C可沿此公切线方向移动,因而是几何可变的。从联系布置情况来看,这也是布置不当:AC、BC两链杆都是水平的,因而对限制C点的水平位移来说具有多余联系,而在限制C点的竖向位移上则缺少联系,故C点仍可沿竖直方向移动。不过一旦发生微小位移后,三铰就不再共线,运动也就不再继续发生(图8-18)。这种原为几何可变,经微小位移后即转化为几何不变的体系,称为瞬变体系。瞬变体系也是一种几何可变体系。为了区别起见,又可将经微小位移后仍能继续发生刚体运动的几何可变体系称为常变体系[图8-19c]。这样,几何可变体系便包括常变和瞬变两种。

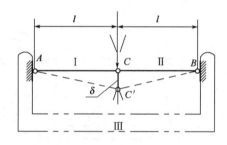

图8-17 三铰共线体系

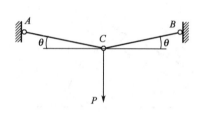

图8-18 三铰不共线体系

瞬变体系既然只是瞬时可变,随后即转化为几何不变,那么工程结构中能否采用这种体系呢?为此来分析图8-18所示体系的内力。由平衡条件可知,AC和BC杆的轴力为

$$N = \frac{P}{2\sin\theta}$$

当$\theta = 0$时,便是瞬变体系,此时若$P = 0$(称为零荷载),则N为不定值;若$P \neq 0$则$N = \infty$。这表明,瞬变体系即使在很小的荷载作用下也会产生巨大的内力,从而可能导致体系的破坏。另一方面,瞬变体系的位移只是在理论上为无穷小,实际上在很小的荷载作用下也会产生很大的位移。因此工程结构中不能采用瞬变体系,而且接近于瞬变的体系也应避免。

二 瞬变体系的判别

在一个刚片上增加二元体时,若二元体的两杆共线,则为瞬变体系。

两个刚片用三根链杆相连时,若三根链杆交于同一点[图8-19a],则两刚片可绕交点O做相对转动,但发生微小转动后三杆一般便不再交于同一点,故此体系为瞬变体系。当三根链杆全平行时,可以认为它们均交于无穷远点处,故亦属交于同一点的情况,两刚片可沿与链杆垂直的方向做相对平动。当三杆平行但不等长时[图8-19b],两刚片发生微小相对移动后三杆便不再全平行,因此属瞬变体系;当三杆平行且等长时[图 8-19c)],则运动可一直继续下去,故为常变体系[注:这是指平行等长三杆均从每一刚片的同侧方向连出的情况,而不是如图 8-19d)所示有从异侧连出的情况,后者仍为瞬变]。但不论怎样,上面几种情况都不是几何不变体系,因此两刚片用三链杆相连组成几何不变体系时,三杆必须是不全平行也不交于同一点。

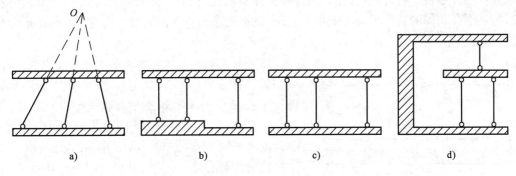

图 8-19 瞬变体系判别

第五节 结构的几何组成与静定性的关系

对体系进行几何组成分析,除可以判别体系是否几何不变、能否作为工程结构外,同时还能判定几何不变体系是否有多余约束、是静定结构还是超静定结构,从而为不同的结构选择相应的计算方法。

对图 8-20a)进行几何组成分析,得出它是一个无多余约束的几何不变体系。体系有三个支杆,其三个未知的支座反力可以由平面一般力系的三个独立的平衡方程$\sum X=0$、$\sum Y=0$、$\sum m=0$ 唯一地确定。这样的体系称为静定结构。

可见,静定结构的几何组成特征是无多余约束的几何不变体系,它的静力特征是静力平衡方程的数目与未知约束反力的数目相等,体系的全部反力由静力平衡条件可以唯一地确定。

图 8-20b)的几何组成分析表明,它也是一几何组成不变体系,但有多余约束。体系有四个支杆,四个未知的支座反力,但只能建立三个独立的平衡方程。显然,未知的支座反力数目多于独立的平衡方程数,三个方程不能解出四个未知力。这样的体系称为超静定结构。

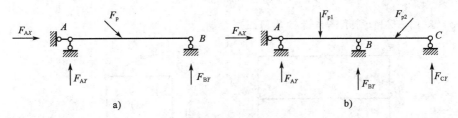

图 8-20 静定结构与超静定结构

综上所述可知,只有无多余联系的几何不变体系才是静定的。或者说,静定结构的几何构造特征是几何不变且无多余联系。凡按前面所讲的简单组成规则组成的体系,都是几何不变且无多余联系的,因而都是静定结构;而在此基础上还有多余联系的便是超静定结构。这样,便可以从结构的几何构造来判定它是静定的还是超静定的。

第六节　几何组成分析在工程中的应用

对体系进行几何组成分析的依据是上述三个组成规则。问题在于如何正确、灵活地运用三个规则去分析各种体系。具体分析时，一般宜先将能直接判断出的几何不变部分看作一刚片，以减少刚片数目。有时也可拆除二元体，使体系简化，再利用组成规则去分析。分析时应注意，每一刚片与周围的约束既不能重复使用，也不能遗漏。下面通过实例说明几何组成分析的过程和方法。

例 8-1　对图 8-21 所示体系进行几何组成分析。

解　将基础作为刚片 2，AC 作为刚片 1，两刚片通过不全交于一点也不全平行的三个链杆相连，是几何不变部分，且无多余约束。将基础与 AC 作为一个大刚片一，CE 作为刚片二，刚片一、二通过铰 C 和不过铰的链杆相连，组成几何不变部分。将刚片一、二作为一个扩大的刚片Ⅰ，EF 作为刚片Ⅱ，刚片Ⅰ、Ⅱ之间通过铰 E 和不过铰的链杆相连，组成几何不变体系，且无多余约束。故整个体系是无多余约束的几何不变体系。

讨论：分析过程是否是唯一的？

例 8-2　对图 8-22a)所示体系进行几何组成分析。

解　EF、DF 组成二元体，拆去后，DE 与 CE 也是二元体，去掉后，AD、CD 还是二元体，去掉后，得到如图 8-22b)所示的铰接三角形 ABC，该三角形是无多余约束的几何不变体系。因此，原体系是无多余约束的几何不变体系。

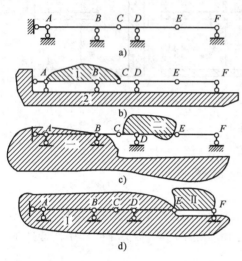

图 8-21　例 8-1 图

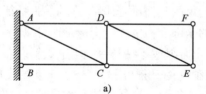

图 8-22　例 8-2 图

例 8-3　对图 8-23a)所示体系进行几何组成分析。

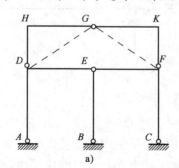

图 8-23　例 8-3 图

解 拆链杆 DHG、FKG 分别用直链杆 DG、FG 代换,可作为二元体拆除;EF 和 FC 作为二元体拆去;将 ADE 作为刚片Ⅰ,基础作为刚片Ⅱ,两刚片之间用铰 A 和链杆 BE 连接,根据两刚片规则,组成无多余约束的几何不变体系。所以,原体系是无多余约束的几何不变体系。

例 8-4 对图 8-24a)所示体系作几何组成分析。

解 依次去掉二元体(13,14)、(23,25)、(34,35)、(46,47)、(56,58)、(67,68)、(7a,79)、(89,8e) 及 (9a,9e),最后得到图 8-24b)所示体系。刚片 abc 和刚片 ecd 之间只有铰 C 相连,缺少一个必要的约束,因此图 8-24b)为一个几何可变体系。所以,原体系是几何可变体系。

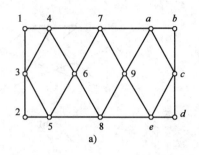 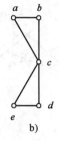

图 8-24 例 8-4 图

例 8-5 图 8-25a)所示体系作几何组成分析。

解 观察可知,$AFBHJC$ 是由刚片 BC 依次加二元体(FB,FH)、(AF,AJ)而组成的,为几何不变部分,可作为刚片Ⅰ。同理,$EGDIKC$ 为几何不变部分,可作为刚片Ⅱ。如图 8-25b)所示,两个刚片Ⅰ、Ⅱ之间通过链杆 AE 和铰 C 连接,符合两刚片规则,故体系为无多余约束的几何不变体系。

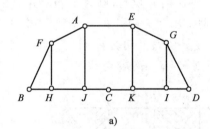 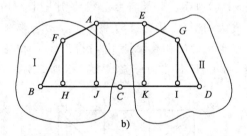

图 8-25 例 8-5 图

例 8-6 对图 8-26a)所示平面体系进行几何组成分析。

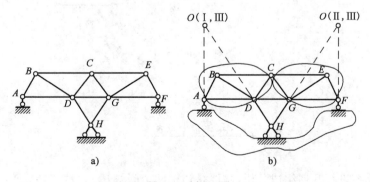

图 8-26 例 8-6 图

解 观察可知,体系中 ABCD、CEFG 部分是几何不变的,可分别将其作为刚片Ⅰ、Ⅱ,将基础作为刚片Ⅲ。连接刚片Ⅰ和Ⅲ之间的两链杆构成虚铰 O(Ⅰ,Ⅲ),连接刚片Ⅱ与Ⅲ之间的两链杆构成虚铰 O(Ⅱ,Ⅲ),此二铰与连接刚片Ⅱ与Ⅲ之间的实铰 C 不共线,根据三刚片规则可知体系为几何不变且有一个多余约束,链杆 DG 为多余约束。

例 8-7 对图 8-27a)所示体系进行几何组成分析。

解 由于体系与基础之间只有三个不全平行,也不全交于一点的支承链杆相连,可去掉外部约束,分析体系内部[图 8-27b)]能否作为一个刚片。

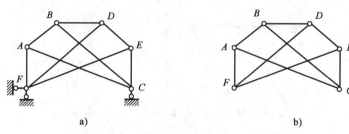

图 8-27 例 8-7 图

ABC 部分可作为刚片Ⅰ,DEF 部分作为刚片Ⅱ,两刚片之间通过不全平行也不全交于一点的三个链杆 BD、FA、CE 相连,根据两刚片规则可知体系内部是几何不变的且无多余约束。再将体系内部作为一个刚片,基础作为一个刚片,根据两刚片规则可知,体系为几何不变的,且无多余约束。

例 8-8 试对图 8-28a)所示体系进行几何组成分析。

解 分别从铰接三角形 ABG、EDF 作为刚片开始,增加二元体得到刚片 ABGH 和刚片Ⅱ,如图 8-28b)所示。如果将地基视为刚片Ⅰ,则根据两刚片规则,刚片Ⅰ和刚片 ABGH 组成了一个更大的刚片,现仍视为刚片Ⅰ。当再取链杆 CF 作为刚片Ⅲ时,刚片Ⅰ和Ⅲ用链杆 GC、支杆 C 形成的铰相连,刚片Ⅱ与Ⅲ用铰 F 相连,刚片Ⅰ与Ⅱ用链杆 HI、支杆 D 形成的虚铰 E 相连,且 C、F、E 在同一直线上。根据三刚片规则,该体系为瞬变体系。

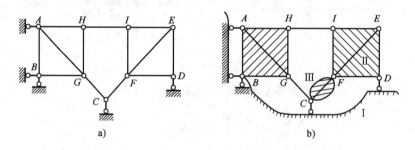

图 8-28 例 8-8 图

本章小结

(1)对杆件体系进行几何组成分析,主要是讨论两个问题:
① 判断体系是否可变,确定体系的自由度 S。

②判断体系中有无多余约束,确定多余约束的个数 n。

(2)对杆件体系进行几何组成分析,主要是解决两个问题:

①结构应是一个几何不变体系,其自由度 S 应等于零。

②结构分为静定和超静定两类,它们的标志分别为 $n=0$ 与 $n>$。

(3)几何构造分析中采用的方法:

①主要方法。多次应用 3 条基本组成规律及其 4 种形式,由局部到整体,完成整个体系的装配过程和分析过程。

②辅助方法。求出体系的计算自由度 W,从而得到关于自由度 S 和多余约束 n 的下限公式。

第九章 结构的位移计算

职业能力目标

理解应用虚力原理推导位移计算一般公式的基本思路,掌握结构位移计算的一般步骤;掌握荷载作用下各类结构的位移计算公式,掌握图乘法;掌握在支座移动、温度变化作用时结构的位移计算公式;理解互等定理;能够将结构位移计算应用到实际的工程中去。

教学重点与难点

1. 教学重点:变形体虚功原理的物理意义;静定结构在荷载作用、支座移动、温度变化作用时的位移计算方法及应用。
2. 教学难点:单位荷载法计算结构位移。

第一节 概 述

一 变形与位移

大方通透的点支式玻璃幕墙[图 9-1a)]结构体系中的构件,在重力、风荷载、地震作用、温度作用、主体结构位移及其组合的影响下,应满足规定的安全要求。施工中建造的便桥[图 9-1b)],必须要经过位移计算,保证便桥变形在刚度允许的范围内。

a)   b)

图 9-1 点支式玻璃幕墙施工便桥示意

1981 年 7 月 17 日,美国堪萨斯市的凯悦大饭店正举行盛大的周末舞会,突然 2 楼和 3 楼的两条用钢筋混凝土建成的走廊断裂,坠入舞池。当场砸死 113 人,重伤 200 多人。造成这次灾难的原因是总设计师在设计上为了追求开阔的"美",没有按结构力学专家的建议设计,而是将 2 楼的大梁与一些必要的立柱全部取消。这样,3 楼楼板缺少支柱,楼板跨度太大,在 3 楼以上的物体重力作用下,3 楼楼板发生了很大的下沉变形,楼板底部的拉应力超过了钢筋混凝土的破坏拉应力,楼板发生断裂倒塌,将正在楼下翩翩起舞的人砸伤、砸死,为此付出了血的代价。

结构都是由变形材料制成的,当结构受到外部因素的作用时,它将产生变形和伴随而来的位移。变形是指形状的改变,位移是指某点位置或某截面位置和方位的移动。

如图 9-2a)所示刚架,在荷载作用下发生如虚线所示的变形,使截面 A 的形心从 A 点移动到了 A' 点,线段 AA' 称为 A 点的线位移,记为 Δ_A,它也可以用水平线位移 Δ_{Ax} 和竖向线位移 Δ_{Ay} 两个分量来表示,如图 9-2b)所示。同时截面 A 还转动了一个角度,称为截面 A 的角位移,用 φ_A 表示。又如图 9-3 所示刚架,在荷载作用下发生虚线所示变形,截面 A 发生了角位移 φ_A。同时截面 B 发生了角位移 φ_B,这两个截面的方向相反的角位移之和称为截面 A、B 的相对角位移,即 $\varphi_{AB}=\varphi_A+\varphi_B$。同理,$C$、$D$ 两点的水平线位移分别为 Δ_C 和 Δ_D,这两个指向相反的水平位移之和称为 C、D 两点的水平相对线位移,即 $\Delta_{CD}=\Delta_C+\Delta_D$。

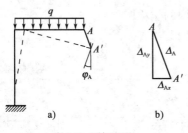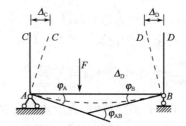

图 9-2　刚架变形　　　　　　　　图 9-3　刚架角位移及相对角位移

 位移的分类

除上述位移之外,静定结构由于支座沉降等因素作用,亦可使结构或杆件产生位移,但结构的各杆件并不产生内力,也不产生变形,故把这种位移称为刚体位移。

一般情况下,结构的线位移、角位移或者相对位移(包括相对线位移和相对角位移),与结构原来的几何尺寸相比都是极其微小的。

引起结构产生位移的主要因素有:荷载作用、温度改变、支座移动及杆件几何尺寸制造误差和材料收缩变形等。

 计算位移的目的

1.验算结构的刚度

结构在荷载作用下如果变形太大,即使不破坏也不能正常使用。即结构设计时,要计算结构的位移,控制结构不能发生过大的变形。让结构位移不超过允许的限值,这一计算过程称为刚度验算。

2.解算超静定

计算超静定结构的反力和内力时,由于静力平衡方程数目不够,需建立位移条件的补充方程,所以必须计算结构的位移。

3.保证施工

结构在施工过程中,往往需要预先知道结构的变形情况,而这种变形与结构正常使用时完全不同。如图 9-4 为悬臂拼装架梁的示意图。在正常使用时,该简支梁的最大挠度在跨中,而在施工时悬臂端 B 处的挠度最大,该挠度值也成为在结构设计时的控制因素之一。

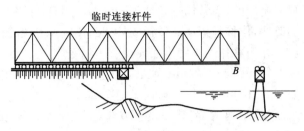

图 9-4　悬臂拼装架梁示意

在结构的施工过程中,也常常需要知道结构的位移,以确保施工安全和拼装就位。

4.研究振动和稳定

在结构的动力计算和稳定计算中,也需要计算结构的位移。

可见,结构的位移计算在工程上是具有重要意义的。

四　位移计算的有关假设

在求结构的位移时,为使计算简化,常采用如下假定:

(1)结构的材料服从虎克定律,即应力、应变呈线性关系。

(2)结构的变形很小,不致影响荷载的作用。在建立平衡方程时,仍然用结构原有几何尺寸进行计算;由于变形微小,应力、应变与位移呈线性关系。

(3)结构各部分之间为理想连接,不需要考虑摩擦阻力等影响。

对于实际的大多数工程结构,按照上述假定计算的结果具有足够的精确度。满足上述条件的理想化的体系,其位移与荷载之间为线性关系,常称为线性变形体系。当荷载全部去掉后,位移即全部消失。对于此种体系,计算其位移可以应用叠加原理。

位移与荷载之间呈非线性关系的体系称为非线性变形体系。线性变形体系和非线性变形体系统称为变形体系。本书只讨论线性变形体系的位移计算。

引起结构产生位移的原因除荷载外,还有温度变化、支座移动、制造误差、混凝土收缩等因素。

第二节　虚　功　原　理

一　实功与虚功

实功:若力在自身引起的位移上做功,所做的功称为实功。

虚功:若力在彼此无关的位移上做功,所做的功称为虚功。

虚功有两种情况:其一,在做功的力与位移中,有一个是虚设的,所做的功是虚功;其二,力与位移两者均是实际存在的,但彼此无关,所做的功是虚功。

刚体系虚功原理:刚体系处于平衡的充分必要条件是,对于任何虚位移,所有外力所做虚功总和为零。

所谓虚位移是指约束条件所允许的任意微小位移。

二　变形体的虚功原理

变形体系虚功原理:变形体系处于平衡的充分必要条件是,对任何虚位移,外力在此虚位移上所做虚功总和等于各微段上内力在微段虚变形位移上所做虚功总和。此微段内力所做虚功总和在此称为变形虚功(也称内力虚功或虚应变能)。

用 $W=W_变$ 表示或 $W=W_V$ 表示。

下面将着重从物理概念上论证变形体系虚功原理。

做虚功需要两个状态,一个是力状态,另一个是与力状态无关的位移状态。如图 9-5a)所示,一平面杆件结构在力系作用下处于平衡状态,称此状态为力状态。如图 9-5b)所示该结构由于别的原因而产生了位移,称此状态为位移状态。这里,位移可以是与力状态无关的其他任何原因(例如另一组力系、温度变化、支座移动等)引起的,也可以是假想的。但位移必须是微小的,并为支座约束条件如变形连续条件所允许,即应是所谓协调的位移。

现从如图 9-5a)所示力状态任取出一微段来,作用在微段上的力既有外力又有内力,这些力将在如图 9-5b)所示位移状态中的对应微段由 $ABCD$ 移到了 $A'B'C'D'$ 的位移上做虚功。把所有微段的虚功总和起来,便得到整个结构的虚功。

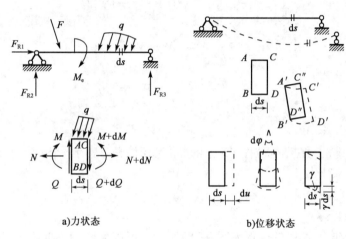

a)力状态　　　　b)位移状态

图 9-5　虚功原理

(1)按外力虚功和内力虚功计算结构总虚功

设作用于微段上所有各力所做虚功总和为 dW,它可分为两部分:一部分是微段表面上外力所做的功 dW_e,另一部分是微段截面上的内力所做的功 dW_i,即

$$dW = dW_e + dW_i$$

沿杆段积分求和,得整个结构的虚功为

$$\sum \int dW = \sum \int dW_e + \sum \int dW_i$$

简写为

$$W = W_e + W_i$$

式中:W_e——整个结构的所有外力(包括荷载和支座反力)所做虚功总和,简称外力虚功;

W_i——所有微段截面上的内力所做虚功总和,简称内力虚功。

由于任何相邻截面上的内力互为作用力与反作用力,它们大小相等、方向相反,且具有相同位移,因此每一对相邻截面上的内力虚功总是互相抵消。

由此有

$$W_i = 0$$

于是整个结构的总虚功便等于外力虚功

$$W = W_e \tag{a}$$

(2) 按刚体虚功与变形虚功计算结构总虚功

我们可以把如图 9-5b)所示位移状态中微段的虚位移分解为两部分,第一部分仅发生刚体位移(由 $ABCD$ 移到 $A'B'C''D''$),然后再发生变形位移由($A'B'C''D''$ 移到 $A'B'C'D'$)。

作用在微段上的所有力在微段刚体位移上所做虚功为 dW_s,由于微段上的所有力(含微段表面的外力及截面上的内力)构成一平衡力系。其在刚体位移上所做虚功 $dW_s = 0$。

作用在微段上的所有力在微段变形位移上所做虚功为 dW_v,由于当微段发生变形位移时,仅其两侧面有相对位移,故只有作用在两侧面上的内力做功,而外力不做功。

dW_v 实质是内力在变形位移上所做虚功,即

$$dW = dW_s + dW_v$$

沿杆段积分求和,得整个结构的虚功为

$$\sum \int dW = \sum \int dW_e + \sum \int dW_i$$

简写为

$$W = W_i + W_e$$

由于

$$dW_i = 0 \qquad W_i = 0$$

所以有

$$W = W_v \tag{b}$$

结构力状态上的力在结构位移状态上的虚位移所做虚功只有一个确定值,比较式(a)、(b)可得

$$W = W_e = W_v$$

这就是要证明的结论。

W_v 的计算如下:

对平面杆系结构,微段的变形如图 9-5b)所示。可以分解为轴向变形 du,弯曲变形 $d\varphi$ 和剪切变形为 γds。

微段上的外力无对应的位移因而不做功,而微段上的轴力、弯矩和剪力的增量 dN、dM 和 dQ 在变形位移所做虚功为高阶微量,可略去。

因此微段上各内力在其对应的变形位移上所做虚功为

$$dW_v = Ndu + Md\varphi + Q\gamma ds$$

对于整个结构有

$$W_v = \sum \int dW_v = \sum \int Ndu + \sum \int Md\varphi + \sum \int Q\gamma ds$$

为书写简便,将外力虚功 W_e 改用 W 表示,变形体虚功方程为

$$W = W_v \tag{9-1}$$

对于平面杆件结构有

$$W_v = \sum \int Ndu + \sum \int Md\varphi + \sum \int Q\gamma ds \tag{9-2}$$

故虚功方程为

$$W = \sum \int Ndu + \sum \int Md\varphi + \sum \int Q\gamma ds \tag{9-3}$$

上面讨论中,没有涉及材料的物理性质,因此对于弹性、非弹性、线性、非线性的变形体系,

虚功原理都适用。

刚体系虚功原理是变形体系虚功原理的一个特例,即刚体发生位移时各微段不产生变形,故变形虚功 $W_v=0$。

此时式(9-1)成为

$$W = 0 \tag{9-4}$$

虚功原理在具体应用时有两种方式:一种是对于给定的力状态,另外虚设一个位移状态,利用虚功方程来求解力状态中的未知力,这样应用的虚功原理可称为虚位移原理。在理论力学中曾讨论过这种应用方式;另一种应用方式是对于给定的位移状态,另外虚设一个力状态,利用虚功方程来求解位移状态中的未知位移,这样应用的虚功原理可称为虚力原理。

三 虚功原理的应用

虚功原理是从"力做功"这一角度表征体系的平衡条件。从某种意义上说,它相当于运动基本定律——能量守恒定律在静力学中的反映。因为如此,虚功原理才成为一个更具普遍意义、更重要的科学原理。

虚功原理的具体用法有两种:

(1)虚设位移状态,可求实际力状态的未知力。这是在给定的力状态与虚设位移状态之间应用虚功原理。这种形式的应用即为虚位移原理。

(2)虚设力状态,可求实际位移状态的位移。这是在给定的位移状态与虚设的力状态之间应用虚功原理。这种形式的应用即为虚力原理。

第一种用法常在分析力学、静电学、电磁学中解决一般的力学平衡问题,第二种用法常在工程设计中用来解决更多、更复杂的实际问题。

工程结构在荷载作用下会产生内力,同时使结构发生变化。这种结构杆件的横截面因此产生的移动、转动称为结构的位移。工程设计中,为了保证结构在使用过程中不至于发生过大的位移;为了给进一步的计算(例如计算超静定问题等)打基础;为了预先知道结构位移后的位置,以便及时做出一定的施工措施;除了考虑结构的强度之外,还必须计算结构的位移,而计算结构位移的常用公式是从虚功原理推出的。

第三节 单位荷载法计算结构在荷载作用下的位移

虚力原理应用虚功原理,在两个彼此无关的状态中,在位移状态给定的条件下,通过虚设平衡力状态而建立虚功方程求解结构实际存在的位移。

一 结构位移计算的一般公式

如图9-6a)所示,刚架在荷载支座移动及温度变化等因素影响下,产生了如虚线所示的实际变形,此状态为位移状态。为求此状态的位移需按所求位移相对应的虚设一个力状态。若求图9-6a)所示刚架 K 点沿 k-k 方向的位移 Δ_K,现虚设如图9-6b)所示刚架的力状态。即在刚架 K 点沿拟求位移 Δ_K 的 k-k 方向虚加一个集中力 F_K,为使计算简便令 $F_K=1$。

为求外力虚功 W,在位移状态中给出了实际位移 Δ_K、C_1、C_2 和 C_3,在力状态中可根据 $F_K=1$ 的作用求出支座反力 $\overline{F}_{R1}$、$\overline{F}_{R2}$、$\overline{F}_{R3}$。力状态上的外力在位移状态上的相应位移做虚功为

$$W = F_K\Delta_K + \overline{F}_{R1}C_1 + \overline{F}_{R2}C_2 + \overline{F}_{R3}C_3 = 1 \times \Delta_K + \sum \overline{F}_R C$$

为求变形虚功,在位移状态中任取一 ds 微段,微段上的变形位移分别为 $du, d\varphi$ 和 γds。

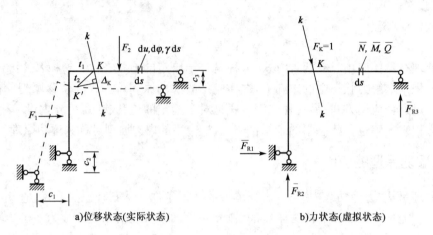

a) 位移状态(实际状态)   b) 力状态(虚拟状态)

图 9-6 刚架结构位移

在力状态中,可在与位移状态相对应的相同位置取 ds 微段,并根据 $F_K=1$ 的作用可求出微段上的内力。$\overline{N}$、$\overline{M}$ 和 $\overline{Q}$ 这样力状态微段上的内力,在位移状态微段上的变形位移所做虚功为

$$dW_v = \overline{N}du + \overline{M}d\varphi + \overline{Q}\gamma ds$$

而整个结构的变形虚功为

$$W_v = \sum\int \overline{N}du + \sum\int \overline{M}d\varphi + \sum\int \overline{Q}\gamma ds$$

由虚功原理 $W=W_v$ 有

$$1 \times \Delta_K + \sum\int \overline{F}_R C = \sum\int \overline{N}du + \sum\int \overline{M}d\varphi + \sum\int \overline{Q}\gamma ds$$

可得

$$\Delta_K = -\sum\int \overline{F}_R C + \sum\int \overline{N}du + \sum\int \overline{M}d\varphi + \sum\int \overline{Q}\gamma ds \tag{9-5}$$

式(9-5)就是平面杆件结构位移计算的一般公式。

如果确定了虚拟力状态,其反力 $\overline{F}_R$ 和微段上的内力 $\overline{N}$、$\overline{M}_1$ 和 $\overline{Q}$ 可求,同时若已知了实际位移状态支座的位移 C,并可求解微段的变形 du、$d\varphi$、γds。则位移 Δ_K 可求。若计算结果为正,表示单位荷载所做虚功为正,即所求位移 Δ_K 的指向与单位荷载 $F_K=1$ 的指向相同,为负则相反。

二 单位荷载的设置

利用虚功原理来求结构的位移,很关键的是虚设恰当的力状态,而方法的巧妙之处在于虚设的单位荷载一定在所求位移点沿所求位移方向设置,这样虚功恰等于位移。这种计算位移的方法称为单位荷载法。

在实际问题中,除了计算线位移外,还要计算角位移、相对位移等。因集中力是在其相应的线位移上做功,力偶是在其相应的角位移上做功,则若拟求绝对线位移,则应在拟求位移处沿拟求线位移方向虚设相应的单位集中力;若拟求绝对角位移,则应在拟求角位移处沿拟求角位移方向虚设相应的单位集中力偶;若拟求相对位移,则应在拟求相对位移处沿拟求位移方向虚设相应的一对平衡单位力或力偶。

图 9-7 分别表示了在拟求 Δ_{Ky}、Δ_{Kx}、φ_K、φ_{KJ} 和 φ_{CE} 的单位荷载设置。

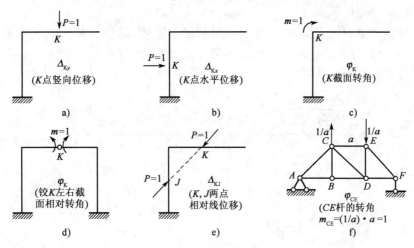

图 9-7 单位荷载施加

为研究问题的方便,在位移计算中,我们引入广义位移和广义力的概念。线位移、角位移、相对线位移、相对角位移以及某一组位移等,可统称为广义位移;而集中力、力偶、一对集中力、一对力偶以及某一力系等,则统称为广义力。

这样在求任何广义位移时,虚拟状态所加的荷载就应是与所求广义位移相应的单位广义力。这里的"相应"是指力与位移在做功的关系上的对应,如集中力与线位移对应、力偶与角位移对应等。

三 静定结构在荷载作用下的位移计算

这里所说的结构在荷载作用下的位移计算,仅限于线弹性结构,即位移与荷载呈线性关系,因而计算位移时荷载的影响可以叠加,而且当荷载全部撤除后位移也完全消失。这样的结构,位移应是微小的,应力与应变的关系符合虎克定律。

设位移仅是荷载引起的,而无支座移动,故式(9-5)中的 $\sum \overline{F}_R C$ 一项为零,位移计算公式为

$$\Delta_{KP} = \sum \int \overline{M} d\varphi_p + \sum \int \overline{N} du_p + \int \overline{Q} \gamma_p ds \tag{a}$$

其中,Δ_{KP} 用了两个脚标,第一个脚标 K 表示该位移发生的地点和方向,第二个脚标 P 表示引起该位移的原因,即是广义荷载引起的。

$\overline{M}$、$\overline{N}$、$\overline{Q}$ 为虚拟力状态中微段上的内力,如图 9-8)所示。

$d\varphi_p$、du_p、$\gamma_p ds$ 是实际位移状态中微段发生的变形位移。若引起实际位移的原因是荷载,既结构在荷载作用下微段上的变形位移,由荷载在微段上引起的内力通过材料力学相关公式可求。

设荷载作用下微段上的内力为 M_P、N_P 和 Q_P,如图 9-8a)所示,分别引起的变形位移为

$$d\varphi_p = \frac{M_P ds}{EI} \tag{b}$$

$$du_p = \frac{N_P ds}{EA} \tag{c}$$

$$\gamma_p ds = \frac{k Q_P ds}{GA} \tag{d}$$

式中:E——材料的弹性模量;

I、A——分别为杆件截面的惯性矩和面积；

G——材料的切变模量；

k——切应力沿截面分布不均匀而引用的修正系数，其值与截面形状有关，矩形截面 $k=6/5$，圆形截面 $k=10/9$，薄壁圆环截面 $k=2$，工字形截面 $k=A/A'$，A' 为腹板截面面积。

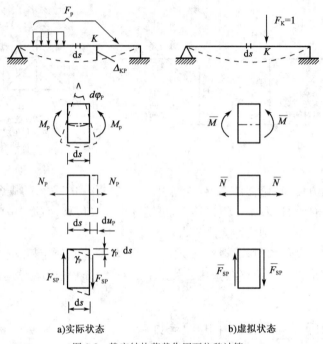

图 9-8 静定结构荷载作用下位移计算

应该指出：上述关于微段变形位移的计算，对于直杆是正确的，而对于曲杆还需考虑曲率对变形的影响。不过对于工程中常用的曲杆结构，由于其截面高度与曲率半径相比很小（称小曲率杆），曲率的影响不大，仍可按直杆公式计算。

将前面的 (b)、(c)、(d) 式代入 (a) 式得

$$\Delta_{KP} = \sum \int \frac{\overline{M}M_P}{EI} ds + \sum \int \frac{\overline{N}N_P}{EA} ds + \sum \int \frac{k\overline{Q}Q_P}{GA} ds \tag{9-6}$$

上式为平面杆系结构在荷载作用下的位移计算公式。

式 (9-6) 中右边 3 项分别代表结构的弯曲变形、轴向变形和剪切变形对所求位移的影响。

在荷载作用下的实际结构中，不同的结构形式受力特点不同，各内力项对位移的影响也不同。为简化计算，对不同结构常忽略对位移影响较小的内力项，这样既满足于工程精度要求，又使计算简化。

各类结构的位移计算简化公式如下。

1. 梁和刚架

位移主要是弯矩引起，为简化计算，可忽略剪力和轴力对位移的影响。

$$\Delta_{KP} = \sum \int \frac{\overline{M}M_P}{EI} ds \tag{9-7}$$

2. 桁架

各杆件只有轴力

$$\Delta_{KP} = \sum \int \frac{\overline{N}N_P}{EA}ds = \sum_{i=1}^{n} \int \frac{\overline{N}_i N_{Pi} L_i}{EA} \qquad (9\text{-}8)$$

3. 拱*

对于拱,当其轴力与压力线相近(两者的距离与拱截面高度为同一数量级)或者为扁平拱($f/l<1/5$)时,要考虑弯矩和轴力对位移的影响。

$$\Delta_{KP} = \sum \int \frac{\overline{M}M_P}{EI}ds + \sum \int \frac{\overline{N}N_P}{EA}ds \qquad (9\text{-}9)$$

其他情况下一般只考虑弯矩对位移的影响。

$$\Delta_{KP} = \sum \int \frac{\overline{N}N_P}{EA}ds = \sum \int \frac{\overline{M}M_P}{EI}ds \qquad (9\text{-}10)$$

4. 组合结构

此类结构中梁式杆以受弯为主,只计算弯矩的影响;对于链杆,只有轴力影响,故其位移计算公式应为

$$\Delta_{KP} = \sum \int \frac{\overline{M}M_P}{EI}ds + \sum \int \frac{\overline{N}N_P}{EA}ds \qquad (9\text{-}11)$$

例 9-1 如图 9-9a)所示刚架,各杆段抗弯刚度均为 EI,试求 B 截面水平位移 Δ_{Br}。

解 已知实际位移状态如图 9-9a)所示,设立虚拟单位力状态如图 9-9b)所示。

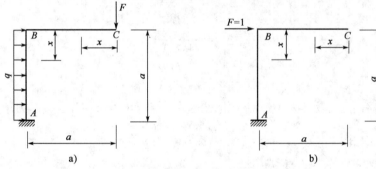

图 9-9 例 9-1 图

刚架弯矩以内侧受拉为正,有如下计算:

BA 杆
$$M_P(x) = -Fa - \frac{qx^2}{2}$$
$$\overline{M}(x) = -1 \times x$$

BC 杆
$$M_P(x) = -Fx$$
$$\overline{M}(x) = 0$$

将内力及 $ds = dx$ 代入式(9-7),有

$$\Delta_{Br} = \int_0^a \frac{-x}{EI} \times \left(-Fa - \frac{qx^2}{2}\right)dx + \int_0^a \frac{1}{EI} \times (-Fx)dx = \frac{1}{EI}\left(\frac{Fa^3}{2} + \frac{qa^4}{8}\right)(\rightarrow)$$

例 9-2* 求如图 9-10a)所示等截面圆弧形曲杆(1/4 圆周)B 点的竖向位移 Δ_{By}。考虑弯曲、轴向、剪切变形,并设杆的截面高度与其曲率半径之比很小(小曲率杆)。

解 已知实际位移状态如图 9-9a)所示设立虚拟单位力状态如图 9-9b)所示,取圆心 O 为极坐标原点,角 θ 为自变量,则

$$M_P = -FR\sin\theta \qquad \overline{M} = -R\sin\theta$$

$$N_P = -F\sin\theta \qquad \overline{N} = -\sin\theta$$
$$Q_P = F\cos\theta \qquad \overline{Q} = \cos\theta$$

内力 $\overline{M}、\overline{Q}、\overline{N}$ 正向示于图 9-10c),将以上内力和 $ds = Rd\theta$ 代入式(9-6),有

$$\Delta_{By} = \int_0^{\frac{\pi}{2}} (-R\sin\theta)\frac{-FR\sin\theta}{EI}Rd\theta + \int_0^{\frac{\pi}{2}} (-\sin\theta)\frac{-F\sin\theta}{EA}Rd\theta + \int_0^{\frac{\pi}{2}} k(\cos\theta)\frac{F\cos\theta}{GA}Rd\theta$$

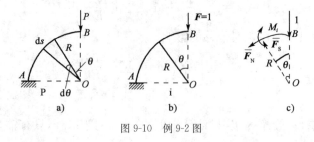

图 9-10 例 9-2 图

积分得

$$\Delta_{By} = \frac{\pi}{4}\frac{FR^3}{EI} + \frac{\pi}{4}\frac{FR}{EA} + k\frac{FR}{4GA}$$

分析:以 $\Delta_M、\Delta_N、\Delta_S$ 分别表示弯曲变形、轴向变形和剪切变形引起的位移,则有

$$\Delta_M = \frac{\pi}{4}\frac{FR^3}{EI}$$

$$\Delta_N = \frac{\pi}{4}\frac{FR}{EA}$$

$$\Delta_S = k\frac{\pi}{4}\frac{FR}{GA}$$

举一个具体例子,比较其大小。对于钢筋混凝土结构,$G \approx 0.4E$,若截面为矩形,$k = 1.2$

$$\frac{I}{A} = \frac{bh^3}{12}\frac{1}{bh} = \frac{h^2}{12}$$

此时

$$\frac{\Delta_S}{\Delta_M} = k\frac{EI}{GAR^2} = \frac{1}{4}\left(\frac{h}{R}\right)^2$$

$$\frac{\Delta_N}{\Delta_M} = \frac{I}{AR^2} = \frac{1}{12}\left(\frac{h}{R}\right)^3$$

通常 $\frac{h}{R} < \frac{1}{10}$,则有

$$\frac{\Delta_S}{\Delta_M} < \frac{1}{400} \quad \frac{\Delta_N}{\Delta_M} < \frac{1}{1200}$$

可见,在竖向荷载作用下,对于一般曲杆,剪切变形、轴向变形与弯曲变形引起的位移相比很小,可以略去不计。

例 9-3 试计算如图 9-11a)所示桁架结点 C 的竖向位移。设各杆 EA 为同一常数。

解 实际位移状态如图 9-11a)所示,并求内力 N,设立虚拟单位力状态如图 9-11b)所示,并求内力 $\overline{N}$,代入式(9-8),有

$$\Delta_{Cy} = \frac{1}{EA}\sum \overline{N}Nl = \frac{1}{EA}\left(-\frac{\sqrt{2}}{2}\right)\times\left(-\frac{3\sqrt{2}}{4}F\right)\times(\sqrt{2}d) + \left(\frac{\sqrt{2}}{2}\right)\times\left(-\frac{\sqrt{2}}{4}F\right)\times(\sqrt{2}F) +$$

$$\left(\frac{\sqrt{2}}{2}\right)\times\left(\frac{\sqrt{2}}{4}F\right)\times\sqrt{2}d+\left(-\frac{\sqrt{2}}{2}\right)\times\left(-\frac{\sqrt{2}}{4}F\right)\times\sqrt{2}d+(-1)\times\left(-\frac{F}{2}\right)\times(2d)+$$

$$\left(\frac{1}{2}\right)\times\left(\frac{3}{4}F\right)\times 2d+\left(\frac{1}{2}\right)\times 2d = \frac{Fd}{EA}\left(2+\frac{\sqrt{2}}{2}\right)\approx 2.71\frac{Fd}{EA}(\downarrow)$$

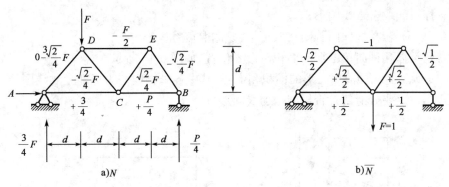

图 9-11　例 9-3 图

第四节　图　乘　法

求刚架在荷载作用下的位移时，先要写出 M_P 和 $\overline{M}$ 的方程式，然后代入公式，进行积分运算。

$$\Delta_{KP}=\sum\int\frac{\overline{M}M_P}{EI}ds \tag{a}$$

当荷载比较复杂时，两个函数乘积的积分计算很烦琐。当结构的各杆段符合下列条件时，问题可以简化：杆轴线为直线。EI 为常数。$\overline{M}$ 和 M_P 两个弯矩图至少有一个为直线图形。

若符合上述条件，则可用下述图乘法来代替积分运算，使计算工作简化。

如图 9-12 所示为等截面直杆 AB 段上的两个弯矩图，$\overline{M}$ 图为一段直线，M_P 图为任意形状对于图示坐标，$\overline{M}=x\tan\alpha$，于是有

$$\int_A^B\frac{\overline{M}M_P}{EI}ds=\frac{1}{EI}\int_A^B x\tan\alpha M_P dx=\frac{1}{EI}\tan\alpha\int_A^B xM_P dx$$

$$=\frac{1}{EI}\tan\alpha\int_A^B xdA_\omega \tag{b}$$

式(b)中，$dA_\omega=M_P dx$ 表示 M_P 图的微面积，因而积分 $\int_A^B xdA_\omega$ 就是 M_P 图形面积 A_ω 对 y 轴的静矩。

这个静矩可以写为

$$\int_A^B xdA_\omega=A_\omega x_C \tag{c}$$

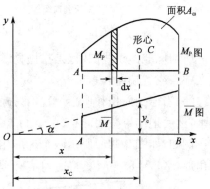

图 9-12　等截面直杆图乘法求位移

其中，x_C 为 M_P 图形心到 y 轴的距离。将式(c)代入式(b)，得 $\int_A^B\frac{\overline{M}M_P}{EI}ds=\frac{1}{EI}A_\omega x_C\tan\alpha$。

而 $x_C\tan\alpha=y_C$，y_C 为 $\overline{M}$ 图中与 M_P 图形心相对应的竖标。于是式(b)可写为

$$\int_A^B\frac{\overline{M}M_P}{EI}ds=\frac{1}{EI}A_\omega y_C \tag{9-12}$$

上述积分式等于一个弯矩图的面积 A_ω 乘以其形心所对应的另一个直线弯矩图的竖标 y_C 再除以 EI。这种利用图形相乘来代替两函数乘积的积分运算方法称为图乘法。

根据上面的推证过程，在应用图乘法时要注意以下几点：

(1) 必须符合前述的条件。

(2) 竖标只能取自直线图形。

(3) A_ω 与 y_C 若在杆件同侧图乘取正号，异侧取负号。

(4) 需要掌握几种简单图形的面积及形心位置，如图 9-13 所示。

图 9-13 所示为几种简单图形的面积和形心，其中各抛物线均为标准抛物线图形。在采用图形数据时，一定要分清楚是否标准抛物线图形。

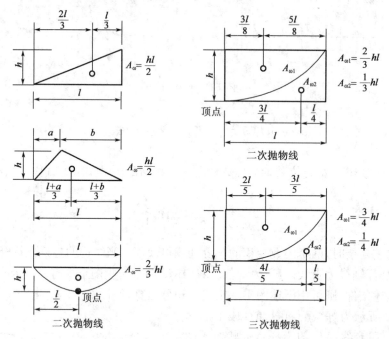

图 9-13 几种简单图形的形心与面积

所谓标准抛物线图形，是指抛物线图形具有顶点（顶点是指切线平行于底边的点），并且顶点在中点或者端点。

(5) 当遇到面积和形心位置不易确定时，可将它分解为几个简单的图形，分别与另一图形相乘，然后把结果叠加。

例如，如图 9-14a 所示两个梯形相乘时，梯形的形心不易定出，我们可以把它分解为两个三角形，$M_P = M_{Pa} + M_{Pb}$，形心对应竖坐标分别为 y_a 和 y_b，则

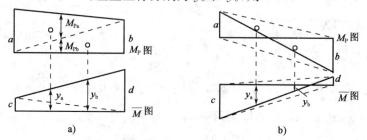

图 9-14 M_P 图、$\overline{M}$ 图均为梯形或两个三角形

$$\frac{1}{EA}\int \overline{M}M_{\mathrm{P}}\mathrm{d}x = \frac{1}{EI}\int \overline{M}(M_{\mathrm{Pa}}+M_{\mathrm{Pb}})\mathrm{d}x = \frac{1}{EI}\int \overline{M}M_{\mathrm{Pa}}\mathrm{d}x + \frac{1}{EI}\int \overline{M}M_{\mathrm{Pb}}\mathrm{d}x =$$

$$\frac{1}{EI}\left(\int \frac{al}{2}y_{\mathrm{a}}+\frac{bl}{2}y_{\mathrm{b}}\right)$$

式中：
$$y_{\mathrm{a}} = \frac{2}{3}c+\frac{1}{3}d$$

$$y_{\mathrm{b}} = \frac{1}{3}c+\frac{2}{3}d$$

当 M_{P} 或 $\overline{M}$ 图的竖标 a、b、c、d 不在基线的同一侧时，可继续分解为位于基线两侧的两个三角形，如图 9-14b)所示。

$$A\omega_{\mathrm{b}} = \frac{al}{2}(基线上)$$

$$A\omega_{\mathrm{b}} = \frac{bl}{2}(基线下)$$

$$y_{\mathrm{a}} = \frac{2}{3}c-\frac{d}{3}(基线下)$$

$$y_{\mathrm{b}} = \frac{c}{3}-\frac{2}{3}d(基线下)$$

(6) 当 y_{C} 所在图形是折线时，或各杆段截面不相等时，均应分段图乘，再进行叠加，如图 9-15 所示。

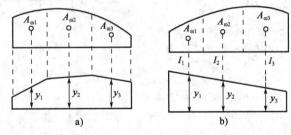

图 9-15 y_{C} 所在图形为折线

图 9-15a) 应为
$$\Delta = \frac{1}{EI}(A_{\omega 1}y_1 + A_{\omega 2}y_2 + A_{\omega 3}y_3)$$

图 9-15b) 应为
$$\Delta = \frac{A_{\omega 1}y_1}{EI_1} + \frac{A_{\omega 2}y_2}{EI_2} + \frac{A_{\omega 3}y_3}{EI_3}$$

例 9-4 试用图乘法计算如图 9-16a)所示简支刚架截面 C 的竖向位移 Δ_{Cy}，B 点的角位移 φ_B 和 D、E 两点间的相对水平位移 Δ_{DE}。设各杆 EI 为常数。

解 (1) 计算 C 点的竖向位移 Δ_{Cy}

作出 M_{P} 和 C 点作用单位荷载 $F=1$ 时的 $\overline{M}_1$ 图分别如图 9-16b)、c)所示。由于 $\overline{M}$ 图是折线，故需分段进行图乘，然后叠加。

$$\Delta_{\mathrm{Cy}} = \frac{1}{EI} \times 2\left[\left(\frac{2}{3} \times \frac{l}{2} \times \frac{ql^2}{8}\right) \times \left(\frac{5}{8} \times \frac{l}{4}\right)\right] = \frac{5ql^4}{384EI}(\downarrow)$$

(2) 计算 B 点角位移 φ_B

在 B 点处加单位力偶，单位弯矩图 $\overline{M}_2$ 如图 9-16d)所示，将 M_{P} 与 $\overline{M}_2$ 图乘，得

$$\varphi_B = \frac{-1}{EI}\left(\frac{2}{3} \times l \times \frac{ql^2}{8}\right) \times \frac{1}{2} = -\frac{ql^3}{24EI}(\circlearrowleft)$$

式中最初所用负号是因为两个图形在基线的异侧,最后结果为负号,表示 φ_B 的实际转向与所加单位力偶的方向相反。

(3)为求 $D、E$ 两点的相对水平位移,在 $D、E$ 两点沿着两点连线加一对指向相反的单位力为虚拟状态,作出 $\overline{M}_3$ 图如图 9-16e)所示,将 M_P 与 $\overline{M}_3$ 图乘,得

$$\Delta_{DE} = \frac{1}{EI}\left(\frac{2}{3} \times \frac{ql^2}{8} \times l\right) \times h = \frac{ql^3 h}{12EI}(\rightarrow\leftarrow)$$

计算结果为正号,表示 $D、E$ 两点相对位移方向与所设单位力的指向相同,即 $D、E$ 两点相互靠近。

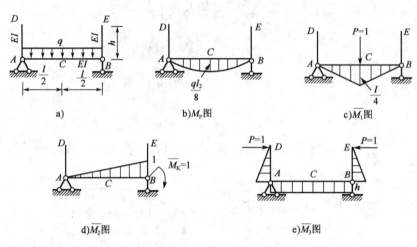

图 9-16 例 9-4 图

例 9-5 试求如图 9-17a)所示外伸梁 C 点的竖向位移 Δ_{Cy}。设梁的 EI 为常数。

解 作 M_P 和 $\overline{M}$ 图,分别如图 9-17b)、c)所示。BC 段 M_P 图是标准二次抛物线图形;AB 段 M_P 图不是标准二次抛物线图形,现将其分解为一个三角形和一个标准二次抛物线图形。

由图乘法可得

$$\Delta_{Cy} = \frac{1}{EI}\left[\left(\frac{1}{3}\frac{ql^2}{8} \times \frac{l}{2}\right)\frac{3l}{8} - \left(\frac{2}{3}\frac{ql^2}{8} \times l\right) \times \frac{l}{4} + \left(\frac{1}{2}\frac{ql^2}{8} \times l\right) \times \frac{l}{3}\right]$$

$$= \frac{ql^4}{128EI}(\downarrow)$$

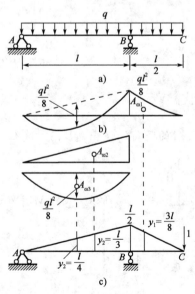

图 9-17 例 9-5 图

例 9-6 试求如图 9-18a)所示组合结构 D 端的竖向位移 Δ_{Dy}。$E = 2.1 \times 10^{11} \text{ N/m}^2$,受弯杆件截面惯性矩 $I = 3.2 \times 10^{-5} \text{ m}^4$,拉杆 BE 的截面面积 $A = 16 \times 10^{-4} \text{ m}^2$。

解 作出实际荷载作用下的弯矩图 M_P,并求出 BE 杆轴力,如图 9-18b)所示,在 D 端加一竖向单位力,作出 $\overline{M}$ 图和 BE 杆轴力,如图 9-18c)所示,按式(9-11)图乘及运算。

$$\Delta_{Dy}=\frac{1}{EI}\left[\begin{array}{l}\left(\frac{1}{3}\times20\times10^3\times2\right)\times\left(\frac{3}{4}\times2\right)+\left(\frac{1}{2}\times20\times10^3\times4\right)\times\\ \left(\frac{2}{3}\times2\right)-\left(\frac{2}{3}\times20\times10^3\times4\right)\times\left(\frac{1}{2}\times2\right)\end{array}\right]+$$

$$\frac{1}{4EI}\left[\left(\frac{1}{2}\times90\times10^3\times3\right)\times\left(\frac{2}{3}\times3\right)\times2\right]+\frac{1}{EA}\times75\times10^3\times\frac{5}{2}\times5$$

$$=\frac{1}{EI}\times155\times10^3+\frac{1}{EA}\times937.5\times10^3=0.0231+0.00270=0.0259(m)(\downarrow)$$

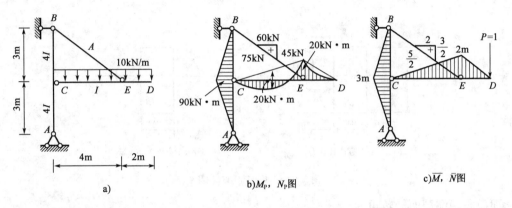

图 9-18 例 9-6 图

从上面的计算可知,弯矩和轴力对位移的影响分别占 89% 和 11%,显然在组合结构的计算中,链杆的轴力是不能略去的。

第五节 其他因素引起的位移计算

一、温度变化引起的位移计算

静定结构温度变化时不产生内力,但产生变形,从而产生位移。

如图 9-19a)所示,结构外侧升高 t_1 时内侧升高 t_2,现要求由此引起的 K 点竖向位移 Δ_{Kt}。此时,位移计算的一般式(9-5)成为

$$\Delta_{Kt}=\sum\int\overline{N}du_t+\sum\int\overline{M}d\varphi_t+\sum\int\overline{Q}\gamma_t ds \tag{a}$$

为求 Δ_{Kt},需先求微段上由于温度变化而引起的变形位移 du_t、$d\varphi_t$、$\gamma_t ds$。

取实际位移状态中的微段 ds 如图 9-19a)所示,微段上、下边缘处的纤维由于温度升高而伸长,分别为 $\alpha t_1 ds$ 和 $\alpha t_2 ds$,这里 α 又是材料的线膨胀系数。为简化计算,可假设温度沿截面高度呈直线变化,这样在温度变化时截面仍保持为平面。由几何关系可求微段在杆轴处的伸长为

$$du_t=\alpha t_1 ds+(\alpha t_2 ds-\alpha t_1 ds)\frac{h_1}{h}=\alpha\left(\frac{h_2}{h}t_1+\frac{h_1}{h}t_2\right)ds=\alpha t\,ds \tag{b}$$

其中,$t=\frac{h_2}{h}t_1+\frac{h_1}{h}t_2$ 为杆轴线处的温度变化。若杆件的截面对称于形心轴,即 $h_1=h_2=\frac{h}{2}$,则 $t=\frac{t_1+t_2}{2}$。

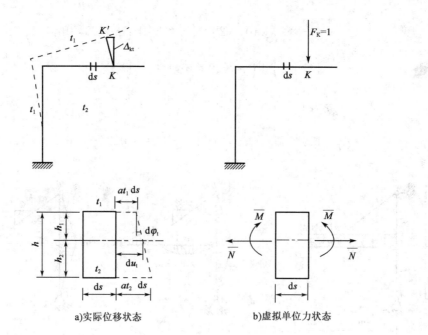

图 9-19 温度变化引起位移

而微段两端截面的转角为

$$\mathrm{d}\varphi_t = \frac{\alpha t_2 \mathrm{d}s - \alpha t_1 \mathrm{d}s}{h} = \frac{\alpha(t_2-t_1)\mathrm{d}s}{h} = \frac{\alpha \Delta t \mathrm{d}s}{h} \tag{c}$$

式中：Δt——两侧温度变化之差，$\Delta t = t_2 - t_1$。

对于杆件结构，温度变化并不引起剪切变形，即 $\gamma_t = 0$。

将以上微段的温度变形，即式(b)、(c)代入式(a)，可得

$$\Delta_{Kt} = \sum \int \overline{N} \alpha t \mathrm{d}s + \sum \int \overline{M} \frac{\alpha \Delta t \mathrm{d}s}{h} = \sum \alpha t \int \overline{N} \mathrm{d}s + \sum \frac{\alpha \Delta t}{h} \int \overline{M} \mathrm{d}s \tag{9-13}$$

若各杆均为等截面杆，则

$$\Delta_{Kt} = \sum \alpha t \int \overline{N} \mathrm{d}s + \sum \frac{\alpha \Delta t}{h} \int \overline{M} \mathrm{d}s = \sum \alpha t A_{\omega \overline{N}} + \sum \frac{\alpha A t}{h} \int \overline{M} \mathrm{d}s$$

$$= \sum \alpha t A_{\omega \overline{N}} + \sum \frac{\alpha A t}{h} A_{\omega \overline{M}} \tag{9-14}$$

式中：$A_{\omega \overline{N}}$——$\overline{N}$ 图的面积；

$A_{\omega \overline{M}}$——$\overline{M}$ 图的面积。

式(9-13)、式(9-14)是温度变化所引起的位移计算的一般公式，它右边两项的正负号作如下规定：若虚拟力状态的变形与实际位移状态的温度变化所引起的变形方向一致则取正号；反之，取负号。

对于梁和刚架，在计算温度变化所引起的位移时，一般不能略去轴向变形的影响。对于桁架，在温度变化时，其位移计算公式为

$$\Delta_{Kt} = \sum \overline{N} \alpha t l \tag{9-15}$$

当桁架的杆件长度因制造而存在误差时，由此引起的位移计算与温度变化时相类似。设各杆长度误差为 Δl，则位移计算公式为

$$\Delta_K = \sum \overline{N} \Delta l \tag{9-16}$$

其中，Δl 以伸长为正；$\overline{N}$ 以拉力为正；否则反之。

例 9-7 如图 9-20a)所示刚架，已知刚架各杆内侧温度无变化，外侧温度下降 16℃，各杆截面均为矩形，高度为 h，线膨胀系数 α。试求温度变化引起的 C 点竖向位移 Δ_{Cy}。

解 设立虚拟单位力状态 $F=1$，作出相应的 $\overline{N}$ 和 $\overline{M}$ 图，分别如图 9-20b)、c)所示。

$$t_1 = -16℃$$
$$t_2 = 0$$
$$t = \frac{t_1+t_2}{2} = \frac{-16+0}{2} = -8℃$$
$$\Delta t = t_2 - t_1 = 0-(-16) = 16℃$$

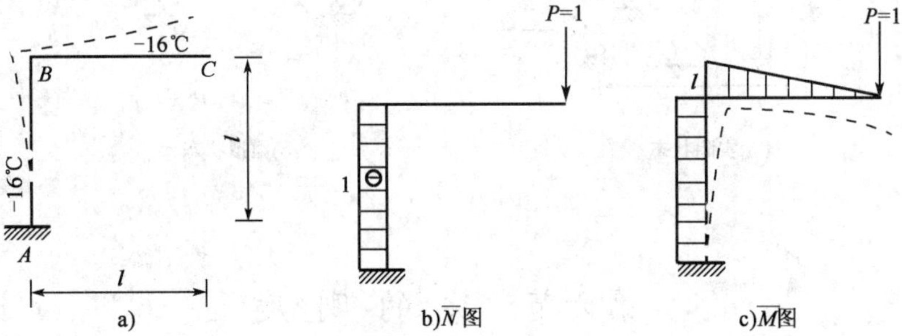

图 9-20 例 9-7 图

AB 杆由于温度变化产生轴向收缩变形，与 $\overline{N}$ 所产生的变形（压缩）方向相同。而 AB 和 BC 杆由于温度变化产生的弯曲变形（外侧纤维缩短，向外侧弯曲）与由 $\overline{M}$ 所产生的弯曲变形（外侧受拉，向内侧弯曲）方向相反，故计算时，第 1 项取正号而第 2 项取负号。代入式(9-14)得

$$\Delta_{Cy} = \alpha \times 8 \times l - \alpha \frac{16}{h} \times \frac{3}{2}l^2 = 8\alpha l - 24\frac{\alpha l^2}{h}(\uparrow)$$

由于 $l > h$，所得结果为负值，表示 C 点竖向位移与单位力方向相反，即实际位移向上。

二 支座移动引起的位移计算

由于静定结构在支座移动时不会引起结构的内力和变形，只会使结构发生刚体位移，此时，位移计算的一般公式(9-5)或为

$$\Delta_{KC} = -\sum \overline{F}_R C \tag{9-17}$$

式中：$\overline{F}_R$——虚拟单位力状态的支座反力。

$\sum \overline{F}_R C$——反力虚功的总和。当 $\overline{F}_R$ 与实际支座位移 C 方向一致时其乘积取正，相反时为负。

式(9-17)为静定结构在支座移动时的位移计算公式。

此外，式(9-17)右项前有一负号，系原来移项时产生，不可漏掉。

例 9-8 如图 9-21a)所示三铰刚架，若支座 B 发生如图所示位移 $a=4$cm，$b=6$cm，$l=8$m，$h=6$m，求由此而引起的左支座处杆端截面的转角 φ_A。

解 在 A 点处加一单位力偶，建立虚拟力状态。依次求得支座反力，如图 9-21b)所示。由式(9-17)得

$$\varphi_A = -\left[\left(-\frac{1}{2h} \times a\right) + \left(-\frac{1}{l} \times b\right)\right] = \frac{a}{2h} - \frac{b}{l} = \frac{4}{2 \times 600} - \frac{6}{800} = 0.0108(\text{rad})(\downarrow)$$

若静定结构同时承受荷载、温度变化和支座移动的作用,则计算结构位移的一般公式为

$$\Delta_K = \sum \int \frac{\overline{M}M_P}{EI}ds + \sum \int \frac{\overline{N}N_P}{EA}ds + \sum \int \frac{k\overline{Q}Q_P}{GA}ds + \sum (\pm) \int \overline{N}\alpha t \, ds +$$

$$\sum (\pm) \int \overline{M}\frac{\alpha \Delta t}{h}ds - \sum \overline{F_R}C \tag{9-18}$$

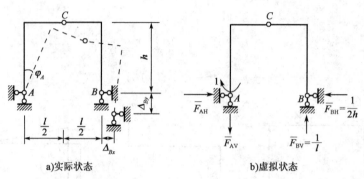

图 9-21 例 9-8 图

第六节 梁 的 刚 度

一 梁的刚度条件

计算梁变形的主要目的是为了判别梁的刚度是否足够以及进行梁的设计。工程中梁的刚度主要由梁的最大挠度和最大转角来限定,因此,梁的刚度条件可写为

$$w_{\max} \leqslant [w] \tag{9-19a}$$

$$\theta_{\max} \leqslant [\theta] \tag{9-19b}$$

其中:$w_{\max} = |w(x)|_{\max}$,$\theta_{\max} = |\theta(x)|_{\max}$ 分别是梁中的最大挠度和最大转角;$[w]$、$[\theta]$ 分别是容许挠度和容许转角,它们由工程实际情况确定。工程中 $[\theta]$ 通常以度(°)表示,而容许挠度通常表示为

$$[w] = \frac{l}{m} \quad (l \text{ 是梁长}, m \text{ 是数值比较大的自然数})$$

上述两个刚度条件中,挠度的刚度条件是主要的刚度条件,而转角的刚度条件是次要的刚度条件。

二 刚度条件的应用

与拉伸压缩及扭转类似,梁的刚度条件有下面 3 个方面的应用。

1. 校核刚度

给定了梁的荷载、约束、材料、长度以及截面的几何尺寸等,还给定了梁的许可挠度和许可转角。计算梁的最大挠度和最大转角,判断其是否满足梁的刚度条件式(9-19),满足则梁在刚度方面是安全的,不满足则不安全。

很多时候工程中的梁只要求满足挠度刚度条件式[9-19a]即可,而梁的最大转角由于很小,一般情况下不需要校核。

2. 计算容许荷载

给定了梁的约束、材料、长度以及截面的几何尺寸等,根据梁的挠度刚度条件式[9-19a)]可确定梁的荷载的上限值。如果还要求转角刚度条件满足的话,可由式[9-19b)]确定出梁的另一个荷载的上限值,两个载荷上限值中最小的那个就是梁的容许荷载。

3. 计算许可截面尺寸

给定了梁的荷载、约束、材料以及长度等,根据梁的挠度刚度条件式[9-19a)]可确定梁的截面尺寸的下限值。如果还要求转角刚度条件满足的话,可由式[9-19b)]确定出梁的另一个截面尺寸的下限值,两个截面尺寸下限值中最大的那个就是梁的许可截面尺寸。

例 9-9 如图 9-22a)所示的梁,其长度为 $L=1\mathrm{m}$,抗弯刚度为 $EI=4.9\times10^5\mathrm{N\cdot m^2}$,当梁的最大挠度不超过梁长的 1/300 时,试确定梁的容许荷载。

解 原梁根据图 9-22b)所示的变形过程,等价于图 9-22c)所示的悬臂梁。梁的最大挠度在自由端 B' 处,也就是原梁的最大挠度在 A 点,为 $w_{\max}=\dfrac{FL^3}{3EI}$。

根据刚度条件,有

$$w_{\max}=\frac{FL^3}{3EI}\leqslant[w]=\frac{1}{300}L$$

所以得

$$F\leqslant\frac{EI}{100L^2}=\frac{4.9\times10^5\mathrm{N\cdot m^2}}{100\times1^2\mathrm{m^2}}=4.9\times10^3(\mathrm{N})=4.9(\mathrm{kN})$$

故梁的容许荷载为:$[F]=4.9\mathrm{kN}$。

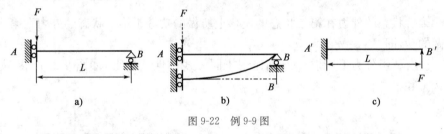

图 9-22 例 9-9 图

三 提高梁刚度的方法

如前所述,梁的变形与梁的弯矩及抗弯刚度有关,而且与梁的支承形式及跨度有关。所以,在梁的设计中,当一些因素确定后,可根据情况调整其他一些因素以达到提高梁的刚度的目的,具体方法如下:

1. 调整荷载的位置、方向和形式

合理调整荷载的位置及分布方式,可以降低弯矩,从而减小梁的变形。如图 9-23 所示作用在跨中的集中力,如果分成一半对称作用在梁的两侧,甚至化为均布荷载,则梁的变形将会减小。

2. 调整约束位置,加强约束或增加约束

如图 9-24 所示,如果把简支梁的支座向内移 a,简支梁变成外伸梁,梁的跨度减小了,因为外伸梁段上的荷载使梁产生向上的

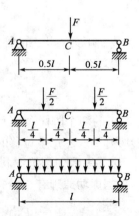

图 9-23 调整荷载作用方式减小梁变形

挠度,中间梁段的荷载使梁产生向下的挠度,它们之间有一部分相互抵消,因此挠度减小了。

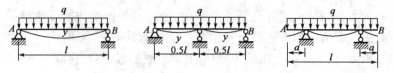

图 9-24 调整约束减小梁变形

3.提高梁的抗弯刚度

选用弹性模量大的材料可提高梁的刚度,但采用此种方法是不经济的,即弹性模量大的材料价格较高。

选择合理的截面形状可提高梁的刚度,如采用工字形、箱形或空心截面等,增加截面对中性轴的惯性矩,既提高梁的强度也增加梁的刚度。但必须指出:小范围内改变梁截面的惯性矩,对全梁的刚度影响很小,因为梁的变形是梁的各段变形累积而成,但此种情况对梁的强度影响很大。

第七节 互 等 定 理

对于线性变形体,由虚功原理可推导出 4 个互等定理,其中虚功互等定理是最基本的,其他几个互等定理皆可由虚功互等定理推出。

一 功的互等定理

定义 第一状态的外力在第二状态的位移上所做的功等于第二状态的外力在第一状态的位移上所做的功,即 $W_{12}=W_{21}$。

证明 设有两组外力 F_1 和 F_2 分别作用于同一线弹性结构上,如图 9-25a)、b)所示。分别为第一状态和第二状态。

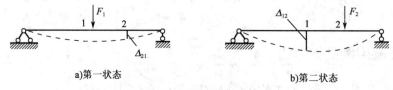

a)第一状态　　　　　　　　　b)第二状态

图 9-25 功的互等定理

我们用第一状态的外力和内力在第二状态相应的位移和微段的变形位移上做虚功,根据虚功原理有

$$F_1\Delta_{12} = \sum\int \frac{M_1 M_2}{EI}ds + \sum\int \frac{N_1 N_2}{EA}ds + \sum\int k\frac{Q_1 Q_2}{GA}ds \tag{a}$$

Δ_{12} 的两个脚标含义为:脚标 1 表示位移发生的地点和方向(这里表示 F_1 作用点沿 F_1 方向)脚标 2 表示产生位移的原因(这里表示位移是由 F_2 作用引起的)。

接下去我们用第二状态的外力和内力在第一状态相应的位移和微段的变形位移上做虚功,根据虚功原理有

$$F_2\Delta_{21} = \sum\int \frac{M_2 M_1}{EI}ds + \sum\int \frac{N_2 N_1}{EA}ds + \sum\int k\frac{Q_2 Q_1}{GA}ds \tag{b}$$

以上(a)和(b)两式的右边是相等的,因此左边也相等,故有

$$F_1\Delta_{12} = F_1\Delta_{21}$$

由于

$$F_1\Delta_{12} = W_{12}$$
$$F_2\Delta_{21} = W_{21}$$

所以有

$$W_{12} = W_{21} \qquad (9-20)$$

证毕。

二 位移的互等定理

定义 第二个单位力所引起的第一个单位力作用点沿其方向的位移 δ_{12}，等于第一个单位力所引起的第二个单位力作用点沿其方向的位移 δ_{21}，即

$$\delta_{12} = \delta_{21}$$

证明 设两个状态中的荷载都是单位力，即 $F_1=1$，$F_2=1$，如图 9-26 所示。

a)第一状态   b)第二状态

图 9-26 位移的互等定理

由功的互等定理有

$$W_{12} = F_1 \cdot \delta_{12} = \delta_{12}$$
$$W_{21} = F_2 \cdot \delta_{21} = \delta_{21}$$

由 $W_{12} = W_{21}$，得到

$$\delta_{12} = \delta_{21} \qquad (9-21)$$

证毕。

注：这里的单位力可以认为是广义的单位力，位移也可以认为是广义位移。虽然会出现角位移和线位移相等，两者含义不同，但两者数值上相等，量纲也相同，定理亦成立。

三 反力的互等定理

反力的互等定理用来说明在超静定结构中，假设两个支座分别产生单位位移时，两个状态中反力的互等关系。

定义 支座 1 发生单位位移所引起的支座 2 的反力，等于支座 2 发生单位位移所引起的支座 1 的反力，即

$$r_{21} = r_{12} \qquad (9-22)$$

证明 如图 9-27a)所示，支座 1 发生单位位移 $\Delta_1=1$，此时使支座 2 产生反力 r_{21}，称此为第一状态。如图 9-27b)所示，支座 2 发生单位位移 $\Delta_2=1$，此时使支座 1 产生反力 r_{12}，称此为第二状态。

根据功的互等定理有

$$W_{12} = W_{21}$$
$$r_{21}\Delta_2 = r_{12}\Delta_1$$

$$\Delta_2 = \Delta_1 = 1$$

所以有
$$r_{12} = r_{21} \tag{9-23}$$

证毕。

它说明在超静定结构中,一个状态中的反力与另一个状态中的位移具有互等关系。

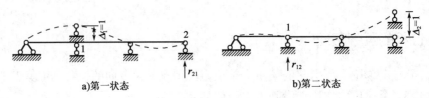

图 9-27 反力的互等定理 1

定义 在线性变形体中,单位力 $F_2=1$ 作用时所引起的 1 支座的反力等于该支座发生单位位移时所引起的单位力作用点沿其方向的位移,但符号相反。即

$$r_{12} = -\delta_{21} \tag{9-24}$$

证明 如图 9-28a)所示,单位荷载 $F_2=1$ 作用时,支座 1 的反力偶为 r_{12},称此为第一状态。如图 9-28b)所示,当支座沿 r_{12} 的方向发生单位转角 $\varphi_1=1$ 时,F_2 作用点沿其方向的位移为 δ_{21},称此为第二状态。

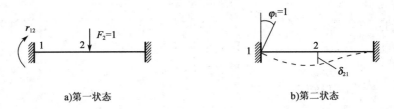

图 9-28 反力的互等定理 2

根据功的互等定理有
$$W_{12} = W_{21}$$
$$r_{12}\varphi_1 + F_2\delta_{21} = 0$$

由于
$$\varphi_1 = 1$$
$$F_2 = 1$$

所以有
$$r_{12} = -\delta_{21} \tag{9-25}$$

证毕。

◀本章小结▶

(1)位移的类型:线位移、角位移、相对线位移、相对角位移。
(2)虚功原理:外力虚功等于内力虚功。

虚功方程
$$W = W_变$$

$$W = \sum\int N\mathrm{d}m + \sum\int M\mathrm{d}\varphi + \sum\int Q\gamma\mathrm{d}s$$

(3)位移计算的一般公式:单位荷载法。

$$\Delta_K = -\sum \overline{F}_{RC} + \sum\int \overline{N}\mathrm{d}u + \sum\int \overline{M}\mathrm{d}\varphi + \sum\int \overline{Q}\gamma\mathrm{d}s$$

单位荷载的施加方式:①单位集中力、单位力偶、一对指向相反的单位力,一对转向相反的单位力偶;②作用点;③方向。

静定结构在荷载作用下的位移计算

$$\Delta_P = \sum\int \overline{M}\mathrm{d}\varphi_p + \sum\int \overline{N}\mathrm{d}u_p + \int \overline{Q}\gamma_p\mathrm{d}s$$

(对于梁和刚架,剪力和轴力的影响一般可忽略)。

(4)图乘法。

①图乘法及应用条件。

在计算由弯曲变形引起的位移时,可采用图乘法进行计算,图乘公式为

$$\Delta_{KP} = \sum\int \frac{\overline{M}M_p}{EI}\mathrm{d}s = \sum \frac{\omega y_C}{EI}$$

上式表示积分式 $\int \overline{M}M_p\mathrm{d}s$ 等于一个弯矩图的面积 ω 乘以其形心处对应的另一个直线弯矩图上的竖标 y_C。

图乘法的应用条件:a. 杆轴为直线,EI 常数;b. $\overline{M}$ 和 M_p 图中至少应有一个是直线图形,y_C 必须取自相同斜率段的直线图形的弯矩图中。

②应用图乘法时应注意以下几个问题:

a. 当两个图形在同侧时,乘积为正,否则为负。

b. 如果两个图形都是直线,则可以选择任何一个图形求面积,另一个取竖标,两者计算结果相同。

c. 如果取竖标的图形由几段直线组成,则应按照图形的斜率不同分成几段计算。

d. 如果图形的形心不易确定,可将其分解为几个易确定形心的简单图形,分项计算后进行叠加。

e. 若杆件中各段的 EI 不相等,应按照 EI 分成几部分,分别计算后叠加。

f. 采用计算标准抛物线面积和形心位置的公式时,必须正确找出抛物线的顶点。

g. 梯形的 M 图相乘时,可图形面积分割,但相应的竖标应取全量而不能只取部分。

h. 求面积的 M 图有正有负时,应分别计算。

i. 若某结构中既有直杆又有曲杆,则直杆部分可以应用图乘法,曲杆部分不能用,只能进行积分。

(5)静定结构温度变化时的位移计算

$$\Delta_{Kt} = \sum\alpha t\int \overline{F}_N\mathrm{d}s + \sum\alpha\Delta t\int \frac{\overline{M}}{h}\mathrm{d}s$$

静定结构支座移动时的位移计算

$$\Delta_{KC} = -\sum F_R C$$

(6)互等定理。

互等定理适用于线性变形体系,在 4 个互等定理中,功的互等定理是基本定理,其他 3 个定理是功的互等定理的特殊情况,可由功的互等定理导出。

互等定理中的力和位移可以是无量纲的单位广义力和单位广义位移。

①功的互等定理 $W_{12}=W_{21}$。

在线性变形体中,第一状态的外力在第二状态的位移上所做的虚功 W_{12},等于第二状态的外力在第一状态的位移上所做的虚功 W_{21},即 $W_{12}=W_{21}$。

②位移互等定理 $\delta_{12}=\delta_{21}$。

在线性变形体中,第一个单位力引起的在第二个单位力方向的位移 δ_{21},等于第二个单位力引起的在第一个单位力方向的位移 δ_{12},即 $\delta_{12}=\delta_{21}$。

③反力互等定理 $r_{12}=r_{21}$。

在线性变形体中,由单位位移 $\delta_1=1$ 引起的与位移 δ_2 相应的反力 r_{21},等于由单位位移 $\delta_2=1$ 引起的与位移 δ_1 相应的反力 r_{12},即 $r_{12}=r_{21}$。

第十章　超静定结构计算

职业能力目标

能够求解超静定结构的内力,培养分析问题和解决问题的能力。

教学重点与难点

1. 教学重点:力法计算;位移法计算。
2. 教学难点:超静定结构特性;力法计算;位移法计算。

第一节　超静定次数的确定

一　超静定结构概述

超静定结构是有多余约束的几何不变体系,其反力和内力仅由平衡条件不能确定或不能全部确定。如图 10-1a)所示连续梁,其竖向反力仅由平衡条件不能确定,于是也就不能求出其内力。又如图 10-2a)所示桁架,虽然它的反力和部分杆件的内力可由静力平衡条件求得,但却不能确定全部杆件的内力。可见,这两个结构都是超静定结构。

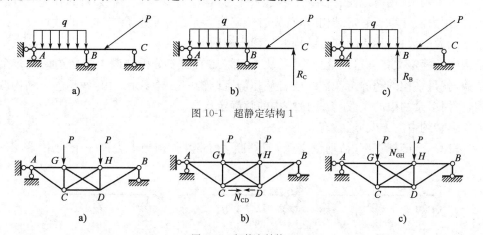

图 10-1　超静定结构 1

图 10-2　超静定结构 2

就几何组成而言,上述两个结构都存在多余约束。所谓"多余"是指这些约束仅就保持结构的几何不变性来说是不必要的。多余约束并不是没有用的,它可以减少结构的最大内力值,具有增大刚度及增强抵抗突然破坏能力的作用。多余约束中产生的力称为多余未知力,如图 10-1 中的 R_C 或 R_B,以及图 10-2 中的 N_{CD} 或 N_{GH}。多余未知力是不能由静力平衡条件直接求出的。例如图 10-1a)中的链杆 C 的反力 R_C,无论其值等于多少,图 10-1b)中的静定梁都能平衡,不可能由平衡条件求出 R_C。

与多余约束相对应,对维持体系的几何不变必不可少的约束称为必要约束。例如图 10-1a)中 A 处的水平支承链杆就是必要约束。必要约束的反力一定能由平衡条件确定,如图 10-1a)中水平链杆的反力,可由梁整体的平衡方程$\sum X=0$求得。

工程中常见的超静定结构的类型有:超静定梁(图 10-1)、超静定桁架(图 10-2)、超静定拱、超静定刚架及超静定组合结构。

求解任何超静定问题,都必须综合考虑 3 个方面的条件:

(1)平衡条件。即结构的整体及任何一部分的受力状态都应满足平衡方程。

(2)几何条件。也称为变形条件或位移条件、协调条件等,即结构的变形和位移必须符合支承约束条件和各部分之间的变形连续条件。

(3)物理条件。即变形或位移与力之间的物理关系。

在具体求解时,根据计算途径的不同,可以有两种不同的基本方法,即力法(又称柔度法)和位移法(又称刚度法)。二者的主要区别在于基本未知量的选择不同。所谓基本未知量,是指这样一些未知量,当首先求出它们之后,即可用它们求出其他的未知量。在力法中,是以多余未知力作为基本未知量;在位移法中,则是以某些位移作为基本未知量。除力法和位移法两种基本方法外,还有其他各种方法,但它们都是从上述两种方法演变而来的。例如力矩分配法就是位移法的变体,混合法则是力法与位移法的联合应用等。求出超静定结构中的基本未知量后,则原结构的其他计算与静定结构完全相同。

二 超静定次数

在超静定结构中,由于具有多余未知力,使平衡方程的数目少于未知力的数目,故单靠平衡条件无法确定其全部反力和内力,还必须考虑位移条件以建立补充方程。一个超静定结构有多少个多余约束,相应地便有多少个多余未知力,也就需要建立同样数目的补充方程才能求解。因此,用力法计算超静定结构时,首先必须确定多余约束或多余未知力的数目。多余约束或多余未知力的数目,称为超静定结构的超静定次数。

结构的超静定次数 n 可以这样确定:从几何组成的角度分析结构中多余约束或多余未知力的个数,就是结构的超静定次数。或者从超静定结构中去掉多余约束,使超静定结构变为静定结构,去掉多余约束的个数,就是该结构的超静定次数。

去掉多余约束的方式,通常有以下几种:

(1)去掉一个链杆支座(活动铰支座)或切断一个链杆,相当于去掉一个约束[图 10-3b)、c),图 10-4b)]。

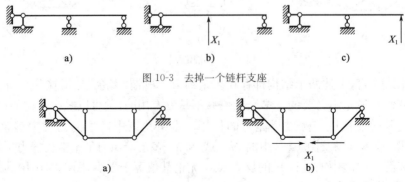

图 10-3 去掉一个链杆支座

图 10-4 切断一根链杆

(2) 去掉一个固定铰支座，或拆除一个单铰，相当于去掉两个约束[图 10-5b)、图 10-6b)]。

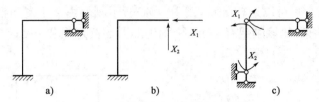

图 10-5　去掉铰支座及改刚结点为单铰

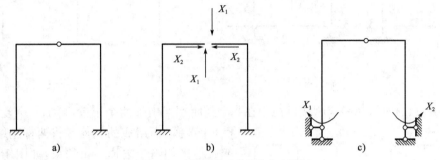

图 10-6　拆除单铰及改刚结点为单铰

(3) 在刚性连接处切断（即切断一个连续杆），相当于去掉三个约束[图 10-7b)、c)]。

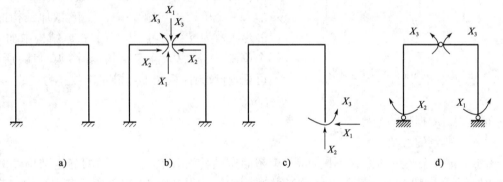

图 10-7　在刚性连接处切断或改刚为单铰

(4) 将刚结点改变为单铰，相当于去掉一个约束[图 10-5c)、图 10-6c)、图 10-7d)]。

应用上述去掉多余约束的基本方法，可以确定任何超静定结构的超静定次数。例如图 10-8a)所示桁架，去掉一个链杆支座，切断内部两个链杆，得到图 10-8b)所示的静定桁架，共去掉 3 个约束，即超静定次数 $n=3$。

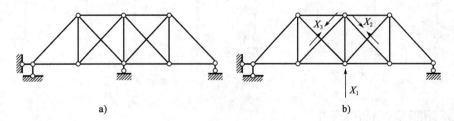

图 10-8　超静定桁架分析

如图 10-9a)所示结构，去掉一个水平支座链杆，在刚性连接处切断，得到图 10-9b)所示的静定结构，共去掉 4 个约束，所以其超静定次数 $n=4$。可见，一个封闭框架有 3 个多余约束。

如图 10-10a)所示两跨两层刚架，切断 4 根横杆，得到图 10-10b)所示由 3 个悬臂刚架组成的静定结构,切断一个连续杆相当于去掉 3 个约束,切断 4 个连续杆共去掉 12 个约束,故结构的超静定次数 $n=12$。也可以这样分析,图 10-10a)所示刚架由 4 个封闭框架组成,而每个封闭框架有 3 个多余约束,故该刚架有 12 个多余约束,其超静定次数 $n=12$。可见,m 个无铰封闭框架的超静定次数 $n=3m$。

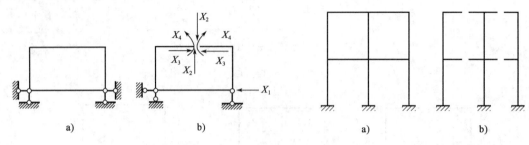

图 10-9 封闭框架分析　　　　图 10-10 两跨两层刚架分析

如图 10-11a)所示超静定刚架可视为在 4 个封闭框架中加两个单铰,再加一个复铰(相当于 3 个单铰)而组成的结构。将两杆刚结点变为单铰结点,相当于去掉一个约束,如图 10-11a)所示刚架可视为在封闭框中加入 5 个单铰的结构,无铰的 4 个封闭框的多余约束数为 $3×4=12$,每加入一个单铰相当减少一个约束,故原结构的超静定次数为 $n=3×4-5=7$。在原结构中加入 7 个单铰,使其成为静定结构,如图 10-11b)所示。可见,有铰封闭框架的超静定次数 n 为

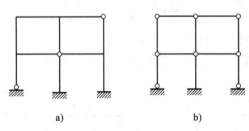

图 10-11 封闭框架超静定次数分析

$$n = 3m - h$$

式中：m——封闭框架的个数；

h——单铰的总数。

由于去掉多余约束的方式不同,同一个超静定结构可以转化成不同的静定结构。例如图 10-12a)所示刚架有一个多余约束,若将横梁改为铰接得到图 10-12b)所示静定结构。若去掉 B 支座处的水平链杆,得到图 10-12c)所示的静定结构。但是,若去掉 B 支座处的竖向链杆,则成为图 10-12d)所示的几何瞬变体系,这是不允许的,B 处的竖向链杆是必要约束,绝对不能去掉。

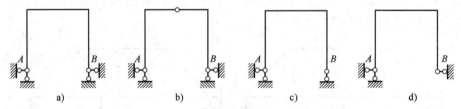

图 10-12 超静定结构去除约束分析

三　超静定结构的特性

超静定结构与静定结构对比,具有以下一些重要特性。了解这些特性,有助于加深对超静定结构的认识,并更好地应用它们。

(1)对于静定结构,除荷载外,其他任何因素如温度变化、支座位移等均不引起内力。但对

于超静定结构,由于存在着多余联系,当结构受到这些因素影响而发生位移时,一般将要受到多余联系的约束,因而相应地要产生内力。

超静定结构的这一特性,在一定条件下会带来不利影响,例如连续梁可能由于地基不均匀沉降而产生过大的附加内力。但是在另外的情况下又可能成为有利的方面。例如同样对于连续梁,可以通过改变支座的高度来调整梁的内力,以得到更合理的内力分布。

(2)静定结构的内力只按平衡条件即可确定,其值与结构的材料性质和截面尺寸无关。而超静定结构的内力单由平衡条件则无法全部确定,还必须考虑变形条件才能确定其解答,因此其内力数值与材料性质和截面尺寸有关。

由于这一特性,在计算超静定结构前,必须事先确定各杆截面大小或其相对值。但是由于内力尚未算出,故通常只能根据经验拟定或用较简单的方法近似估算各杆截面尺寸,以此为基础进行计算。然后按算出的内力再选择所需的截面,这与事先拟定的截面当然不一定相符,这就需要重新调整截面再行计算。如此反复进行,直至得出满意的结果为止。

(3)超静定结构在去除多余联系后,仍能维持几何不变;而静定结构在任何一个联系去除后,便立即成为几何可变体系而丧失承载能力。因此,从军事及抗震方面来看,超静定结构具有较强的防御能力。

(4)超静定结构由于具有多余联系,一般地说,要比相应的静定结构刚度大些,内力分布也均匀些。例如图 10-13a)、b)所示的三跨连续梁和三跨简支梁,在荷载、跨度及截面相同的情况下,显然前者的最大挠度及最大弯矩值都较后者小。而且连续梁具有较平滑的变形曲线,这对于桥梁可以减小行车时的冲击作用。

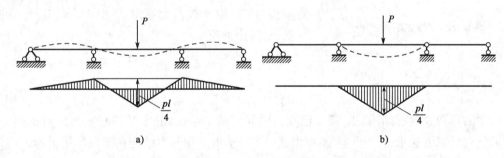

图 10-13 静定结构与超静定结构比较

第二节 力 法

一 力法的基本概念

力法是计算超静定结构的基本方法,本节先通过一个简单的例子说明力法的基本概念,即讨论如何在计算静定结构的基础上,进一步寻求计算超静定结构的方法。

如图 10-14a)所示一次超静定梁,$EI=$ 常数。若去掉 B 处的链杆,代之以多余未知力 X_1,得到图 10-14b)所示静定梁。这个静定梁称为原超静定梁的力法基本结构。只要能设法求出多余未知力 X_1,则由静力平衡条件可以求出其余的支座反力和内力。

为求得多余未知力 X_1,比较图 10-14a)所示的超静定梁与图 10-14b)所示的静定梁的受力条件和变形条件。

(1)受力条件:图10-14b)所示梁是由图10-14a)所示梁去掉多余约束代之以多余未知力 X_1 而得到的,因此二者的受力完全相同。

(2)变形条件:图10-14a)所示原结构在支座 B 处由于有多余约束,因此在 B 处的竖向位移 $\Delta_1=0$,而图10-14b)所示基本结构在 B 处无约束有可能发生位移,为使基本结构与原结构的变形相同,也应使基本结构在 B 处的竖向位移 $\Delta_1=0$,即基本结构在多余未知力 X_1 和荷载 q 共同作用下在 B 处的竖向位移与原结构相同。

根据叠加原理,图10-14b)所示基本结构在多余未知力和荷载共同作用下引起的 B 处竖向位移 Δ_1,等于 X_1 和荷载 q 分别单独作用下引起的 B 处竖向位移 Δ_{11} 和 Δ_{1P} 的叠加[图10-14c)、d)],于是可得

$$\Delta_1 = \Delta_{11} + \Delta_{1P} \tag{10-1}$$

其中,Δ_{11} 和 Δ_{1P} 中第1个下标表示位移的地点和方向,第2个下标表示产生位移的原因。Δ_{11} 表示基本结构在 X_1 单独作用下产生的在 X_1 作用处沿 X_1 方向的位移,Δ_{1P} 表示基本结构在荷载 q 单独作用下产生的在 X_1 作用处沿 X_1 方向的位移。

设基本结构在 $\overline{X}_1=1$ 单独作用下产生的与 $\overline{X}_1$ 相应的位移为 δ_{11},对于线性变形体系,由于力与其产生的位移成正比,因此有

$$\Delta_{11} = \delta_{11} X_1 \tag{10-2}$$

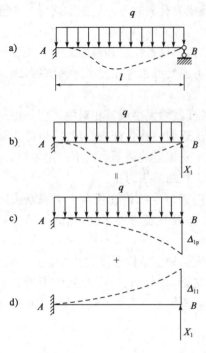

图10-14 超静定梁力法分析

式(10-2)代入式(10-1)得

$$\delta_{11} X_1 + \Delta_{1P} = 0 \tag{10-3}$$

式中的系数 δ_{11} 和自由项 Δ_{1P} 都是已知力引起的基本结构(静定结构)的位移,可根据静定结构的位移计算方法求得。于是 X_1 可由式(10-3)求得。作基本结构在荷载作用下弯矩图 M_P [图10-15b)],在单位力 $\overline{X}_1=1$ 作用下的弯矩图 $\overline{M}_1$[图10-15d)],然后用图乘法计算这些位移,求 δ_{11} 时应为 $\overline{M}_1$ 图乘 $\overline{M}_1$,称为 $\overline{M}_1$ 图自乘

$$\delta_{11} = \frac{1}{EI}\left(\frac{1}{2}l \times l\right) \times \frac{2}{3}l = \frac{l^3}{3EI}$$

求 Δ_{1P} 则为 $\overline{M}_1$ 图与 M_P 图相乘

$$\Delta_{1P} = -\frac{1}{EI}\left(\frac{1}{3} \times \frac{1}{2}ql^2 \times l\right) \times \frac{3}{4}l = -\frac{ql^4}{8EI}$$

将 δ_{11} 与 Δ_{1P} 代入力法方程式(10-3)中可求得

$$X_1 = -\frac{\Delta_{1P}}{\delta_{11}} = -\left(-\frac{ql^4}{8EI}\right)\bigg/\frac{l^3}{3EI} = \frac{3ql}{8}(\uparrow)$$

求出多余未知力 X_1 后,其余所有反力、内力的计算都是静定问题。在绘制最后弯矩图 M 时,可以利用已经绘出的 $\overline{M}_1$ 图和 M_P 图按叠加法绘制,即

$$M = \overline{M}_1 X_1 + M_P$$

也就是将 $\overline{M}_1$ 图的竖标乘以 X_1 倍,再与 M_P 的对应竖标相加。例如 A 的弯矩为

$$M_A = l \times \frac{3}{8}ql + \left(-\frac{ql^2}{2}\right) = -\frac{ql^2}{8} \text{（上侧受拉）}$$

于是可绘出 M 图如图 10-16b)所示，此弯矩图既是基本结构的弯矩图，同时也就是原结构的弯矩图。因为此时基本结构与原结构的受力、变形和位移情况已完全相同，两者是等价的。

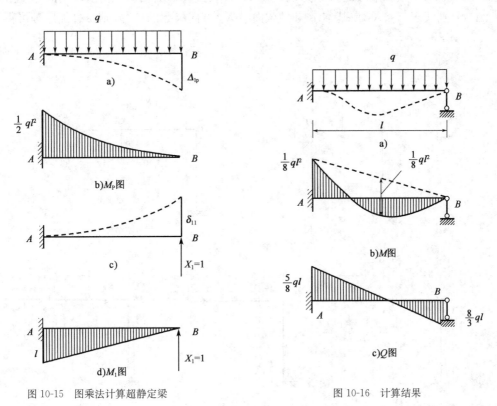

图 10-15　图乘法计算超静定梁

图 10-16　计算结果

像上述这样解除超静定结构的多余约束而得到静定的基本结构，以多余未知力作为基本未知量，根据基本结构与原结构的位移条件建立补充方程，以求解超静定结构反力和内力的方法，称为力法。其中，式(10-3)称为一次超静定结构的力法基本方程。这里，整个计算过程自始至终都是在基本结构上进行的，这就把超静定结构的计算问题转换为已经熟悉的静定结构的计算问题。力法是分析超静定结构最基本的方法，应用很广，可以分析任何类型的超静定结构。

二　力法典型方程

上节用一次超静定结构说明了力法的基本概念，可以看出用力法计算超静定结构的关键，在于根据位移条件建立补充方程以求解多余未知力。对于多次超静定结构，其计算原理也完全相同。下面以一个二次超静定结构为例，来说明如何根据位移条件建立求解多余未知力的方程。

图 10-17a)所示刚架为二次超静定结构，取图 10-17b)所示的基本结构进行计算。原结构中支座 C 为固定铰支座，因而基本结构中 C 点沿 X_1、X_2 方向的位移为零，即

$$\left.\begin{aligned}\Delta_1 &= 0\\ \Delta_2 &= 0\end{aligned}\right\} \qquad [10\text{-}4a]$$

δ_{11}、δ_{21} 分别表示当 $\overline{X}_1 = 1$ 单独作用在基本结构上时，C 点沿 X_1、X_2 方向的位移[图10-17c]；δ_{12}、δ_{22} 分别表示当 $\overline{X}_2 = 1$ 单独作用在基本结构上时，C 截面沿 X_1、X_2 方向的位移[图10-17d]；Δ_{1P}、Δ_{2P} 分别表示当荷载单独作用在基本结构上时，C 点沿 X_1、X_2 方向的位移[图10-17e]。如令 Δ_{11}、Δ_{12} 分别代表 X_1、X_2 在基本结构 C 点沿 X_1 方向引起的位移；Δ_{21}、Δ_{22} 分别代表 X_1、X_2 在基本结构 C 截面沿 X_2 方向引起的位移，则由叠加原理可得

$$\left. \begin{array}{l} \Delta_1 = \Delta_{11} + \Delta_{12} + \Delta_{1P} \\ \Delta_2 = \Delta_{21} + \Delta_{22} + \Delta_{2P} \end{array} \right\} \qquad [10\text{-}4b]$$

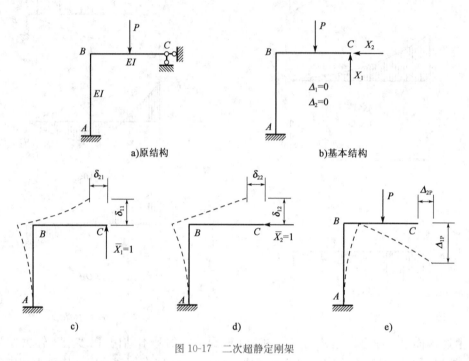

图 10-17 二次超静定刚架

又据叠加原理得以下各关系式

$$\Delta_{11} = \delta_{11} X_1$$

$$\Delta_{12} = \delta_{12} X_2$$

$$\Delta_{21} = \delta_{21} X_1$$

$$\Delta_{22} = \delta_{22} X_2$$

将以上关系式代入式[10-4b]后再代入式[10-4a]，得

$$\left. \begin{array}{l} \delta_{11} X_1 + \delta_{12} X_2 + \Delta_{1P} = 0 \\ \delta_{21} X_1 + \delta_{22} X_2 + \Delta_{2P} = 0 \end{array} \right\} \qquad (10\text{-}5)$$

这就是用力法求解多余未知力 X_1、X_2 所要建立的补充方程。这一组方程的物理意义为：基本结构在全部多余未知力和荷载共同作用下，在去掉多余联系处沿多余未知力方向的位移，应与原结构相应的位移相等。

对于 n 次超静定结构，则有 n 个多余未知力，每一个多余未知力都对应着一个已知的位移条件，故可建立 n 个方程。当已知多余未知力作用处的位移为零时，力法方程可写为

$$\left.\begin{array}{l}\delta_{11}X_1+\delta_{12}X_2+\delta_{13}X_3+\cdots+\delta_{1n}X_n+\Delta_{1P}=0\\ \delta_{21}X_1+\delta_{22}X_2+\delta_{23}X_3+\cdots+\delta_{2n}X_n+\Delta_{2P}=0\\ \vdots\\ \delta_{n1}X_2+\delta_{n2}X_2+\delta_{n3}X_3+\cdots+\delta_{nn}X_n+\Delta_{nP}=0\end{array}\right\} \quad (10\text{-}6)$$

式(10-6)称为力法典型方程。方程中的系数 δ_{ii} 称为主系数。它是单位多余未知力 $\overline{X}_i = 1$ 单独作用时所引起的沿其自身方向的相应位移,总是与该单位多余未知力的方向一致,其值恒为正且不会等于零。$\delta_{ij}(i \neq j)$ 称为副系数,它是单位多余未知力 $\overline{X}_j = 1$ 单独作用时所引起的沿 X_i 方向的位移,根据位移互等定理,有 $\delta_{ij} = \delta_{ji}$,表明力法基本方程中两个副系数是相等的。各式中的最后一项 Δ_{iP} 称为自由项,它是荷载 P 单独作用时所引起的沿 X_i 方向的位移。副系数 δ_{ij} 和自由项 Δ_{iP} 的值可能为正、负或零。

典型方程中的各系数和自由项,都是基本结构在已知力作用下的位移,完全可以用前面章节所述方法求得。对于平面结构,这些位移的计算式可写为

$$\delta_{ii} = \sum \int \frac{\overline{M}_i^2 \mathrm{d}s}{EI} + \sum \int \frac{\overline{N}_i^2 \mathrm{d}s}{EA} + \sum \int \frac{k\overline{Q}_i^2 \mathrm{d}s}{GA}$$

$$\delta_{ij} = \delta_{ji} = \sum \int \frac{\overline{M}_i \overline{M}_j \mathrm{d}s}{EI} + \sum \int \frac{\overline{N}_i \overline{N}_j \mathrm{d}s}{EA} + \sum \int \frac{k\overline{Q}_i \overline{Q}_j \mathrm{d}s}{GA}$$

$$\Delta_{iP} = \sum \int \frac{\overline{M}_i M_P \mathrm{d}s}{EI} + \sum \int \frac{\overline{N}_i N_P \mathrm{d}s}{EA} + \sum \int \frac{k\overline{Q}_i Q_P \mathrm{d}s}{GA}$$

讨论:用力法计算超静定结构,是否可以选取不同的基本结构? 如果可以,对所选取的基本结构又有什么要求?

三 力法计算步骤

通过上例对二次超静定刚架分析,可将力法的计算步骤归纳如下:

(1)判定结构的超静定次数,去掉多余联系,得出一个静定的基本结构,并以多余未知力代替相应多余联系的作用。

(2)根据基本结构在多余未知力和荷载共同作用下,在所去各多余联系处的位移应与原结构相应位移相等的条件,建立力法典型方程。

(3)分别绘出基本结构在单位多余力作用下的弯矩图 $\overline{M}_1, \overline{M}_2, \cdots, \overline{M}_n$ 图和荷载作用下的弯矩图 M_P 图。

(4)用图乘法求典型方程中的主系数 δ_{ii}、副系数 δ_{ij} 和自由项 Δ_{iP}。

(5)解典型方程求出多余未知力 $X_1, X_2, \cdots, X_n$。

(6)按 $M = \overline{M}_1 X_1 + \overline{M}_2 X_2 + \cdots + \overline{M}_i X_i + \cdots + \overline{M}_n X_n + M_P$ 绘制最后弯矩图。

四 力法计算超静定结构示例

1. 超静定梁的计算

例 10-1 试用力法计算图 10-18a)所示超静定梁,绘出弯矩图、剪力图。

解 (1)选取基本结构

此梁为一次超静定结构,现去掉 B 端的支座链杆,代之以多余未知力 X_1,得到一悬臂梁

基本结构,如图 10-18b)所示。

(2)建立力法方程

由基本结构在多余未知力 X_1 及荷载的共同作用下,B 点处沿 X_1 方向上的位移等于零的变形条件,建立力法方程为

$$\delta_{11}X_1 + \Delta_{1p} = 0$$

(3)计算方程中的系数和自由项

分别绘出基本结构在荷载作用下的弯矩 M_P 图[图 10-18c)]和单位多余未知力 $X_1 = 1$ 作用下的 $\overline{M}_1$ 图[图 10-18d)],由图乘法有

$$\Delta_{1p} = -\frac{1}{EI} \times \frac{1}{2} \times \frac{Pl}{2} \times \frac{l}{2} \times \frac{5}{6}l = -\frac{5}{48EI}Pl^3$$

$$\delta_{11} = \frac{1}{EI}\left(\frac{l}{2} \times l \times \frac{2}{3} \times l\right) = \frac{l^3}{3EI}$$

(4)解方程求多余未知力

将求得的系数和自由项代入力法方程,有

$$\frac{l^3}{3EI}X_1 - \frac{5}{48EI}Pl^3 = 0$$

$$X_1 = \frac{5}{16}P$$

(5)绘制弯矩图、剪力图

弯矩图、剪力图分别如图 10-18e)、f)所示。

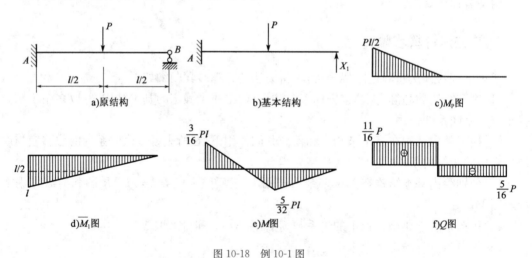

图 10-18 例 10-1 图

由以上计算可知,由于超静定梁受多余约束限制,在固定端不能产生转角位移而使梁上侧纤维受拉。因此,它的弯矩图与同跨度、同荷载的简支梁相比较,最大弯矩峰值较小,使整个梁上内力分布得以改善。

例 10-2 试用力法计算图 10-19a)所示梁,绘出弯矩图、剪力图。

解 (1)选取基本结构

此梁为 3 次超静定结构,取简支梁为基本结构,如图 10-19b)所示。多余未知力为梁端弯矩 X_1、X_2 和水平反力 X_3。

(2) 建立力法方程

$$\left.\begin{array}{l}\delta_{11}X_1+\delta_{12}X_2+\delta_{13}X_3+\Delta_{1P}=0\\ \delta_{21}X_1+\delta_{22}X_2+\delta_{23}X_3+\Delta_{2P}=0\\ \delta_{31}X_1+\delta_{32}X_2+\delta_{33}X_3+\Delta_{3P}=0\end{array}\right\}$$

(3) 计算方程中的系数和自由项

基本结构的各 $\overline{M}$ 图和 M_P 图如图10-19c)、d)、e)、f)所示。由于 $\overline{M}_3=0$, $\overline{Q}_3=0$ 以及 $\overline{N}_1=\overline{N}_2=N_P=0$,故由位移计算公式或图乘法可知 $\delta_{13}=\delta_{31}=0$, $\delta_{23}=\delta_{32}=0$, $\Delta_{3P}=0$。因此典型方程的第3式成为

$$\delta_{33}X_3=0$$

在计算 δ_{33} 时,若同时考虑弯矩和轴力的影响,则有

$$\delta_{33}=\sum\int\frac{\overline{M}_3^2\mathrm{d}s}{EI}+\sum\int\frac{\overline{N}_3^2\mathrm{d}s}{EA}$$

$$=0+\frac{1^2 l}{EA}=\frac{l}{EA}\neq 0$$

于是有 $X_3=0$

这表明两端固定的梁在垂直于梁轴线的荷载作用下并不产生水平反力。因此,可简化为只需求解两个多余未知力的问题,典型方程成为

$$\left.\begin{array}{l}\delta_{11}X_1+\delta_{12}X_2+\Delta_{1P}=0\\ \delta_{21}X_1+\delta_{22}X_2+\Delta_{2P}=0\end{array}\right\}$$

由图乘法可求得各系数和自由项为(只考虑弯矩影响)

$$\delta_{11}=\frac{l}{3EI},\delta_{22}=\frac{l}{3EI},\delta_{12}=\delta_{21}=\frac{l}{6EI}$$

$$\Delta_{1P}=-\frac{1}{EI}\left(\frac{1}{2}\frac{Pab}{l}l\right)\left(\frac{l+b}{3l}\right)=-\frac{Pab(l+b)}{6EIl}$$

$$\Delta_{2P}=-\frac{Pab(l+a)}{6EIl}$$

代入典型方程,并以 $\frac{6EI}{l}$ 乘各项,有

$$2X_1+X_2-\frac{Pab(l+b)}{l^2}=0$$

$$X_1+2X_2-\frac{Pab(l+a)}{l^2}=0$$

(4) 解方程求多余未知力,解得

$$X_1=\frac{Pab^2}{l^2}, X_2=\frac{Pa^2b}{l^2}$$

(5) 绘制弯矩图

最后弯矩图10-19g)所示。

讨论:如取基本结构为悬臂梁,应如何计算?

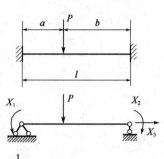
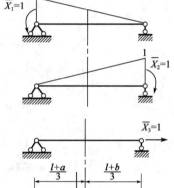
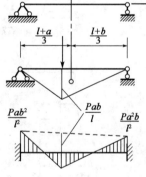

图10-19 例10-2图

2. 超静定刚架的计算

刚架通常是多次超静定结构。结构的超静定次数愈高,需建立的力法方程个数就愈多,计算系数、自由项以及求解方程的工作量也就愈大。为了简化计算,应尽量选择比较合理的基本结构及多余未知力。

例 10-3 用力法计算图 10-20a) 示结构,并绘制弯矩图。

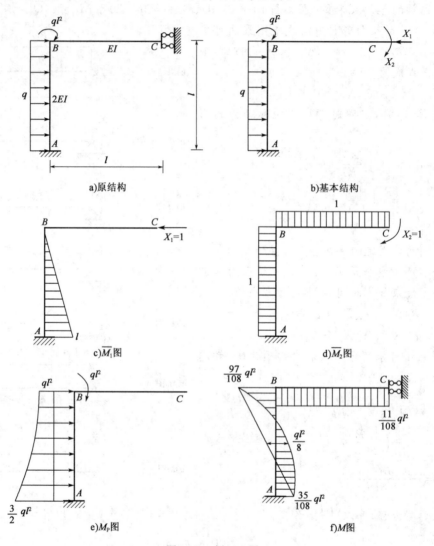

图 10-20 例 10-3 图

解 (1) 选取基本结构

该结构为二次超静定结构,取 10-20b) 为基本结构。

(2) 建立力法方程

$$\left.\begin{array}{l}\delta_{11}X_1+\delta_{12}X_2+\Delta_{1P}=0\\ \delta_{21}X_1+\delta_{22}X_2+\Delta_{2P}=0\end{array}\right\}$$

(3) 计算方程中的系数和自由项

分别绘出基本结构的 $\overline{M}_1$、$\overline{M}_2$ 和 $\overline{M}_P$ 图 [图 10-20c)、d)、e)],则有

$$\delta_{11} = \frac{1}{2EI} \times \frac{1}{2} \times l \times l \times \frac{2}{3} \times l = \frac{l^3}{6EI}$$

$$\delta_{12} = \delta_{21} = -\frac{1}{2EI} \times \frac{1}{2} \times l \times l \times 1 = -\frac{l^2}{4EI}$$

$$\delta_{22} = \frac{1}{2EI} \times l \times 1 \times 1 + \frac{1}{EI} \times l \times 1 \times 1 = \frac{3l}{2EI}$$

$$\Delta_{1P} = -\frac{1}{2EI} \times \left(\frac{1}{3} \times l \times \frac{ql^2}{2} \times \frac{3}{4} \times l + \frac{1}{2} \times l \times l \times ql^2 \right) = \frac{5ql^4}{16EI}$$

$$\Delta_{2P} = \frac{1}{EI} \left(\frac{1}{3} \times l \times \frac{ql^2}{2} \times 1 + ql^2 \times l \times 1 \right) = \frac{7ql^3}{6EI}$$

(4)解方程求多余未知力

将求得的系数和自由项代入典型方程,解得

$$X_1 = \frac{31}{18}ql$$

$$X_2 = -\frac{11}{108}ql^2$$

(5)绘制弯矩图

由 $M = \overline{M}_1 X_1 + \overline{M}_2 X_2 + M_P$ 可绘出最后 M 图[图 10-20f]。

例 10-4 用力法计算图 10-21a)示结构,并绘制弯矩图。

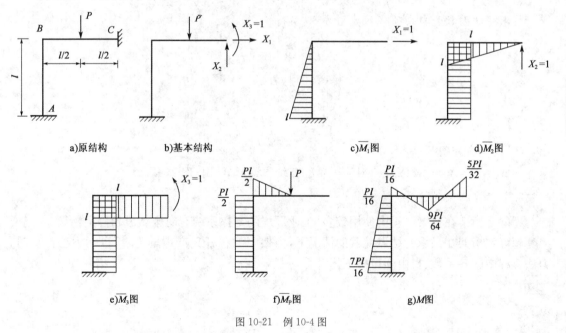

图 10-21 例 10-4 图

解 (1)选取基本结构

该结构为 3 次超静定结构,取 10-21b)为基本结构。

(2)建立力法典型方程

$$\left. \begin{array}{l} \delta_{11}X_1 + \delta_{12}X_2 + \delta_{13}X_3 + \Delta_{1P} = 0 \\ \delta_{21}X_1 + \delta_{22}X_2 + \delta_{23}X_3 + \Delta_{2P} = 0 \\ \delta_{31}X_1 + \delta_{32}X_2 + \delta_{33}X_3 + \Delta_{3P} = 0 \end{array} \right\}$$

(3)计算方程中的系数和自由项

分别绘出基本结构的 $\overline{M}_1$、$\overline{M}_2$、$\overline{M}_3$、$\overline{M}_P$ 图[图 10-21c)~f)],则有

$$\delta_{11} = \frac{1}{EI}\left(\frac{1}{2}l \times l \times \frac{2}{3}l\right) = \frac{l^3}{3EI}$$

$$\delta_{22} = \frac{1}{EI}\left(\frac{l}{2} \times l \times \frac{2}{3}l + l \times l \times l\right) = \frac{4l^3}{3EI}$$

$$\delta_{33} = \frac{1}{EI}(l \times 1 \times 1 + l \times 1 \times 1) = \frac{2l}{EI}$$

$$\delta_{12} = \delta_{21} = -\frac{1}{EI}\left(\frac{1}{2}l^2 \times l\right) = \frac{l^3}{2EI}$$

$$\delta_{13} = \delta_{31} = -\frac{1}{EI}\left(\frac{1}{2}l^2 \times 1\right) = \frac{l^2}{2EI}$$

$$\delta_{23} = \delta_{32} = \frac{1}{EI}\left(\frac{1}{2}l^2 \times 1 + l^3\right) = \frac{3l^2}{2EI}$$

$$\Delta_{1P} = \frac{1}{EI}\left(\frac{P}{2}l \times l \times \frac{l}{2}\right) = \frac{Pl^3}{4EI}$$

$$\Delta_{2P} = \frac{1}{EI}\left[-\left(l^2 \times \frac{Pl}{2}\right) + \left(-\frac{1}{2} \times \frac{Pl}{2} \times \frac{l}{2} \times \frac{5}{6}l\right)\right] = -\frac{29Pl^3}{48EI}$$

$$\Delta_{3P} = \frac{1}{EI}\left(-\frac{1}{2} \times \frac{Pl}{2} \times \frac{l}{2} \times 1 - \frac{Pl}{2} \times l \times 1\right) = -\frac{5}{8}Pl^2$$

(4)解方程求多余未知力

将求得的系数和自由项代入典型方程,解得

$$X_1 = \frac{3}{8}P$$

$$X_2 = \frac{19}{32}P$$

$$X_3 = -\frac{5}{32}Pl$$

(5)绘制弯矩图

由 $M = \overline{M}_1 X_1 + \overline{M}_2 X_2 + \overline{M}_3 X_3 + M_P$ 可绘出最后 M 图[图 10-21g)]。

3.超静定桁架的计算

超静定桁架在桥梁结构中使用较多,工业厂房的支撑系统有时也做成超静定桁架。

超静定桁架在只承受结点荷载的情况下,桁架中的各杆只产生轴力,所以用力法计算时,力法方程中的各系数、自由项可按下式计算

$$\delta_{ii} = \sum \frac{\overline{N}_i^2 l}{EA}$$

$$\delta_{ij} = \sum \frac{\overline{N}_i \overline{N}_j l}{EA}$$

$$\Delta_{iP} = \sum \frac{\overline{N}_i N_P l}{EA}$$

式中:$\overline{N}_i$、$\overline{N}_j$——分别为单位多余未知力 $\overline{X}_i = 1$、$\overline{X}_j = 1$ 分别作用时基本结构中杆件的轴力;

N_P——荷载作用时基本结构中杆件的轴力。

多余未知力 $X_1, X_2, \cdots, X_n$ 求出后,根据叠加原理,桁架各杆的轴力可按下式计算

$$N = X_1 \overline{N}_1 + X_2 \overline{N}_2 + \cdots + X_n \overline{N}_n + N_P$$

例 10-5 试计算图 10-22a)示超静定桁架,设各杆 EA=常数。

解 此桁架为一次超静定。截断 CF 杆，多余未知力 X_1 系该杆轴力，基本结构如图 10-22b)所示。基本结构上与 X_1 相应的位移，即切口两侧截面沿杆轴方向的相对位移应为零。据此建立力法方程

$$\delta_{11}X_1 + \Delta_{1P} = 0$$

基本结构在荷载[图 10-22c)]和单位未知力 $X_1=1$[图 10-22d)]分别作用时引起的轴力，经计算后列于表 10-1 内。由于各杆的 EI 相同，所以表格内未列入。

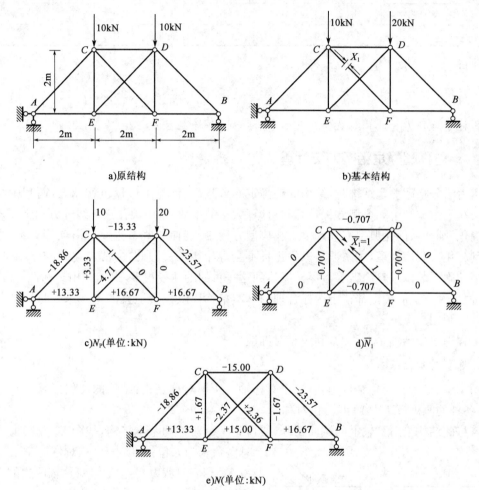

图 10-22 例 10-5 图

桁架各杆内力及有关的计算　　　　　　　　　　　　　表 10-1

杆件	l (m)	N_P (kN)	$\overline{N}_1$	$N_P\overline{N}_1 l$ (kN·m)	$\overline{N}_1^2 l$ (m)	$X_1\overline{N}_1$ (kN)	$N=X_1\overline{N}_1+N_P$ (kN)
AC	2.83	−18.86	0	0	0	0	−18.86
BD	2.83	−23.57	0	0	0	0	−23.57
AE	2	13.33	0	0	0	0	13.33
BF	2	16.67	0	0	0	0	16.67
EF	2	16.67	−0.707	18.86	1	−1.67	−15.00
CD	2	−13.33	−0.707	−23.57	1	−1.67	15.00

续上表

杆件	l (m)	N_P (kN)	$\overline{N}_1$	$N_P \overline{N}_1 l$ (kN·m)	$\overline{N}_1^2 l$(m)	$X_1 \overline{N}_1$ (kN)	$N=X_1 \overline{N}_1+N_P$ (kN)
CF	2.82	0	1	0	2.828	0	2.36
DE	2.82	-4.71	1	-13.33	2.828	0	-2.37
DF	2	0	-0.707	0	1	-1.67	-1.67
CE	2	3.33	-0.707	-4.78	1	-1.67	1.67
合计				-22.76	9.656		

算出 $\sum N_P \overline{N}_1 l$ 及 $\sum \overline{N}_1^2 l$ 后,得

$$X_1 = -\frac{\Delta_{1P}}{\delta_{11}} = -\frac{\sum N_P \overline{N}_1 l}{\sum \overline{N}_1^2 l} = -\frac{-22.76}{9.656} = 2.36(\text{kN})$$

各杆最后轴力的计算结果列在表格最后一列,并标在图10-22e)中。

五 对称超静定结构力法计算

用力法分析超静定结构时,结构的超静定次数越高,计算工作量也就越大,而其中主要工作量又在于组成和解算典型方程,即需要计算大量的系数、自由项并求解线性方程组。若要使计算简化,则须从简化典型方程入手。在典型方程中,能使一些系数及自由项等于零,则计算可得到简化。我们知道,主系数是恒为正且不会等于零的。因此,力法简化总的原则是:使尽可能多的副系数以及自由项等于零。能达到这一目的的途径很多,例如利用对称性,弹性中心法等,而各种方法的关键都在于选择合理的基本结构以及设置适宜的基本未知量。本节讨论对称性的利用。

工程中很多结构是对称的,利用其对称性可简化计算。

1. 选取对称的基本结构

图10-23a)示一对称结构,它有一个对称轴。所谓对称是指:结构的几何形状和支承情况对称;各杆的刚度(EI、EA 相等)也对称。

若将此结构沿对称轴上的截面切开,便得到一个对称的基本结构,如图10-23b)所示。此时多余未知力包括3对力:一对弯矩 X_1、一对轴力 X_2 和一对剪力 X_3。如果对称轴两边的力大小相等,绕对称轴对折后作用点和作用线均重合且指向相同,则称为正对称(或简称对称)的力;若对称轴两边的力大小相等,绕对称轴对折后作用点和作用线均重合但指向相反,则称为反对称的力。由此可知,在上述多余未知力中,X_1 和 X_2 是正对称的,X_3 是反对称的。

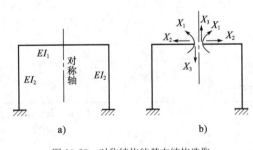

图10-23 对称结构的基本结构选取

绘出基本结构的各单位弯矩图(图10-24),可以看出,$\overline{M}_1$ 和 $\overline{M}_2$ 是正对称的,而 $\overline{M}_3$ 图是反对称的。由于正、反对称的两图相乘时恰好正负抵消使结果为零,因而可知副系数

$$\delta_{13} = \delta_{31} = 0$$
$$\delta_{23} = \delta_{32} = 0$$

于是,典型方程便简化为

$$\delta_{11}X_1 + \delta_{12}X_2 + \Delta_{1P} = 0$$
$$\delta_{21}X_1 + \delta_{22}X_2 + \Delta_{3P} = 0$$
$$\delta_{33}X_3 + \Delta_{3P} = 0$$

可见，典型方程已分为两组，一组只包含正对称的多余未知力 X_1 和 X_2，另一组只包含反对称的多余未知力 X_3。显然，这比一般的情形计算就简单得多。

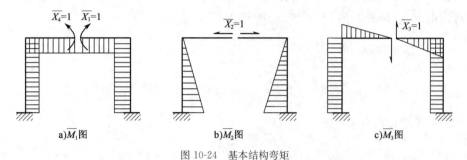

a) $\overline{M}_1$ 图　　　　b) $\overline{M}_2$ 图　　　　c) $\overline{M}_3$ 图

图 10-24　基本结构弯矩

如果作用在结构上的荷载也是正对称的[图 10-25a]，则 M_P 图也是正对称的[图 10-25b]，于是自由项 $\Delta_{3P}=0$。由典型方程的第 3 式可知反对称的多余未知力 $X_3=0$，因此只有正对称的多余未知力 X_1 和 X_2。最后弯矩图为 $M=M_1X_1+M_2X_2+M_P$，它也将是正对称的，其形状如图 10-25c)所示。由此可推知，此时结构的所有反力、内力及位移[图 10-25a)中虚线所示]都将是正对称的。但须注意，此时剪力图是反对称的，这是由于剪力的正负号规定所致，而剪力的实际方向则是正对称的。

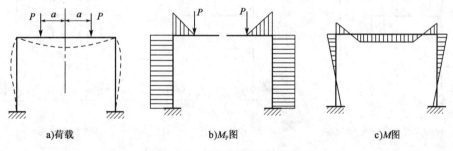

a)荷载　　　　b)M_P图　　　　c)M图

图 10-25　对称荷载作用下 M 图

如果作用在结构上的荷载是反对称的[图 10-26a)]，作出 M_P 图如图 10-26b)所示，则同理可证，此时正对称的多余未知力 $X_1=X_2=0$，只有反对称的多余未知力 X_3。最后弯矩图为 $M=M_3X_3+M_P$，它也是反对称的[图 10-26c)所示]，且此时结构的所有反力、内力和位移[图 10-26a)中虚线所示]都将是反对称的。但须注意，剪力图是正对称的，剪力的实际方向则是反对称的。

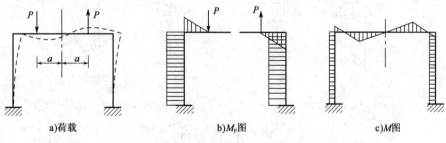

a)荷载　　　　b)M_P图　　　　c)M图

图 10-26　反对称荷载作用下 M 图

由上所述可得如下结论:对称结构在正对称荷载作用下,其内力和位移都是正对称的;在反对称荷载作用下,其内力和位移都是反对称的。

例 10-6 试分析图 10-27a)所示刚架。设 $EI=$ 常数。

解 这是一个对称结构,为 4 次超静定。我们取图 10-27b)所示对称的基本结构。由于荷载是反对称的,故可知正对称的多余未知力皆为零,而只有反对称的多余未知力 X_1,从而使典型方程大为简化,仅相当于求解一次超静定的问题。

分别作出 $\overline{M}_1$、M_P 图如图 10-27c)、d)所示,由图乘法可得

$$EI\delta_{11} = \left[\left(\frac{1}{2}\times 3\times 3\times 2\right)\times 2 + 3\times 6\times 3\right]\times 2 = 144$$

$$EI\Delta_{1P} = \left[3\times 6\times 30 + \frac{1}{2}\times 3\times 3\times 80\right]\times 2 = 1800$$

代入典型方程可解得

$$X_1 = -\frac{\Delta_{1P}}{\delta_{11}} = -\frac{1800}{144} = -12.5(\text{kN})$$

最后弯矩图 $M = \overline{M}_1 X_1 + M_P$,如图 10-27e)所示。

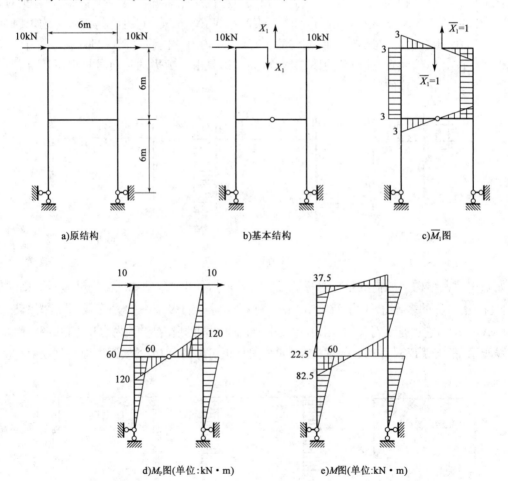

图 10-27 例 10-6 图

2. 未知力分组及荷载分组

在很多情况下,对于对称的超静定结构,虽然选取了对称的基本结构,但多余未知力对结构的对称轴来说却不是正对称或反对称的。相应的单位内力图也就即非正对称也非反对称,因此有关的副系数仍然不等于零。例如图 10-28 所示对称刚架就是这样的例子。

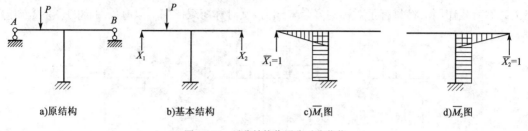

图 10-28　对称结构作用非对称荷载

对于这种情况,为了使副系数等于零,可以采取未知力分组的方法。这就是将原有在对称位置上的两个多余未知力 X_1 和 X_2 分解为新的两组未知力:一组为两个成正对称的未知力 Y_1,另一组为两个成反对称的未知力 Y_2[图 10-29a]。新的未知力与原有未知力之间具有如下关系

$$X_1 = Y_1 + Y_2$$
$$X_2 = Y_1 - Y_2$$

或

$$Y_1 = \frac{X_1 + X_2}{2}$$
$$Y_2 = \frac{X_1 - X_2}{2}$$

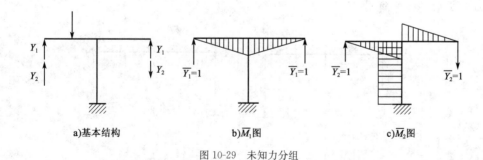

图 10-29　未知力分组

经过上述未知力分组后,求解原有两个多余未知力的问题就转变为求解新的两对多余未知力组。此时的 Y_1 是广义力,它代表着一对正对称的力,作 $\overline{M}_1$ 图时要把这两个正对称的单位力同时加上去,这样所得的 $\overline{M}_1$ 图便是正对称的[图 10-29b]。同理可作出 $\overline{M}_2$ 图[图 10-29c]。由于 $\overline{M}_1$、$\overline{M}_2$ 两图分别为正、反对称,故副系数 $\delta_{12} = \delta_{21} = 0$。典型方程简化为

$$\delta_{11} Y_1 + \Delta_{1P} = 0$$
$$\delta_{22} Y_2 + \Delta_{2P} = 0$$

因为 Y_1、Y_2 都是广义力,故以上方程的物理意义也转变为相应的广义位移条件。第 1 式

代表基本结构上与广义力 Y_1 相应的广义位移为零,即 A、B 两点同方向的竖向位移之和为零。因为原结构在 A、B 两点均无竖向位移,故其和亦等于零。同理,第 2 式则代表 A、B 两点反方向的竖向位移之和等于零。

当对称结构承受一般非对称荷载时,我们还可以将荷载分解为正、反对称的两组,将它们分别作用于结构上求解,然后将计算结果叠加(图 10-30)。显然,若取对称的基本结构计算,则在正对称荷载作用下将只有正对称的多余未知力,反对称荷载作用下只有反对称的多余未知力。

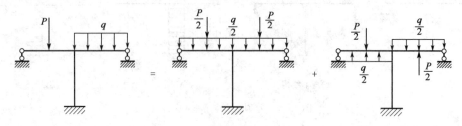

图 10-30 非对称荷载分解为两组

3. 取一半结构计算

当对称结构承受正对称或反对称荷载时,我们也可以只截取结构的一半来进行计算。下面分别就奇数跨和偶数跨两种对称刚架加以说明。

(1) 奇数跨对称刚架。如图 10-31a)所示刚架,在正对称荷载作用下,由于只产生正对称的内力和位移,故可知在对称轴上的截面 C 处不可能发生转角和水平线位移,但可有竖向线位移。同时该截面上将有弯矩和轴力,而无剪力。因此,截取刚架的一半时,在该处应用一滑动支座(也称定向支座)来代替原有联系,从而得到图 10-31b)所示的计算简图。

在反对称荷载作用下[图 10-31c)],由于只产生反对称的内力和位移,故可知在对称轴上的截面 C 处不可能发生竖向线位移,但可有水平线位移及转角。同时该截面上弯矩、轴力均为零而只有剪力。因此,截取一半时应在该处用一竖向支承链杆来代替原有联系,从而得到图 10-31d)所示的计算简图。

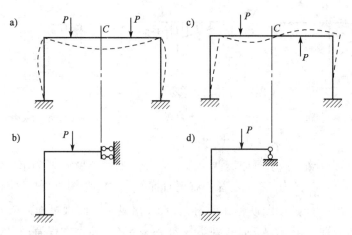

图 10-31 奇数跨对称刚架取一半结构计算

(2) 偶数跨对称刚架。如图 10-32a)所示刚架,在正对称荷载作用下,若忽略杆件的轴向变形,则在对称轴上的刚结点 C 处将不可能产生任何位移。同时在该处的横梁杆端有弯矩、轴力和剪力存在。故在截取一半时,该处应用固定支座代替,从而得到图 10-32b)所示的计算简图。

在反对称荷载作用下[图 10-32c)]，我们可将其中间柱设想为由两根刚度各为 $I/2$ 的竖柱组成，它们在顶端分别与横梁刚结[图 10-32e)]，显然这与原结构是等效的。再设想将此两柱中间柱的横梁切开，则由于荷载是反对称的，故切口上只有剪力 Q_c[图 10-32f)]。这对剪力将只使两柱分别产生等值反号的轴力而不使其他杆件产生内力。而原结构中间柱的内力是等于该两柱内力之代数和，故剪力 Q_c 实际上对原结构的内力和变形均无影响。因此，我们可将其去掉不计，而取一半刚架的计算简图如图 10-32d)所示。

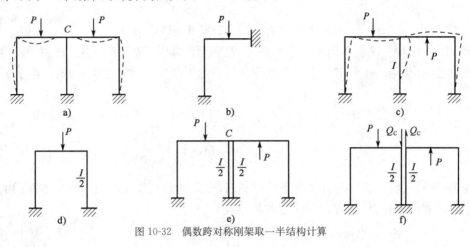

图 10-32　偶数跨对称刚架取一半结构计算

六　温度变化时超静定结构力法计算

对于静定结构，温度变化将使其产生变形和位移，但不引起内力。如图 10-33a)所示静定梁，当温度改变时，梁将自由地伸长及弯曲而不受到任何阻碍，其变形如图中虚线所示。对于超静定结构则不然，如图 10-33b)所示超静定梁，当温度改变时，梁的变形将受到两端支座的限制，因此必将引起支座反力，同时产生内力。

用力法分析超静定结构在温度变化时的内力，其原理与前述荷载作用下的计算相同，仍是根据基本结构在外因和多余未知力共同作用下，在去掉多余联系处的位移应与原结构的位移相符这一原则进行的。例如图 10-34a)所示刚架，其温度变化如图所示，取图 10-34b)所示基本结构，典型方程为

$$\delta_{11}X_1 + \delta_{12}X_2 + \delta_{13}X_3 + \Delta_{1t} = 0$$
$$\delta_{21}X_1 + \delta_{22}X_2 + \delta_{23}X_3 + \Delta_{2t} = 0$$
$$\delta_{31}X_1 + \delta_{32}X_2 + \delta_{33}X_3 + \Delta_{3t} = 0$$

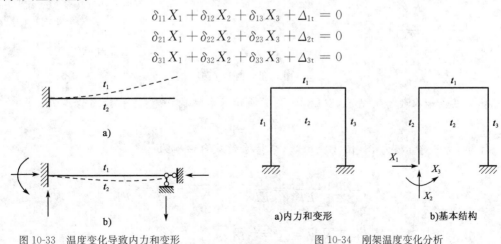

图 10-33　温度变化导致内力和变形　　　　图 10-34　刚架温度变化分析

其中系数的计算与以前相同，它们是与外因无关的。自由项 Δ_{1t}、Δ_{2t}、Δ_{3t} 则分别为基本结构由于温度变化引起的沿 X_1、X_2、X_3 方向的位移。根据前面章节可知，它们的计算式可写为

$$\Delta_{it} = \sum \overline{N}_i \alpha t l + \sum \frac{\alpha \Delta t}{h} \int \overline{M}_i ds$$

将系数和自由项求得后代入典型方程即可解出多余未知力。

因为基本结构是静定的，温度变化并不使其产生内力，故最后内力只是由多余未知力所引起的，即

$$M = \overline{M}_1 X_1 + \overline{M}_2 X_2 + \overline{M}_3 X_3$$

但温度变化却会使基本结构产生位移，因此在求位移时，除了考虑由于内力而产生的弹性变形所引起的位移外，还要加上由于温度变化所引起的位移。对于刚架，位移计算公式一般可写为

$$\Delta_K = \sum \int \frac{\overline{M}_K M ds}{EI} + \Delta_{Kt}$$

$$= \sum \int \frac{\overline{M}_K M ds}{EI} + \sum \overline{N}_K \alpha t l + \sum \frac{\alpha \Delta t}{h} \int \overline{M}_K M ds$$

同理，在对最后内力图进行位移条件校核时，亦应把温度变化所引起的基本结构的位移考虑进去。对多余未知力 X_i 方向上的位移校核式一般为

$$\Delta_i = \sum \int \frac{\overline{M}_i M ds}{EI} + \Delta_{it} = 0$$

例 10-7 图 10-35a)所示刚架外侧温度升高 25℃，内侧温度升高 35℃，试绘制其弯矩图并计算横梁中点的竖向位移，刚架的 $EI=$ 常数，截面对称形心轴，其高度 $h = \dfrac{l}{10}$，材料的线膨胀系数为 α。

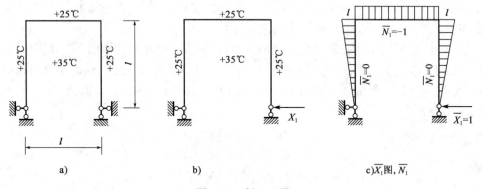

图 10-35 例 10-7 图

解 这是一次超静定刚架，取图 10-35b)所示基本结构，典型方程为

$$\delta_{11} X_1 + \Delta_{1t} = 0$$

计算 $\overline{N}_1$ 并绘出 $\overline{M}_1$ 图[图 10-35c)]，求得系数及自由项为

$$\delta_{11} = \sum \int \frac{\overline{M}_1^2 ds}{EI} = \frac{1}{EI}\left(2\frac{l^2}{2} \times \frac{2l}{3} + l^3\right) = \frac{5l^3}{3EI}$$

$$\Delta_{1t} = \sum \overline{N} \alpha t l + \sum \frac{\alpha \Delta t}{h} \int \overline{M}_1 ds$$

$$= (-1)\alpha \times \frac{25+35}{2}l - \alpha\frac{35-25}{h}\left(2\frac{l^2}{2}+l^2\right)$$

$$= -30\alpha l\left(1+\frac{2l}{3h}\right) = -230\alpha l$$

故得

$$X_1 = -\frac{\Delta_{1t}}{\delta_{11}} = 138\frac{\alpha EI}{l^2}$$

最后弯矩图 $M = \overline{M}_1 X_1$，如图 10-36a) 所示。由于计算结果可知，在温度变化影响下，超静定结构的内力与各杆刚度的绝对值有关，这是与荷载作用下不同的。

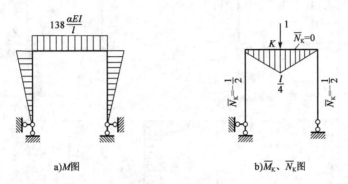

图 10-36 例 10-7 计算及结果

为求横梁中点的竖向位移 Δ_K，作出基本结构虚拟状态的 $\overline{M}_K$ 图并求出 $\overline{N}_K$ [图 10-36b)]，然后由位移计算公式可得

$$\Delta_K = \sum\int\frac{\overline{M}_K M \mathrm{d}s}{EI} + \sum\overline{N}_K \alpha t l + \sum\frac{\alpha\Delta t}{h}\int\overline{M}_K \mathrm{d}s$$

$$= -\frac{1}{EI}\left(\frac{1}{2}\times\frac{l}{4}l\times 138\frac{\alpha EI}{l}\right) + 2\times\left(-\frac{1}{2}\right)\alpha\times\frac{25+35}{2}l + \frac{\alpha(35-25)}{h}\times\left(\frac{1}{2}\times\frac{l}{4}l\right)$$

$$= -\frac{69}{4}\alpha l - 30\alpha l + \frac{50}{4}\alpha l = 34.75\alpha l(\uparrow)$$

七 支座移动时超静定结构力法计算

对于静定结构，支座移动将使其产生位移，但并不产生内力。如图 10-37a) 所示静定梁，当支座 B 发生竖向位移时不会受到任何阻碍。因为假想去掉支座位 B，结构就成为一个自由度的几何可变体系。因此，当支座 B 移动时，结构只随之发生刚性位移（如图中虚线所示），而不产生弹性变形和内力。对于超静定结构情况就不同了。如图 10-37b) 所示超静定梁，当支座 B 发生位移时，将受到 AC 梁的牵制，因而使各支座产生反力，同时梁产生内力并发生弯曲。

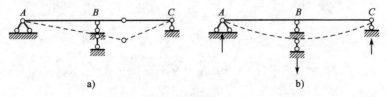

图 10-37 支座移动导致内力和变形

用力法分析超静定结构在支座位移时的内力，其原理与荷载作用或温度变化时的计算仍

相同,唯一的区别仅在于典型方程中的自由项不同。

如图 10-38a)所示的刚架,设其支座 B 由于某种原因产生了水平位移 a、竖向位移 b 及转角 φ。取基本结构如图 10-38b)所示。根据基本结构在多余未知力和支座位移共同影响下,沿各多余未知力方向的位移应与原结构的位移相同的条件,可建立典型方程如下

$$\left.\begin{array}{l}\delta_{11}X_1+\delta_{12}X_2+\delta_{13}X_3+\Delta_{1\Delta}=0\\ \delta_{21}X_1+\delta_{22}X_2+\delta_{23}X_3+\Delta_{2\Delta}=-\varphi\\ \delta_{31}X_1+\delta_{32}X_2+\delta_{33}X_3+\Delta_{3\Delta}=-a\end{array}\right\}$$

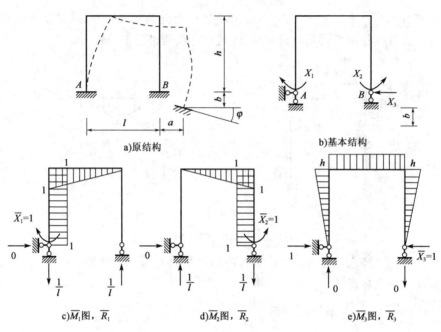

图 10-38 刚架支座移动分析

式中的系数与外因无关,其计算同前。自由项 $\Delta_{1\Delta}$、$\Delta_{2\Delta}$、$\Delta_{3\Delta}$ 则分别代表基本结构上由于支座移动引起的沿 X_1、X_2、X_3 方向的位移,它们可按前面章节计算

$$\Delta_{i\Delta}=-\sum \overline{R}_i C$$

由图 10-38c)～e)所示的虚拟反力,按上式可求得

$$\Delta_{1\Delta}=-\left(-\frac{1}{l}b\right)=\frac{b}{l}$$

$$\Delta_{2\Delta}=-\left(\frac{1}{l}b\right)=-\frac{b}{l}$$

$$\Delta_{3\Delta}=0$$

自由项求出后,其余计算则可仿照温度变化下的情况来进行,无须详述。此时最后内力也只是多余未知力所引起的,即

$$M=\overline{M}_1 X_1+\overline{M}_2 X_2+\overline{M}_3 X_3$$

但在求位移时,则应加上支座移动的影响

$$\Delta_{\mathrm{K}}=\sum\int\frac{\overline{M}_{\mathrm{K}}M\mathrm{d}s}{EI}+\Delta_{\mathrm{K}\Delta}=\sum\int\frac{\overline{M}_{\mathrm{K}}M\mathrm{d}s}{EI}-\sum\overline{R}_{\mathrm{K}}C$$

沿 X_i 方向的位移方向校核式为

$$\Delta_{\mathrm{K}}=\sum\int\frac{\overline{M}_{\mathrm{K}}M\mathrm{d}s}{EI}-\sum\overline{R}_{\mathrm{K}}C=0 \text{ 或已知值}$$

例 10-8 图 10-39a)所示两端固定的等截面梁 A 端发生了转角 φ，试分析其内力。

解 取简支梁为基本结构[图 10-39b)]，因目前情况下 $X_3=0$，故多余未知力的个数为 2 个，典型方程为

$$\left.\begin{array}{l}\delta_{11}X_1+\delta_{12}X_2+\Delta_{1\Delta}=\varphi\\ \delta_{21}X_1+\delta_{22}X_2+\Delta_{2\Delta}=0\end{array}\right\}$$

绘出 $\overline{M}_1$、$\overline{M}_2$ 图[图 10-39c)、d)]，由图乘法求得各系数为

$$\delta_{11}=\frac{l}{3EI}$$

$$\delta_{22}=\frac{l}{3EI}$$

$$\delta_{12}=\delta_{21}=-\frac{l}{6EI}$$

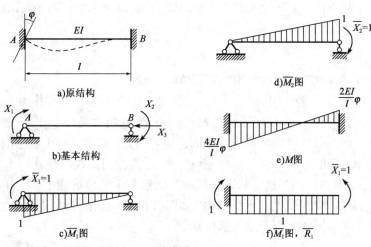

图 10-39 例 10-8 图

自由项 $\Delta_{1\Delta}$、$\Delta_{2\Delta}$ 则分别代表基本结构上由于支座移动引起的沿 X_1、X_2 方向的位移。由于本例在选取基本结构时已把发生转角的固定支座 A 改为铰支，故支座 A 的转动已不再对基本结构产生任何影响，故有

$$\Delta_{1\Delta}=\Delta_{2\Delta}=0$$

如按公式 $\Delta_{i\Delta}=-\sum\overline{R}_iC$ 计算亦得出同样结果。

将系数、自由项代入典型方程解算可求得

$$X_1=\frac{4EI}{l}\varphi$$

$$X_2=\frac{2EI}{l}\varphi$$

最后弯矩图 $M=\overline{M}_1X_1+\overline{M}_2X_2$，如图 10-39e)所示。

对最后内力图进行位移条件校核，检查固定支座 B 处转角是否为零。为此，我们可另取悬臂梁为基本结构[图 10-39f)]，作出其 $\overline{M}_1$ 图并求出虚拟反力 $\overline{R}_1$，由位移计算公式有

$$\varphi_B=\Delta_1=\sum\int\frac{\overline{M}_1Mds}{EI}-\sum\overline{R}_1C$$

$$= \frac{1}{EI}(1 \cdot l)\frac{1}{2}\left(\frac{4EI}{l}\varphi - \frac{2EI}{l}\varphi\right) - (1 \cdot \varphi) = 0$$

可见这一位移条件是满足的。

第三节 位 移 法

一 位移法的基本概念

几何不变的结构在一定的外因作用下,其内力与位移之间恒具有一定的关系,确定的内力只与确定的位移相对应。从这点出发,在分析超静定结构时,先设法求出内力,然后即可计算相应的位移,这便是力法。但也可以反过来,先确定某些位移,再据此推求内力,这便是位移法。力法是以多余未知力作为基本未知量,位移法则是以某些结点位移作为基本未知量,这就是两者的基本区别。

1. 位移法的基本思路

下面以图 10-40a)所示结构为例说明位移法的基本思路。

结构在荷载 q 的作用下将产生虚线所示的变形,设刚结点 1 处的角位移为 Z_1。如果将结构在结点 1 处按杆件分开,则 1A 杆就可视为两端固定梁,其内力是由于 1 端发生角位移 Z_1 产生的[图 10-40b)];同理,1B 杆也可视为两端固定梁,其内力是由于 1 端发生角位移 Z_1 产生的[图 10-40c)];而 1C 杆可视为 1 端固定、C 端铰支的梁,其内力是在荷载 q 和 1 端角位移 Z_1 共同作用下产生的[图 10-40d)]。这实际上是把原来的超静定结构拆成了几个单跨超静定梁的组合体,在这个组合体中,若能先求出角位移 Z_1,即可利用力法求得结构的内力。这就是位移法的基本思路。而基本未知量则是结点的位移 Z_1。

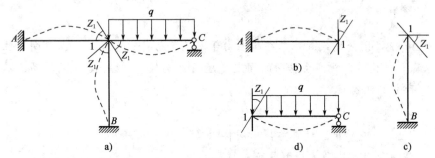

图 10-40 位移法基本思路

由以上讨论可知,在位移法中需要解决以下问题:

(1)用力法算出单跨超静定梁在杆端发生各种位移时以及荷载等因素作用下的内力(在上一节中已经解决这一问题)。

(2)确定以结构上的哪些位移作为基本未知量。

(3)如何求出这些位移。

2. 位移法基本未知量

由前所述位移法的基本未知量是结构各结点独立的结点位移,结点位移有结点角位移和结点线位移两种。在计算时,应首先确定出结构独立的结点角位移和线位移数目,即基本未知量数目。

确定结构独立的结点角位移相对容易些。对于刚结点,其所连接各杆端的转角都是相等的,因此每一刚结点只有一个独立的角位移。对于铰结点或铰支座,其上的转角是由其自身杆件的变形和受力情况所决定的,与其他杆件无关,故不作为基本未知量。这样结构独立的角位移未知量数目就等于刚结点的数目(不包括固定支座)。如图 10-41a)所示结构,有两个刚结点(1、2 结点),故其独立的角位移未知量数目为 2。设为 Z_1、Z_2。

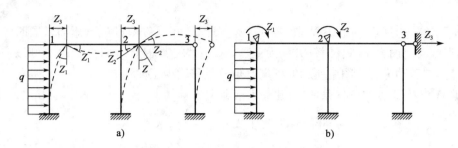

图 10-41 位移法基本结构选取 1

确定结构独立的结点线位移时,既要考虑刚结点的水平和竖向线位移,也要考虑铰结点的水平和竖向线位移。对于受弯杆件通常略去轴向变形,则认为杆件两端之间的距离是不变的,从而减少了结构独立的线位移数目。如图 10-41a)所示结构的结点 1、2、3 均无竖向线位移,且水平线位移是相同的,故只有一个独立的水平线位移 Z_3。这样结构[图 10-41a)]的独立基本未知量数目为 3。因此,可取图 10-41b)所示的位移法基本结构,其中结点 3 的水平支杆为附加支座链杆,其作用是限制结点 1、2、3 的水平线位移。

又如图 10-42a)所示刚架,其结点角位移数目为 4(注意其中结点 2 也是刚结点,即杆件 62 与 32 在该处刚结),结点线位移数目为 2,一共有 6 个基本未知量。加上 4 个刚臂和 2 根支座链杆后,可得到基本结构如图 10-42b)所示。

需要注意的是,上述确定结点线位移数目的方法,是以受弯直杆变形后两端距离不变的假设为依据的。对于需要考虑轴向变形的链杆或对于受弯曲杆,则其两端距离不能看作不变。因此,图 10-43 所示结构,其独立的结点线位移数目应为 2 而不是 1。

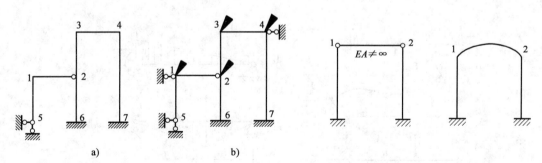

图 10-42 位移法基本结构选取 2   图 10-43 有轴向变形链杆时基本结构选取

二 杆端弯矩方程

在利用位移法计算超静定结构时,需要用到单跨超静定梁在各种因素作用下的杆端弯矩和剪力,而这些杆端弯矩和剪力可用力法一一求得。为以后应用方便起见,本节先导出杆端弯矩的计算公式。

如图 10-44 所示一两端固定的等截面梁，除受荷载及温度的变化影响外，两端支座还发生了位移。A 端转角为 φ_A，B 端转角为 φ_B，A、B 两端在垂直于杆轴方向上的相对线位移（亦简称侧移）为 Δ_{AB}（这里，AB 杆沿杆轴方向的线位移以及在垂直杆轴方向的平移均不引起弯矩，故不予考虑）。用力法求解这一问题时，可取简支梁为基本结构，多余未知力为杆端弯矩 X_1、X_2 和轴力 X_3，如图 10-44b）所示。目前 X_3 对梁的弯矩没有影响，可不考虑，故仅需要求解 X_1 和 X_2。

关于正负号的规定，在位移法中，为了计算方便，弯矩是以对杆端弯矩而言顺时针方向为正（对结点或支座而言是以反时针方向为正）；φ_A、φ_B 均以顺时针方向为正；Δ_{AB} 则以使整个杆件顺时针方向转动为正。图中所示的杆端弯矩及位移均为正值。

根据 A 点和 B 点的位移条件，可建立力法典型方程如下：

$$\delta_{11}X_1 + \delta_{12}X_2 + \Delta_{1P} + \Delta_{1t} + \Delta_{1\Delta} = \varphi_A$$

$$\delta_{21}X_1 + \delta_{22}X_2 + \Delta_{2P} + \Delta_{1t} + \Delta_{2\Delta} = \varphi_B$$

式中的系数和自由项均可按以前的方法求得。作出 $\overline{M}_1$、$\overline{M}_2$、M_P [图 10-44c）～e)]，由图乘法可算出

$$\delta_{11} = \frac{l}{3EI}$$

$$\delta_{22} = \frac{l}{3EI}$$

$$\delta_{12} = \delta_{21} = -\frac{l}{6EI}$$

$$\Delta_{1P} = \frac{\omega}{EI} \cdot \frac{x_B}{l}$$

$$\Delta_{2P} = -\frac{\omega}{EI} \cdot \frac{x_A}{l}$$

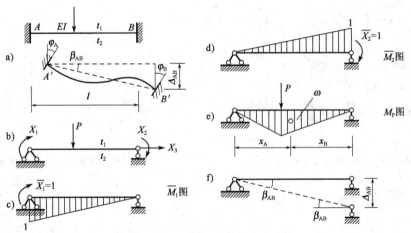

图 10-44 两端固定梁位移法求解

至于自由项 $\Delta_{1\Delta}$、$\Delta_{2\Delta}$ 则是表示由于支座位移引起的基本结构两端的转角，由图 10-44f）可以看出，支座转动将不使基本结构产生任何转角；而支座相对侧移所引起的两端转角为

$$\Delta_{1\Delta} = \Delta_{2\Delta} = \beta_{AB} = \frac{\Delta_{AB}}{l}$$

这里,β_{AB} 称为弦转角,亦以顺时针方向为正。

由前面章节关于温度变化引起的位移计算公式可算出

$$\Delta_{1t} = \frac{\alpha \Delta t}{h} \cdot \frac{l}{2} = \frac{\alpha l \Delta t}{2h}$$

$$\Delta_{2t} = -\frac{\alpha l \Delta t}{2h}$$

式中:$\Delta t = t_2 - t_1$;

α——材料的线膨胀系数;

h——杆件截面高度。

将以上系数和自由项代入典型方程,可解得

$$M_{AB} = 4i\varphi_A + 2i\varphi_B - \frac{6i}{l}\Delta_{AB} + M_{AB}^F$$

$$M_{BA} = 4i\varphi_B + 2i\varphi_A - \frac{6i}{l}\Delta_{AB} + M_{BA}^F \tag{10-7}$$

为了方便,令 $i = EI/l$,i 称为杆件的线刚度。此外,用 M_{AB} 代替 X_1,用 M_{BA} 代替 X_2,上式便可写为

$$M_{AB}^F = -\frac{2\omega}{l^2}(2x_B - x_A) - \frac{EI\alpha\Delta t}{h}$$

$$M_{BA}^F = \frac{2\omega}{l^2}(2x_A - x_B) + \frac{EI\alpha\Delta t}{h} \tag{10-8}$$

式中:M_{AB}^F、M_{BA}^F——此两端固定的梁在荷载及温度变化等外因作用下的杆端弯矩,称为固端弯矩。

式(10-7)是两端固定的等截面梁的杆端弯矩的一般计算公式,通常称为转角位移方程。

对于一端固定另一端铰支的等截面梁,其转角位移方程可由式(10-7)导出。设 B 端铰支,则因

$$M_{BA} = 4i\varphi_A + 2i\varphi_B - \frac{6i}{l}\Delta_{AB} + M_{BA}^F = 0$$

得
$$\varphi_B = -\frac{1}{2}\left(\varphi_A - \frac{3}{l}\Delta_{AB} + \frac{1}{2i}M_{BA}^F\right)$$

可见,φ_B 可表为 φ_A、Δ_{AB} 等的函数,它不是独立的。把它代入式(10-7)的第一式,就有

$$M_{AB} = 3i\varphi_A - \frac{3i}{l}\Delta_{AB} + M_{AB}^{F'} \tag{10-9}$$

式中:$M_{AB}^{F'} = M_{AB}^F - \frac{1}{2}M_{BA}^F = -\frac{3\omega x_B}{l^2} - \frac{3EI\alpha\Delta t}{2h}$ \hfill (10-10)

即为这种梁的固端弯矩。

杆端弯矩求出后,杆端剪力便不难由平衡方程求出。剪力正负号的规定与以前相同。

为了应用方便,本书将等截面单跨超静定梁在各种不同情况下的杆端弯矩和剪力值列于表 10-2 中。

等截面直杆的杆端弯矩和剪力 表 10-2

序号	计算简图及挠度图	弯矩图及固端弯矩	固端剪力 F_{QAB}	固端剪力 F_{QBA}
1	EI, q, 均布荷载, 两端固定, 跨度 l	$ql^2/12$; $ql^2/12$	$\dfrac{ql}{2}$ ($\uparrow$)	$\dfrac{ql}{2}$ ($\uparrow$)
2	三角形分布荷载 q(右端最大), 两端固定	$\dfrac{ql^2}{30}$; $\dfrac{ql^2}{20}$	$\dfrac{3}{20}ql$ ($\uparrow$)	$\dfrac{7}{20}ql$ ($\uparrow$)
3	集中力 F_P 作用于距 A 为 a, 距 B 为 b	$\dfrac{F_P ab^2}{l^2}$; $\dfrac{F_P a^2 b}{l^2}$	$\dfrac{F_P b^2(l+2a)}{l^3}$ ($\uparrow$)	$\dfrac{F_P a^2(l+2b)}{l^3}$ ($\uparrow$)
4	集中力 F_P 作用于跨中	$F_P l/8$; $F_P l/8$	$\dfrac{F_P}{2}$ ($\uparrow$)	$\dfrac{F_P}{2}$ ($\uparrow$)
5	温度变化 t_1 (上), t_2 (下), 两端固定, 截面高 h, 宽 b	$EI\alpha\Delta t/h$, $\Delta t = t_2 - t_1$	0	0
6	均布荷载 q, A 端固定 B 端铰支	$ql^2/8$	$\dfrac{5ql}{8}$ ($\uparrow$)	$\dfrac{3ql}{8}$ ($\uparrow$)
7	三角形分布荷载 q(A 端最大), A 端固定 B 端铰支	$ql^2/15$	$\dfrac{2ql}{5}$ ($\uparrow$)	$\dfrac{ql}{10}$ ($\uparrow$)
8	三角形分布荷载 q(B 端最大), A 端固定 B 端铰支	$7ql^2/120$	$\dfrac{9ql}{40}$ ($\uparrow$)	$\dfrac{11ql}{40}$ ($\uparrow$)

续上表

序号	计算简图及挠度图	弯矩图及固端弯矩	固 端 剪 力	
			F_{QAB}	F_{QBA}
9		$\dfrac{F_P ab(l+b)}{2l^2}$	$\dfrac{F_P b(3l^2-b^2)}{2l^3}$ ($\uparrow$)	$\dfrac{F_P a^2(3l-a)}{2l^3}$ ($\uparrow$)

三 位移法算例

本节我们以图 10-40 所示的刚架为例，来说明在位移法中如何建立求解基本未知量的方程及具体计算步骤。

图 10-40 中，为了求出基本未知量 Z_1，设想在原结构[图 10-40a)]的刚结点 1 处加入一个附加刚臂，用"▼"表示[图 10-45a)]。该附加刚臂的作用是限制结点 1 不发生转动（但不能限制移动）。这样，结点 1 就变成了固定端，而图 10-45a)就变成了各单跨梁的组合体。然后，使附加刚臂发生与原结构[图 10-40a)]相同的角位移 Z_1[图 10-45b)]。将图 10-45a)与 10-45b)所示的两步叠加，就得到与原结构的变形及受力状况完全相同的结构[图 10-45c)]，称为位移法的**基本结构**。因此，可用基本结构的计算来代替原结构的计算。

根据上述思路，借助于表 10-2 可分别绘出基本结构在图 10-45a)、b)两种情况下各杆的弯矩图[图 10-45d)、e)]。用 R_{1P} 表示基本结构由于荷载单独作用时在附加刚臂中产生的反力矩，R_{11} 表示基本体系由于附加刚臂发生角位移 Z_1 时在附加刚臂中产生的反力矩。由于原结构在荷载 q 和结点 1 的角位移 Z_1 共同作用时附加刚臂处的反力矩为零，所以根据叠加原理得

$$R_{11} + R_{1P} = 0 \tag{a}$$

如令 r_{11} 表示由于附加刚臂发生单位角位移 $\bar{Z}_1 = 1$ 时在附加刚臂中产生的反力矩由图 10-45f)，有

$$R_{11} = r_{11} Z_1$$

故式(a)可写为

$$r_{11} Z_1 + R_{1P} = 0 \tag{b}$$

上式称为位移法方程。其中，r_{11}、R_{1P} 的正负号规定为：凡与 Z_1 所设方向相同者为正。

分别取结点 1 为隔离体[图 10-45d)、f)]，由力矩平衡方程，得

$$r_{11} = 4i + 4i + 3i = 11i$$

$$R_{1P} = -\frac{1}{8}ql^2$$

将 r_{11}、R_{1P} 代入式(b)，有

$$11i \times Z_1 - \frac{1}{8}ql^2 = 0$$

得

$$Z_1 = \frac{ql^2}{88i}$$

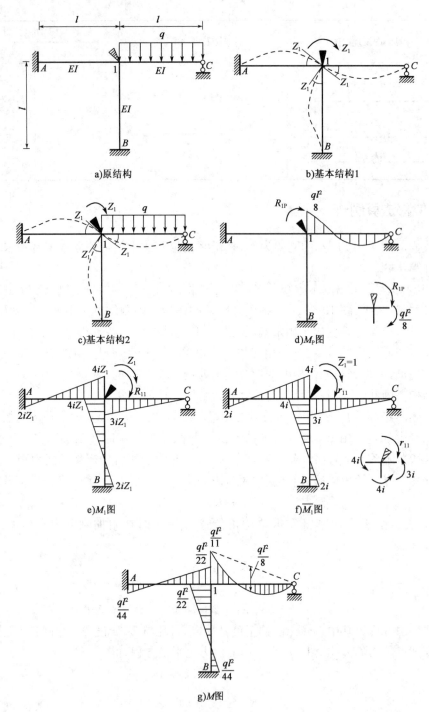

图 10-45 位移法求解刚架实例 1

求出 Z_1 后,将图 10-45e) 与图 10-45d) 叠加,按 $M = \overline{M}_1 Z_1 + M_P$ 即可得到原结构 [图 10-40a)] 的最后弯矩图 [图 10-45g)]。

以上只是有一个结点角位移的情况,如既有角位移又有线位移,则分析过程同上。

如图 10-46a) 所示刚架,此刚架在结点 1、2 处分别有一个独立的结点角位移 Z_1 和结点线位移 Z_2。在结点 1 处加一附加刚臂,在结点 2 处加一水平支承链杆,即可得基本结构。基本结构由于加入了附加刚臂和链杆，便阻止了结点 1 的转角和结点 1、2 的线位移，而原结构是有这些结点转角和线位移的。因此，基本结构除了承受荷载 P 外，还应令其附加刚臂发生与原结构相同的转角 Z_1，同时令附加链杆发生与原结构相同的线位移 Z_2〔图 10-46b)〕，这样二者的位移就完全一致了。基本结构在荷载和基本未知量即结点位移共同作用下的体系称为基本体系。从受力方面看，基本结构由于加入了附加刚臂和链杆，刚臂处便会产生附加反力矩，链杆处便会产生附加反力，但原结构并没有这些附加约束，当然也就不存在这些附加反力矩和附加反力。现在基本体系的位移既然与原结构完全一致，其受力也就完全相同。因此可知，基本结构在结点位移 Z_1、Z_2 和荷载 P 的共同作用下，刚臂上的附加反力矩 R_1 和链杆上的附加反力 R_2 都应等于零。设由 Z_1、Z_2 和荷载 P 所引起的刚臂上的反力矩分别为 R_{11}、R_{12} 和 R_{1P}，所引起附加链杆上的反力分别为 R_{21}、R_{22} 和 R_{2P}〔图 10-46c)、d) 和 e)〕，则根据叠加原理，上述条件可写为

$$R_1 = R_{11} + R_{12} + R_{1P} = 0$$
$$R_2 = R_{21} + R_{22} + R_{2P} = 0$$

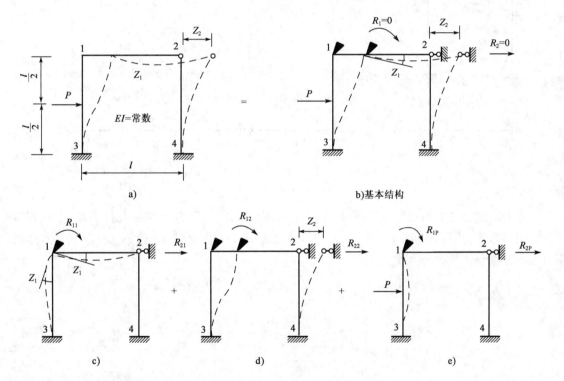

图 10-46　位移法求解刚架实例 2

其中：R 的两个下标的含义与以前相似，即第 1 个表示该反力所属的附加联系，第 2 个表示引起该反力的原因。再设以 r_{11}、r_{12} 分别表示由单位位移 $\bar{Z}_1=1$、$\bar{Z}_2=1$ 所引起的刚臂上的反力矩，以 r_{21}、r_{22} 分别表示由单位位移 $\bar{Z}_1=1$、$\bar{Z}_2=1$ 所引起的链杆上的反力，则上式可写为

$$\left. \begin{array}{r} r_{11}Z_1 + r_{12}Z_2 + R_{1P} = 0 \\ r_{21}Z_1 + r_{22}Z_2 + R_{2P} = 0 \end{array} \right\}$$

此即为求解 Z_1、Z_2 的方程。

为了求解 Z_1、Z_2，必须先求解出方程中的附加刚臂上的反力矩 r_{11}、r_{12} 和 R_{1P} 及附加链杆上

的反力 r_{21}、r_{22} 和 R_{2P}，可借助于表 10-2，绘出基本结构在 $\overline{Z}_1=1$、$\overline{Z}_2=1$ 以及荷载作用下的弯矩图 $\overline{M}_1$、$\overline{M}_2$ 和 M_P 图，如图 10-47 所示。然后由平衡方程求解。对于刚臂上的反力矩，可分别在图 10-47a)、b)、c) 中取结点 1 为隔离体，由力矩平衡方程 $\sum M_i = 0$ 求得为

$$r_{11} = 7i$$

$$r_{12} = -\frac{6i}{l}$$

$$R_{1P} = \frac{Pl}{8}$$

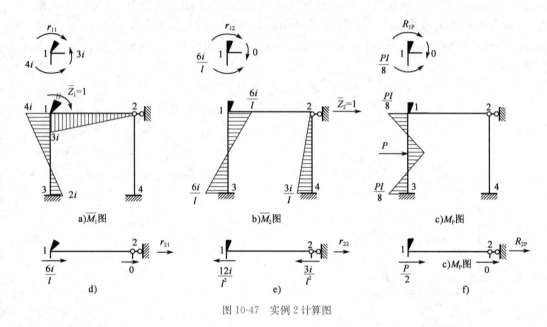

图 10-47 实例 2 计算图

对于附加链杆上的反力，可以分别在图 10-47a)、b)、c) 中用截面割断两柱顶端，取柱顶端以上横梁部分为隔离体[图 10-47d)、e)、f)]，并由表 10-2 查出竖柱 13 和 24 的杆端剪力，然后由投影方程 $\sum X = 0$ 求得为

$$r_{21} = -\frac{6i}{l}$$

$$r_{22} = \frac{15i}{l^2}$$

$$R_{2P} = -\frac{P}{2}$$

代入位移方程式中可得

$$Z_1 = \frac{9}{552}\frac{Pl}{i}$$

$$Z_2 = \frac{22}{552}\frac{Pl^2}{i}$$

所得均为正值，说明 Z_1、Z_2 与所设方向相同。求出 Z_1、Z_2 后，按 $M = \overline{M}_1 X_1 + \overline{M}_2 X_2 + M_P$ 即可得到原结构的最后弯矩图，这里不再赘述。

以此类推，对于一般具有 n 个基本未知量的结构，其位移法方程应为

$$\left.\begin{aligned}r_{11}Z_1 + r_{12}Z_2 + \cdots + r_{1i}Z_i + \cdots + r_{1n}Z_n + R_{1P} = 0\\ r_{21}Z_1 + r_{22}Z_2 + \cdots + r_{2i}Z_i + \cdots + r_{2n}Z_n + R_{2P} = 0\\ \vdots\\ r_{i1}Z_1 + r_{i2}Z_2 + \cdots + r_{ii}Z_i + \cdots + r_{in}Z_n + R_{iP} = 0\\ \vdots\\ r_{n1}Z_1 + r_{n2}Z_2 + \cdots + r_{ni}Z_i + \cdots + r_{nn}Z_n + R_{nP} = 0\end{aligned}\right\} \quad (10\text{-}11)$$

上式称为位移法的典型方程。其中，r_{ii} 称为主系数，表示基本结构由于 $Z_i = 1$ 引起的沿 Z_i 方向的反力，它恒为正值；r_{ij} 称副系数，表示基本结构由于 $Z_j = 1$ 引起的沿 Z_i 方向的反力，它可为正、为负或为零；R_{iP} 称为自由项，表示基本结构由于荷载作用引起的沿 Z_i 方向的反力。由反力互等定理可知，副系数 $r_{ij} = r_{ji}$。最后弯矩图可由叠加法按 $M = \overline{M}_1 Z_1 + \overline{M}_2 Z_2 + \cdots + \overline{M}_n Z_n + M_P$ 绘出。

根据以上分析，用位移法计算超静定结构的步骤如下：

(1)确定结构的基本未知量，选取基本结构。即先确定出结构独立的结点角位移和结点线位移数目，然后加入附加刚臂以限制角位移，加入附加支座链杆以限制线位移，使原结构变为单跨超静定梁的组合体作为基本结构。

(2)建立位移法方程。即放松附加刚臂和附加支座链杆，使基本结构恢复到原结构的受力和变形状态，由原结构附加刚臂、附加支座链杆处的反力矩、反力为零的条件，建立位移法方程。

(3)绘制基本结构的单位弯矩图和荷载弯矩图。

(4)利用平衡条件求位移法方程中的各系数和自由项。

(5)解方程求各基本未知量。

(6)由叠加法绘出最后的弯矩图。

例 10-9 用位移法计算图 10-48a)所示结构，并绘制弯矩图。

解 本例只有一个基本未知量，即结点 C 的角位移，取基本结构[图 10-48b)]，则典型方程为

$$r_{11}Z_1 + R_{1P} = 0$$

绘出基本结构的单位弯矩 $\overline{M}_1$ 图[图 10-48c)]和荷载弯矩 M_P 图[图 10-48d)]，取结点 C 为隔离体[图 10-48c)、d)]，由力矩平衡条件，得

$$r_{11} = 11i$$

$$R_{1P} = -\frac{ql^2}{24}$$

将 r_{11}、R_{1P} 代入典型方程，有

$$11i \times Z_1 - \frac{ql^2}{24} = 0$$

解得

$$Z_1 = \frac{ql^2}{264i}$$

按 $M = \overline{M}_1 Z_1 + M_P$ 绘出最后弯矩图[图 10-48e)]。

例 10-10 用位移法计算图 10-49a)所示结构，并绘制弯矩图。

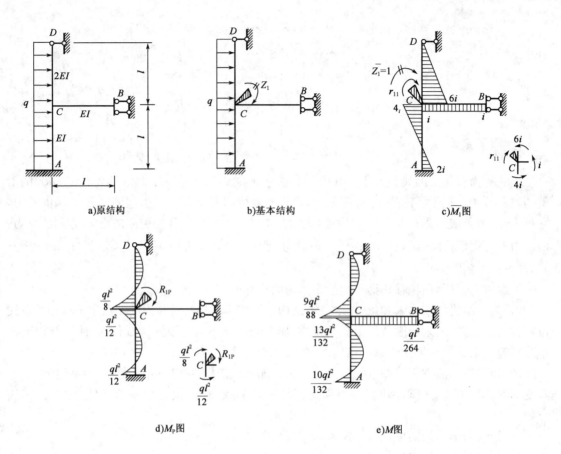

图 10-48 例 10-9 图

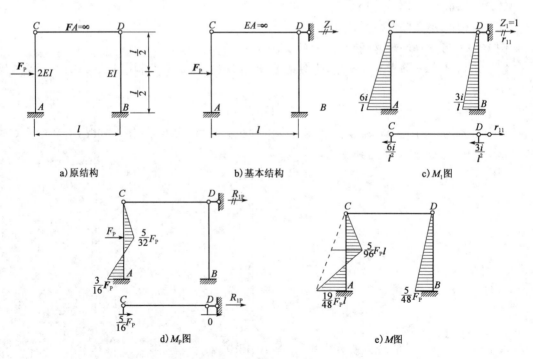

图 10-49 例 10-10 图

解 由于杆 CD 的抗拉压刚度 $EA=\infty$，故 CD 杆无轴向变形。因此本例只有结点水平线位移 Z_1。取基本结构[图 10-49b)]，则典型方程为

$$r_{11}Z_1 + R_{1P} = 0$$

绘出基本结构的单位弯矩 $\overline{M}_1$ 图[图 10-49c)]和荷载弯矩 M_P 图[图 10-49d)]。分别取图 10-49c)、d)状态下隔离体 CD 杆，由平衡条件得

$$r_{11} = \frac{6i}{l^2} + \frac{3i}{l^2} = \frac{9i}{l^2}$$

$$R_{1P} = -\frac{5}{16}P$$

$$\frac{9i}{l^2}Z_1 - \frac{5}{16}P = 0$$

将 r_{11}、R_{1P} 代入典型方程解得

$$Z_1 = \frac{5}{144}\frac{Pl^2}{i}$$

按 $M = \overline{M}_1 Z_1 + M_P$ 绘出最后弯矩图[10-49e)]。

例 10-11 用位移法计算结构[图 10-50a)]，并绘制弯矩图。

解 本例的基本未知量是结点 B 和结点 C 的角位移 Z_1 和 Z_2，取基本结构[图 10-50b)]，则典型方程为

$$r_{11}Z_1 + r_{12}Z_2 + R_{1P} = 0$$
$$r_{21}Z_1 + r_{22}Z_2 + R_{2P} = 0$$

分别绘出基本结构的 $\overline{M}_1$、$\overline{M}_2$、M_P 图[图 10-50c)、d)、e)]。根据平衡条件，得

$$8iZ_1 + 2iZ_2 - 5\text{N}\cdot\text{m} = 0$$
$$2iZ_1 + 7iZ_2 + 1\text{N}\cdot\text{m} = 0$$

将以上各系数和自由项代入典型方程，有

$$r_{11} = 8i$$
$$r_{12} = r_{21} = 2i$$
$$r_{22} = 7i$$
$$R_{1P} = -5(\text{N}\cdot\text{m})$$
$$R_{2P} = -5(\text{N}\cdot\text{m})$$

解得

$$Z_1 = 0.771\frac{1}{i}$$

$$Z_2 = -0.346\frac{1}{i}$$

按 $M = \overline{M}_1 Z_1 + \overline{M}_2 Z_2 + M_P$ 绘出最后弯矩图[图 10-50f)]。

讨论：为什么本例中未将 D 点的水平线位移作为基本未知量？

例 10-12 图 10-51a)结构中支座 D 的竖向位移为 Δ，试用位移法计算其内力，并绘制弯矩图。

解 支座移动时超静定结构将产生内力，用位移法计算超静定结构在支座移动时的内力，其原理与荷载作用时的内力计算相同，只是典型方程中的自由项不同。本例的基本未知量只有一个结点 B 的角位移 Z_1。虽然结点 B 也有线位移 Δ，但 Δ 是已知的，故不作为基本未知量。

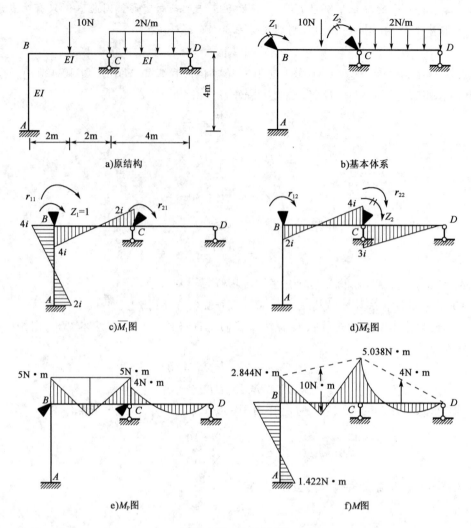

图 10-50 例 10-11 图

取基本结构[图 10-51b)],则典型方程为
$$r_{11}Z_1 + R_{1C} = 0$$

其中,R_{1C} 表示基本结构由于支座移动在附加刚臂上产生的沿 Z_1 方向的反力矩。绘出基本结构的单位弯矩 $\overline{M}_1$ 图[图 10-51c)]和支座移动下的弯矩 M_C 图[图 10-51d)],则由平衡条件得
$$r_{11} = 11i$$
$$R_{1C} = -\frac{3i}{l}\Delta$$

将 r_{11}、R_{1C} 代入典型方程,有
$$11i \times Z_1 - \frac{3i}{l}\Delta = 0$$

解得
$$Z_1 = \frac{3}{11}\frac{\Delta}{l}$$

按 $M = \overline{M}_1 Z_1 + M_C$ 绘出最后弯矩图[图 10-51e)]。

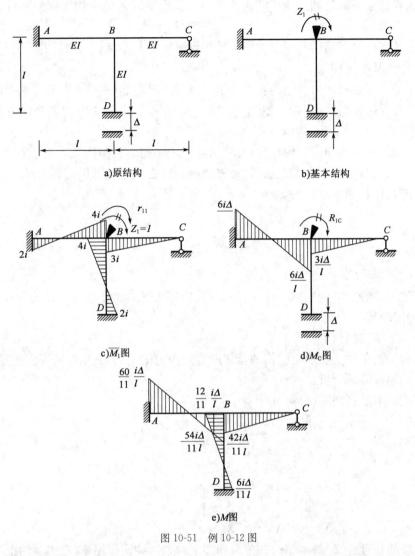

图 10-51 例 10-12 图

总之，位移法是计算超静定结构的另一基本方法（虽然它也可用于计算静定结构），适用于超静定次数较高的连续梁和刚架。同时它又是渐近法和适用于计算机计算的矩阵位移法的基础。

位移法的基本未知量是结构的结点位移，即刚结点的角位移和独立的结点线位移。等截面直杆的转角位移方程是重要概念，对它们的物理意义应了解清楚。这可以帮助我们了解位移法中为什么可以取这些结点位移作为基本未知量，而不是取别的结点位移（如铰结点的角位移）作基本未知量。还要注意关于位移和杆端力的正负号规定，特别是杆端弯矩的正负号规定。

在位移法中，用以解算基本未知量的是平衡方程。对每一个刚结点，可以写一个结点力矩平衡方程。对每一个独立的结点线位移，可以写一个截面平衡方程。平衡方程的数目与基本未知量的数目相等。

综上所述，位移法就是以结构的结点位移作为基本未知量，以平衡条件建立补充方程求解基本未知量，进而求出结构内力的方法。

位移法与力法都是计算超静定结构的基本方法，二者既有共同之处，又有本质区别，比较如下：

(1)力法和位移法都是利用基本结构的受力和变形情况与原结构相同的条件来建立补充方程的。

(2)力法是将超静定结构的多余约束去掉得到静定的基本结构,位移法则是以单跨超静定梁的组合体作为基本结构。

(3)力法是以多余未知力作为基本未知量,位移法是以独立的结点位移作为基本未知量。

(4)力法方程是按变形条件建立的,因而是变形方程。位移法方程则是按平衡条件建立的,因而是平衡方程。

(5)力法只适用于超静定结构计算,位移法既适用于超静定结构也适用于静定结构计算。

利用基本结构写平衡方程的方法,使位移法与力法之间建立了更完美的对应关系,有助于对两种方法进行比较和更深入的了解。

◀ 本章小结 ▶

本章讲述了超静定结构的判断,以及用力法、位移法解决超静定问题。

(1)超静定结构

①由静力平衡方面分析:

通过静力平衡条件不能求出结构的全部反力及内力的结构(需增加变形协调条件)。

②由几何组成方面分析:

具有多余约束的几何不变体。

(2)力法

力法典型方程

$$\left.\begin{array}{l}\delta_{11}X_1+\delta_{12}X_2+\delta_{13}X_3+\cdots+\delta_{1n}X_n+\Delta_{1P}=0\\ \delta_{21}X_1+\delta_{22}X_2+\delta_{23}X_3+\cdots+\delta_{2n}X_n+\Delta_{2P}=0\\ \vdots\\ \delta_{n1}X_2+\delta_{n2}X_2+\delta_{n3}X_3+\cdots+\delta_{nn}X_n+\Delta_{nP}=0\end{array}\right\}$$

力法方程的物理意义:基本结构在荷载和多余约束力共同作用下,在多余约束处的变形和原结构在多余约束处的变形是相等的。

(3)位移法

位移法典型方程

$$\left.\begin{array}{l}r_{11}Z_1+r_{12}Z_2+\cdots+r_{1i}Z_i+\cdots+r_{1n}Z_n+R_{1P}=0\\ r_{21}Z_1+r_{22}Z_2+\cdots+r_{2i}Z_i+\cdots+r_{2n}Z_n+R_{2P}=0\\ \vdots\\ r_{i1}Z_1+r_{i2}Z_2+\cdots+r_{ii}Z_i+\cdots+r_{in}Z_n+R_{iP}=0\\ \vdots\\ r_{n1}Z_1+r_{n2}Z_2+\cdots+r_{ni}Z_i+\cdots+r_{nn}Z_n+R_{nP}=0\end{array}\right\}$$

位移法方程的物理意义:基本结构在荷载和附加位移共同作用下,在附加位移处的反力和原结构在多余位移处的反力是相等的。

第十一章　影响线及其应用

🎯 职业能力目标

掌握影响线的概念；熟练掌握用静力法和机动法绘制静定梁的影响线；掌握用影响线求量值和最不利荷载位置的确定；掌握连续梁影响线形状的确定和最不利荷载位置的确定；能够将影响线知识应用到实际工程的力学分析中。

🎯 教学重点与难点

1. 教学重点：用静力法和机动法绘制静定梁的影响线；用影响线求量值和最不利荷载位置；连续梁影响线形状的确定和最不利荷载位置的确定。
2. 教学难点：机动法绘制静定梁的影响线。

第一节　影响线的概念

图 11-1 所示为一公路铁路两用桥，汽车、火车在桥上驶过，大桥除承受恒载外，还会受到汽车、火车等移动荷载的作用，那么此时大桥结构的受力将如何分析呢？这就要用到影响线，影响线是移动荷载作用下结构分析的基础。

在实际工程中，一些工程结构除了承受固定荷载作用外，还要受到移动荷载的作用。例如图 11-1 所示在桥梁上行驶的汽车和火车、图 11-2 所示在吊车梁上行驶的吊车等，均属移动荷载。在移动荷载作用下，结构的反力和内力将随着荷载位置的移动而变化，在结构设计中，必须求出移动荷载作用下反力和内力的最大值。为了解决这个问题，需要研究荷载移动时反力和内力的变化规律。然而不同的反力和不同截面的内力变化规律各不相同，即使同一截面，不同的内力变化规律也不相同，解决这个复杂问题的工具就是影响线。

图 11-1　公铁两用桥

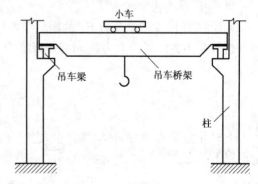

图 11-2　吊车梁示意

移动荷载作用下内力计算特点：结构反力和内力随荷载作用位置的移动而变化，为此需要研究反力和内力的变化规律、最大值和产生最大值的荷载位置（即荷载的最不利位置）。

移动荷载作用下内力计算方法:工程实际中的移动荷载通常是由很多间距不变的竖向荷载所组成的,其类型是多种多样的,不可能逐一加以研究。为此,可以利用分解和叠加的方法,将多个移动荷载视为单位移动荷载的组合,先只研究一种最简单的荷载,即一竖向单位集中荷载 $q=1$ 沿结构移动时,对某量值产生的影响,然后据叠加原理可进一步研究各种移动荷载对该量值的影响。

影响线定义:当单位移动荷载 $F=1$ 在结构上移动时,用来表示某一量值 S 变化规律的图形,称为该量值 S 的影响线。下面通过一个简单的例子说明影响线的概念。

图 11-3a)所示为一简支梁,梁上作用一单位移动荷载 $F=1$。现求支座反力 Y 的变化规律。取 A 点为坐标原点,以 x 表示荷载的作用点的横坐标,设反力向上为正。

由平衡条件 $\sum M_A=0$,得

$$Y_B = \frac{x}{l} \quad (0 \leqslant x \leqslant l)$$

上式表示支座反力 Y_B 与荷载位置参数 x 之间的函数关系,称为 Y_B 的影响线方程。由此绘出的图形便称为 Y_B 的影响线。显然,由方程可知,Y_B 影响线是一条直线。只要定出两点即可绘出。设 $x=0$,得 $Y_B=0$,再设 $x=l$,得 $Y_B=l$。由此定出两点再连以直线即得 Y_B 影响线[见图 11-3b)]。

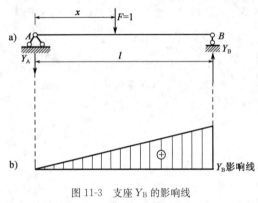

图 11-3 支座 Y_B 的影响线

影响线是研究移动荷载作用下结构计算的基本工具。用它可确定最不利荷载位置,进而求出相应量值的最大值。

第二节 静力法作影响线

静力法是以移动荷载的作用位置 x 为变量,然后根据平衡条件求出所求量值与荷载位置 x 之间的函数关系式,即影响线方程。再由方程作出图形即为影响线。

1. 简支梁的影响线

(1)支座反力影响线。

要绘制图 11-4 所示反力 F_A 的影响线,可设 A 为坐标原点,荷载 $F=1$ 距 A 支座的距离为 x,并假设反力方向以向上为正,由平衡方程 $\sum M_B=0$,得

$$F_A \cdot l - 1 \cdot (l-x) = 0$$

$$F_A = \frac{l-x}{l} \quad (0 \leqslant x \leqslant l)$$

上式称为反力 F_A 的影响线方程,它是 x 的一次式,即 F_A 的影响线是一段直线。为此,特定出以下两点

当 $x=0$ 时,$F_A=1$;当 $x=1$ 时,$F_A=0$

即可绘出反力 F_A 的影响线,如图 11-4b)所示。

绘制影响线图形时,通常规定纵距为正时画在基线上方,反之,画在基线下方,并要求在图中注明正、负号。根据影响线的定义,F_A 影响线中的任一纵距 y_K 即代表当荷载 $F=1$ 移动至

梁上 K 处时反力 F_A 的大小。

绘制 F_B 的影响线时,利用平衡方程 $\sum M_A = 0$,得

$$F_B \cdot l - 1 \cdot x = 0$$

$$F_B = \frac{x}{l} (0 \leqslant x \leqslant l)$$

F_B 的影响线是关于 x 的一次式,也是一条直线,如图 11-4c)所示。

由上可知反力影响线的特点是跨度之间为一直线,最大纵距在该支座之下,其值为 1;最小纵距在另一支座之下,其值为 0。

(2)内力影响线。

简支梁在移动荷载作用下,C 截面内力的影响线。在研究内力影响线时,剪力正负号规定和弯矩正负号规定仍然和以前相同。

如图 11-5a)所示梁,前已求得两支座反力的影响线为

$$F_A = \frac{l-x}{l}$$

$$F_B = \frac{x}{l}$$

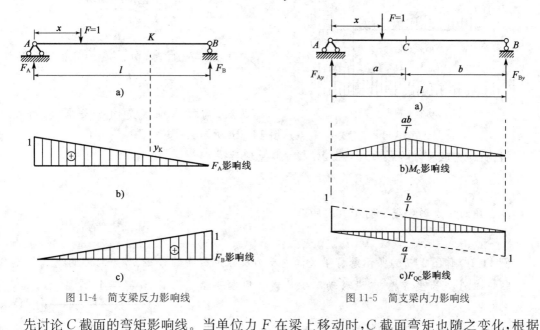

图 11-4 简支梁反力影响线

图 11-5 简支梁内力影响线

先讨论 C 截面的弯矩影响线。当单位力 F 在梁上移动时,C 截面弯矩也随之变化,根据截面法可以得知,当 F 在 AC 段上移动时,即当 $0 \leqslant x \leqslant a$ 时

$$M_C = F_{By} b = \frac{bx}{l}$$

当 F 在 CB 段上移动时,即当 $a \leqslant x \leqslant l$ 时

$$M_C = F_{Ay} a = a \frac{l-x}{l}$$

M_C 的影响线在 AC 段和 CB 段上都为斜直线,如图 11-5b)所示。

C 截面的剪力影响线,当单位力 F 在梁上移动时,C 截面弯矩也随之变化,根据截面法可

以得知,当 F 在 AC 段上移动时,即当 $0 \leqslant x \leqslant a$ 时

$$F_{QC} = -F_{By} = -\frac{x}{l}$$

当 F 在 CB 段上移动时,即当 $a \leqslant x \leqslant l$ 时

$$F_{QC} = F_{Ay} = \frac{l-x}{l}$$

F_{QC} 的影响线在 AC 段和 CB 段上都为斜直线,如图 11-5c)所示。

2. 外伸梁的影响线

例 11-1 作图 11-6a)所示外伸梁支座反力的影响线。

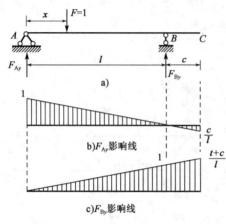

图 11-6 例 11-1 图

解 设 A 点为坐标原点。讨论 A 支座反力的影响线,且注意到单位力 F 在 AB 段移动时对 B 点之矩的转向与其在 BD 段移动时对 B 点之矩的转向是不同的,因此应分段讨论。

当 $0 \leqslant X \leqslant l$ 时,由 $\sum M_B = 0$,得

$$F_{Ay} = \frac{l-x}{l}$$

当 $l \leqslant X \leqslant l+C$ 时,由 $\sum M_B = 0$,整理后得

$$F_{Ay} = \frac{l-x}{l}$$

显然,两段影响线是同一条直线,作图如图 11-6b)所示。

讨论:B 支座反力的影响线。由 $\sum M_A = 0$,整理后得

$$F_{By} = \frac{x}{l+c}$$

B 支座的反力影响线如图 11-6c)所示。

3. 悬臂梁影响线

例 11-2 作图 11-7a)所示悬臂梁竖向支反力及根部截面的弯矩、剪力的影响线。

解 以 A 点为坐标原点,设移动单位荷载作用在 x 截面处。

讨论竖向支反力的影响线,取梁整体为研究对象,由 $\sum Y = 0$,得

$$F_{By} = 1$$

作 F_{By} 的影响线如图 11-7b)所示。

讨论 B 截面的弯矩影响线,在 B 截面处截开,由 $\sum M = 0$,得

$$M_B = l - x$$

作 M_B 的影响线如图 11-7c)所示。

讨论 B 截面的剪力影响线,在 B 截面处截开,由 $\sum Y =$

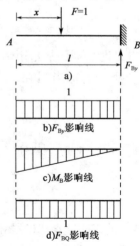

图 11-7 例 11-2 图

0,得

$$F_{QB} = -1$$

作 F_{QB} 的影响线如图 11-7d)所示。

第三节 机动法作影响线

一 机动法作影响线

利用虚位移原理作影响线的方法称为机动法。由于在结构设计中往往只需要知道影响线的轮廓,而机动法能不经计算就可迅速绘出影响线的轮廓,这对设计工作很有帮助。另外,也可对静力法绘制的影响线进行校核。

下面以图 11-8a)所示外伸梁为例,用机动法讨论 B 支座的竖向反力影响线。

如果我们把支座 B 去掉,以反力 F_{By} 代替,原结构就变成一个几何可变体系,在剩余的约束条件下,允许产生刚体运动。现令 B 点沿 F_{By} 正方向(设向上为正)发生微小的单位虚位移,如图 11-8b)所示。B 点发生的虚位移为单位值,支反力 F_{By} 与虚位移同向,故在单位虚位移上作正虚功,即

$$W_1 = F_{By} \cdot 1$$

移动荷载 F 作用点也将发生竖向虚位移,其值为 $\delta(x)$,F 与 $\delta(x)$ 反向,F 在 $\delta(x)$ 上做负虚功,即

$$W_2 = -F \cdot \delta(x)$$

根据虚功原理,各力在虚位移上做的总虚功应该为零,即

$$W = W_1 + W_2 = 0$$

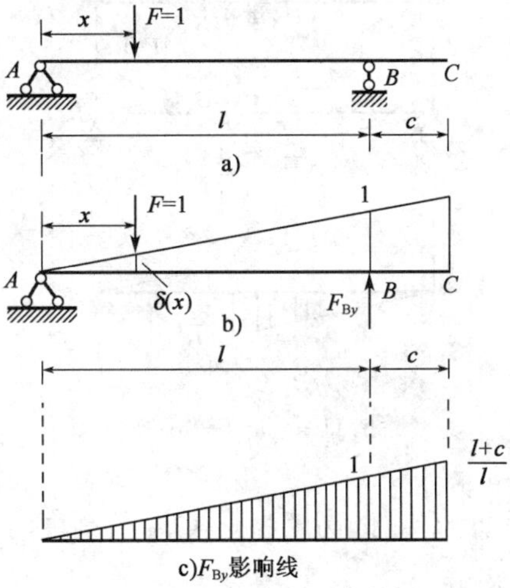

即

$$F_{By} \cdot 1 - F \cdot \delta(x) = 0$$

注意到 $F=1$,则有

$$F_{By} = \delta(x)$$

图 11-8 机动法作外伸梁支座反力影响线

此式表明,梁产生单位虚位移时的图形如图 11-8c)所示反映出了反力 F_{By} 的变化规律,因此,反力 F_{By} 的影响线完全可以由梁的虚位移图来替代,即"梁剩余约束所允许的刚体位移图即是相应量值的影响线"。

由以上分析可知,机动法绘制量值 Z 的影响线,只要去掉与欲求量值相对应的约束,使得到的可变体系沿量值 Z 的正向发生单位虚位移,由此得到的刚体虚位移图即为量值 Z 的影响线。

用机动法作静定梁的影响线的一般步骤为:

(1) 去掉与量值对应的约束,以量值代替,使梁成为可变体系。

(2) 使体系沿量值的正方向发生单位位移,根据剩余约束条件作出梁的刚体位移图,此图像即为欲求量值的影响线。

为了进一步说明怎样用机动法绘制影响线,以图 11-9a)所示简支梁为例,作 C 截面弯矩、剪力的影响线。

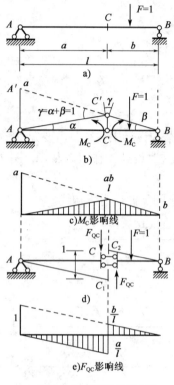

图 11-9 机动法作简支梁

用机动法绘制 C 截面弯矩影响线时,首先撤除与 C 截面弯矩相对应的转动约束,代之以正向弯矩,即将刚结点 C 改为结点,然后沿正向弯矩的转向给出单位相对角位移 $\gamma(\gamma=1)$,梁 C 点位移到 C' 点,整个梁在剩余约束条件下所允许的刚体位移如图 11-9b)所示。作线段 BC' 的延长线交线段 AA',由于线段 AC 与 $A'C'$ 的夹角 γ 是一个单位微量,由微分学原理可得线段 AA' 的高度为 a,从而由相似三角形边长的比例关系可得 CC' 的高度为 $\dfrac{ab}{l}$,根据梁的刚体位移绘出 C 截面弯矩的影响线,如图 11-9c)所示。

机动法绘制 C 截面剪力的影响线时,去掉与剪力相对应的约束,把刚节点 C 变成双滑动约束,用一对正向剪力代替,使 C 截面沿剪力的正向发生单位相对线位移,整个梁在剩余约束条件下所允许的刚体位移如图 11-9d)所示。由于 C 点是双滑动约束,C 点两侧截面始终平行,且截面与梁轴线始终垂直,所以 C 点左右两侧的梁段轴线是平行的。从而根据相似三角形边长的比例关系可得 CC_1 的高度为 $\dfrac{a}{l}$,CC_2 的高度为 $\dfrac{b}{l}$,根据梁的刚体位移绘出 C 截面剪力的影响线,如图 11-9e)所示。

这里所讨论的 C 截面内力影响线具有一般性,即对于两支座之间的任意截面,其弯矩、剪力影响线均可照此套用,包括外伸梁也是如此,对于梁外伸段的影响线,只需随着梁轴线延伸即可。

例 11-3 作图 11-10a)所示多跨静定梁 C 支座反力 F_{Cy} 和 K 截面内力 M_K、F_{QK} 的影响线。

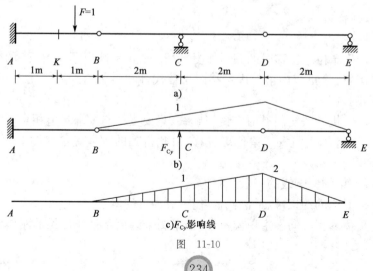

图 11-10

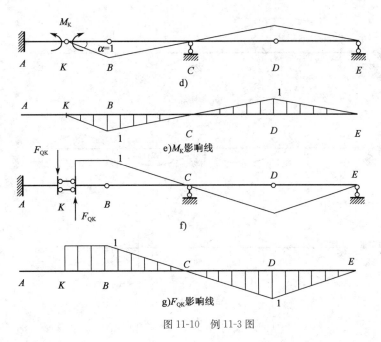

图 11-10 例 11-3 图

解 对于多跨静定梁来说,在绘制虚位移图时要注意几何位移协调,满足剩余约束条件。由于 A 为固定支座,不允许发生位移和转角,所以在作图过程中,画 C 支座反力的影响线时,AB 段没有刚体位移,同样,画 K 截面内力影响线时,AK 段也没有刚体位移,注意到这一点,再根据约束条件,可得出欲求量值的影响线,如图 11-10c)、e)、g)所示。

二 用机动法作连续梁的影响线

对于连续梁来说,机动法作影响线的步骤仍然和静定梁一样,但是由于结构在去掉量值所对应的约束后,结构整体或者部分仍可保持为几何不变,要使结构发生虚位移,梁的位移就不再是刚体运动,位移图也不再是直线,而是约束所允许的光滑连续的弹性变形曲线,这是连续梁影响线的特征,在绘制影响线图的时要注意这个特点。正因为连续梁的影响线为弹性变形曲线,所以其影响线的特征值难以直接利用机动法来加以确定。对于连续梁来说,常见荷载为均布荷载,很多情况下只需要根据影响线的轮廓来帮助确定最不利荷载位置,所以连续梁的影响线一般都是用机动法来分析,绘出图像轮廓线即可。

图 11-11 所示为连续梁 K_1 截面弯矩、B 支座反力、C 截面弯矩、K_2 截面剪力的影响线,从中可以看出影响线均为连续光滑的弹性曲线。

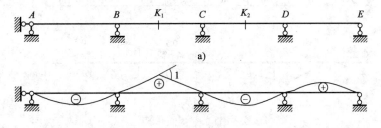

图 11-11

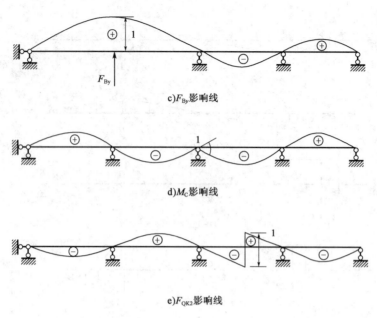

图 11-11 机动法作连续梁影响线实例

第四节 影响线的应用

一 利用影响线求固定荷载下的量值

现已知道,影响线的横坐标表示单位集中力的作用位置,纵坐标表示单位集中力作用在该位置时的量值大小。如将集中力的固定作用位置视为荷载移动过程中的某个位置,就可以利用影响线计算固定集中力下的量值。影响线反映的是单位集中荷载下量值的大小,而当集中荷载不等于 1 时,只需将相应的影响线值(注意正负号)乘以荷载大小即可。如果多个集中荷载同时作用,可运用叠加法,每个荷载分别计算后进行叠加。

例 11-4 求图 11-12a)所示多跨静定梁 K 截面弯矩。

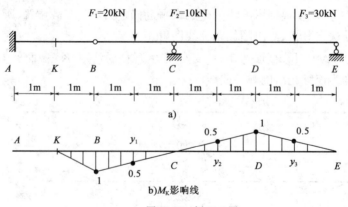

图 11-12 例 11-4 图

解 首先绘制 K 截面弯矩的影响线,如图 11-12b)所示。根据影响线的定义,当 F_1 单独作用时

$$M_{K1} = F_1 \cdot y_1 = 20 \times (-0.5) = -10 (\text{kN} \cdot \text{m})$$

当 F_2 单独作用时
$$M_{K2} = F_2 \cdot y_2 = 10 \times 0.5 = 5 (\text{kN} \cdot \text{m})$$

当 F_3 单独作用时
$$M_{K3} = F_3 \cdot y_3 = 30 \times 0.5 = 15 (\text{kN} \cdot \text{m})$$

从而由叠加法
$$M_K = M_{K1} + M_{K2} + M_{K3} = -10 + 5 + 15 = 10 (\text{kN} \cdot \text{m})$$

一般来说，如果有一组集中荷载 F_i 同时作用，所求量值 Z 的表达式为
$$Z = F_1 y_1 + F_2 y_2 + \cdots + F_n y_n = \sum F_i y_i$$

如果在梁 AB 段上作用一个均布荷载 q，如图 11-13a)所示，可把分布长度为 $\mathrm{d}x$ 的微段上的分布荷载总和 $q\mathrm{d}x$ 看作集中荷载，所引起的量值为 $yq\mathrm{d}x$，如图 11-13a)阴影所示。将无穷多个 $\mathrm{d}x$ 上的集中力引起的量值进行叠加，即沿荷载整个分布长度积分，则 AB 段均布荷载所引起的量值为
$$Z = \int_A^B yq\mathrm{d}x = q\int_A^B y\mathrm{d}x = q\omega$$

其中 ω 就是影响线在 AB 段的面积，如图 11-13b)阴影所示。

上式表明，均布荷载引起的量值等于荷载集度乘以影响线对应荷载作用段的面积。在应用中，要注意面积的正负，影响线上部面积取为正，下部取为负。

当有多个均布荷载时，其量值计算式为
$$Z = q_1 \cdot \omega_1 + q_2 \cdot \omega_2 + \cdots + q_n \cdot \omega_n = \sum q_i \cdot \omega_i$$

当集中力和均布荷载同时出现时，其量值计算式为
$$Z = \sum F_i \cdot y_i + \sum q_i \cdot \omega_i$$

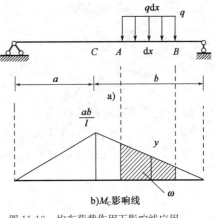

图 11-13 均布荷载作用下影响线应用

二 荷载最不利位置的确定

使量值取得最大值时的荷载位置就是荷载的最不利位置，荷载最不利位置确定后，将荷载按最不利位置作用，然后将其视为固定荷载，即可利用影响线计算其极值。下面分集中荷载和移动均布荷载两种情况来说明。

单个集中力移动式时，荷载的不利位置就是影响线的顶点。当荷载作用于该点时，量值取最大值。

对于图 11-14 所示间距保持不变的一组集中荷载来说，可以推断：量值取最大值时，必定有一个集中荷载作用于影响线顶点。作用于影响线顶点的集中荷载称为临界荷载，对于临界荷载可以用下面两个判别式来判定（推导从略）。

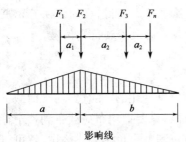

图 11-14 间距不变集中荷载作用下临界荷载确定

$$\frac{\sum F_{左} + F_K}{a} \geqslant \frac{\sum F_{右}}{b}$$

$$\frac{\sum F_{左}}{a} \leqslant \frac{F_K + \sum F_{右}}{b}$$

满足上面两个式子的 F_K 就是临界荷载，$\sum F_{左}$、$\sum F_{右}$ 分别代表 F_K 以左的荷载总和与 F_K 以右的荷载总和。有时会出现多个满足上面判别式的临界荷载，这时将每个临界荷载置于影响线顶点计算量值，然后进行比较，根据最大量值确定一组荷载的最不利荷载位置。对于荷载个数不多的情况，工程中往往不进行判定，直接将各个荷载分别置于影响线的顶点计算其量值，最大量值所对应的荷载位置就是这组荷载的最不利位置，这时位于顶点的集中力就是临界荷载。

例 11-5 求图 11-15a)所示简支梁在图示吊车荷载作用下，截面 K 的最大弯矩。

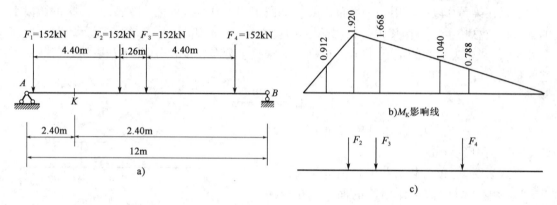

图 11-15 例 11-5 图

解 先作 M_K 的影响线，如图 11-15b)所示。

选 F_2 作为临界荷载 F_K 来考察，将 F_2 置于影响线的顶点处，如图 11-15c)所示，此时力 F_1 落在梁外，不予考虑，代入临界荷载的判别式，有

$$\frac{F_2}{2.4} > \frac{F_3 + F_4}{9.6}$$

$$\frac{0}{2.4} < \frac{F_2 + F_3 + F_4}{9.6}$$

即

$$\frac{152}{2.4} > \frac{152 + 152}{9.6}$$

$$\frac{0}{2.4} < \frac{152 + 152 + 152}{9.6}$$

F_2 满足判别式，所以是临界荷载。将其他集中荷载分别置于顶点，用同样的方法可以判定都不是临界荷载。所以图 11-15c)所示 F_2 作用在 K 点时为 M_K 的最不利荷载位置。

利用影响线可以求得 M_K 的极值

$$M_{K\max} = 152 \times (1.920 + 1.668 + 0.788) = 665.15 (\text{kN} \cdot \text{m})$$

当移动荷载为均布可变荷载时，由于可变荷载的分布长度也是变化的，注意到均布荷载下的量值等于均布荷载集度乘以影响线对应分布长度的面积，所以，只要把均布荷载布满整个正影响线区域，就可以得到正的最大量值；同样，只要把均布荷载布满整个负影响线区域，就可以得到负的最大量值。图 11-16a)所示的连续梁，讨论其跨中截面 K 的弯矩 M_K 和支座截面弯矩 M_B 的不利荷载位置。图 11-16b)给出了 K 截面弯矩 M_K 的影响线，其对应的最大正弯矩的

荷载最不利位置如图 11-16c)所示,其对应的最大负弯矩的荷载最不利位置如图 11-16d)所示。图 11-16e)给出了 B 支座截面弯矩 M_B 的影响线,其对应的最大正弯矩的荷载最不利位置如图 11-16f)所示,其对应的最大负弯矩的荷载最不利位置如图 11-16g)所示。工程中进行结构设计时,必须针对梁的危险状态进行计算,由图 11-16 可知,并不是整个梁上布满均布荷载时才是梁的危险状态。显然,只有按照下列方式进行可变荷载的布置,才是截面弯矩的危险状态,即对于任意跨的跨中截面最大正弯矩,可变荷载的最不利布置是"本跨布置,隔跨布置"。对于任意的中间支座截面最大负弯矩,可变荷载的最不利布置是"相邻跨布置,隔跨布置"。

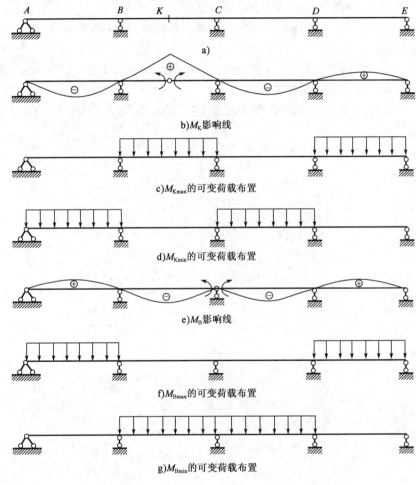

图 11-16 移动荷载为均布荷载时最不利布置

◀本章小结▶

(1)影响线是在竖向单位移动荷载作用下,结构内力、反力或变形的量值随竖向单位荷载位置移动而变化的规律。影响线的横坐标表示单位移动荷载作用位置,纵坐标表示单位移动荷载作用下结构某一指定位置某一量值的大小。

(2)绘制影响线有静力法和机动法两种。

根据静力平衡条件建立量值关于单位移动荷载作用位置的函数方程,据此函数绘制影响线的方法称为静力法。

由虚位移原理,撤除与所求量值对应的约束,沿量值正向给出单位位移,根据约束条件作出机构的位移图来绘制影响线的方法称为机动法。

静定结构的影响线由直线段组成,超静定结构的影响线由曲线构成。

(3)固定荷载作用下的量值计算式为

$$Z = \sum F_i \cdot y_i + \sum q_i \cdot \omega_i$$

(4)荷载的不利位置。

①单个集中力的荷载不利位置影响线的顶点。

②一组等间距的集中力,其荷载不利位置是临界荷载(有时临界荷载不止一个)作用在影响线的顶点时的位置。

③均布可变荷载的不利位置,对于正量值是均布荷载布满整个正影响线区域时,对于负量值是均布荷载布满整个负影响线区域时。

④对于连续梁的可变荷载布置:跨中截面是"本跨布置,隔跨布置",支座截面是"相邻跨布置,隔跨布置"。

第四篇 实际工程中的力学应用案例

随着我国国民经济基础设施建设规模的不断扩大,土木工程中的建筑施工事故不断增多,据全国近10年357起倒塌事故统计,有78%是在施工过程中发生的,而追究其原因,其中由于设计中未考虑施工过程中诸多因素或对施工过程中复杂与突发情况未进行应有受力分析而导致的事故,占到相当比例。因此,施工中的受力分析以及力学计算也是至关重要的。

第十二章 力学算例

职业能力目标

掌握工程中常用的施工计算,能读懂计算说明书,会简单的力学简算。

教学重点与难点

1. 教学重点:力学简算。
2. 教学难点:将工程实体转换成力学模型。

第一节 概 述

 施工中的力学简算项目

土木工程施工中经常遇到一些需要计算的情况,相比设计计算而言,施工中的计算则相对简单,因为施工中一般都是安全验算,主要目的为保证施工工艺、方法的安全性和合理性,通常不考虑偶然荷载作用;而且施工中验算选择的计算模型也相对比较简单,荷载传递路线明确,一般情况下均将整体结构验算转换成单一构件进行验算。要正确进行施工计算,首先应具备基本的结构力学、钢筋混凝土知识、地基基础相关知识等,掌握不同条件下荷载的主要传递路线,才能做到计算正确性,以保证安全或采取合理措施。

根据施工部位和计算特点,可以将施工中计算分为如下几类:

1. 抗倾覆验算

在施工中,为了避免塔吊、龙门架等起重机出现倾覆现象,有时需要进行抗倾覆验算。

2. 脚手架计算

外脚手架、悬挑脚手架、卸料平台、临时施工支架计算等。落地式脚手架一般情况根据相关规范要求或经验数据(例如立杆横距0.9~1.2m,立杆纵距1.5~1.8m,一般不太高的脚手架情况下立杆均能满足承载力要求),这里关键是悬挑脚手架和卸料平台的计算,这两类本身危险系数较大,设计验算时应重视。

3. 模板支架设计计算

这一类验算是施工中最常见的验算,每一个工程均涉及该项,这一项相当重要,不仅设计计算时应正确保证设计方案安全,现场施工时也应严格按照方案施工,并且应做好相关构造要求。尤其对高大模板支架、荷载很大的模板支架更应注意,计算、施工时应满足相关国家规范要求。这一类验收还包括楼面承载力验算。

4. 便桥简算

便桥是施工便道的组成部分,在跨越河流且不便埋设管涵时往往设置便桥,在便桥设计中,一般要计算桩的入土深度及桩径、贝雷架的强度、刚度,工字钢分配梁的强度、刚度以及桥面系的相关计算。

5. 其他专业计算

包括基坑支护、临时用电、爬升脚手架、钢结构等方面计算,均有专业分包公司进行,我们应按规范要求进行审核。

二 计算基本知识

(1)掌握结构基本概念,明白什么是弯矩、剪力、支座、跨度、挠度等。

(2)基本静力计算图形。掌握单一构件不同支座、荷载情况下的弯矩图、剪力图、挠度计算及支座反力等。

(3)掌握荷载分项系数及组合方法,一般恒载取1.2(或1.35),活载取1.4,具体参照《建筑结构荷载规范》(GB 50009—2012)。

(4)掌握相关施工规范要求,了解相关荷载取值等。

(5)掌握承载力极限验算和正常使用极限状态的区别,前者对荷载一般取设计值,后者取标准值。

(6)熟读相关施工规范和图集。

三 工程计算技巧

由于计算采用手算,为避免繁琐的计算,要采取避繁就简的原则:

(1)非等截面的梁部荷载偏安全按最大截面取值。

(2)构件按最不利的受力状态进行验算。

(3)构件的受力模式采用均布荷载或集中荷载或组合方式。

(4)对于型钢等梁式受力构件,要简化成简支梁或连续梁等易于计算的模型。

第二节 工程力学算例

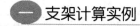

例 12-1 内部支架采用满堂扣件式钢管(ϕ48)脚手架,纵、横向加设斜支撑作为受力结

构,支架间距选定为 0.6m×0.587m,脚手架步距 1.5m(图 12-1)。

隧道高度:572.25+70=642.75cm。

隧道占洞口宽度 980cm,顶面加强角宽度 50cm 一边,两侧共 100cm,顶面混凝土厚度 100cm。试进行模板支架设计。

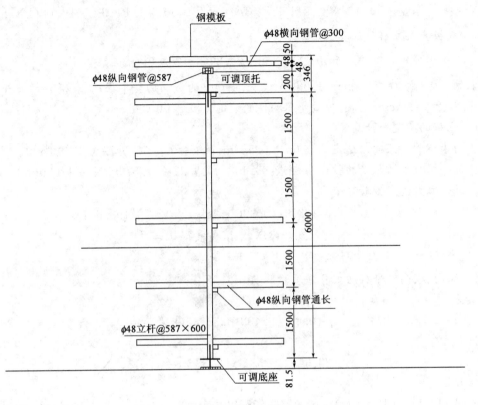

图 12-1　例 12-1 图

解　(1)荷载组合计算

内部支架所承受的荷载主要为:模板、支架自重,新浇混凝土自重,钢筋自重,混凝土施工时所产生的荷载。

①模板及其支架自重(按 1m×1m 面积内配置材料计算)。

竖向钢管:4 根×6m/根×38.4N/m=921.6N/m²

横向钢管:10 根×1m/根×38.4N/m=384N/m²

纵向钢管:10 根×1m/根×38.4N/m=384N/m²

顶面横向钢管:5 根×1m/根×38.4N/m=192N/m²

顶面纵向钢管:2 根×1m/根×38.4N/m=76.8N/m²

直角扣件:50 只×13.2N/只=660N/m²

可调顶托:4 只×0.045kN=0.18kN/m²=180N/m²

可调底座:4 只×0.035kN=0.14kN/m²=140N/m²

钢模板:38.53kg/m²≈378N/m²

钢模板配件:2.4kg/m²≈24N/m²

上述小计:3341N/m²≈3.34kN/m²

②顶板混凝土自重:$25 \times 1.0 = 25 (kN/m^2)$。
③钢筋自重(按每平方米实际施工翻样计算):$100.85 \times 9.8 \div 1000 = 1 (kN/m^2)$。
④混凝土施工时所产生的荷载:综合选定为$3kN/m^2$。
(2)模板支架轴向力设计值
$$N = 1.2\sum N_{GK} + 1.4\sum N_{QK} = 1.2 \times (3.34 + 25 + 1) + 1.4 \times 3 = 39.408 (kN/m^2)$$
(3)模板支架立杆的计算长度
$$l_o = h + 2a = 150 + 2 \times 29.6 = 209.2 (cm)$$
长细比$\lambda = l_o/i = 209.2cm/1.58cm = 132.4cm$($i$为截面回转半径,查表得$i = 1.58cm$)
根据$\lambda = 132.4cm$,查表,轴心受压构件的稳定系数$\varphi = 0.396$。
(4)立杆的稳定性计算
①由于钢管支架间距选定为$0.6m \times 0.587m$,故$S = 0.6 \times 0.587 = 0.3522(m^2)$。
②每一根杆件所承受的轴向力应为:$39.408 \times 0.3522 = 13.879(kN) = 13879(N)$。
③每一立杆稳定性验算
$$N/(\varphi A) = 13879/(0.396 \times 489) = 13879/193.644$$
$$= 71.673(N) < f(查表得 f = 205N/mm^2)$$
经上述计算,立杆稳定性能满足要求。
(5)纵向、横向水平杆的抗弯强度验算
线荷载
$$q = 0.6 \times 39.408 = 23.645 (kN/m)$$
板面弯矩
$$M = ql^2/8 = 23.645 \times 0.587 \times 0.587 \div 8 = 1.018 (kN \cdot m)$$
拉弯强度
$$\sigma = M/W = (1.018 \times 1000 \times 1000)/(5.08 \times 1000) = 200 (N/mm^2) < f = 205 (N/mm^2)$$
经上述计算,纵向、横向水平杆的抗弯强度能满足要求。

二 便桥设计方案

例12-2 便桥设为一跨,跨度为12m,主梁为I40b。基础为片石混凝土扩大基础,基底地质情况为砂卵石土,承载力要求为150kPa。承台采用M7.5浆砌片石砌筑,桥墩墩身为C20混凝土,台帽为C20钢筋混凝土,台帽上预埋$300mm \times 500mm$、厚2cm的钢板,主梁平置于钢板上,并与钢板焊接,以使受力均匀。桥面平铺[10,每根槽钢间距为3cm,两头分别和工字钢点焊。桥面两侧设1.2m高$\phi 40$钢管作为防护栏,钢管贴反光贴膜。试进行便桥设计。

解 受力验算:便桥采用12根I40b作为主梁,各工字钢分别由$\phi 25$钢筋横向固定使之连接为一整体。便桥承受荷载主要由桥梁自重荷载q、车辆荷载P两部分组成,其中车辆荷载为主要荷载。如图12-2所示:为简化计算方法,桥梁自重按均布荷载考虑,车辆按集中荷载考虑。以单根工字钢受力情况确定q、P值。

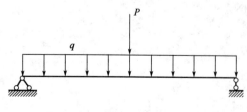

图12-2 例12-2图

1. 确定荷载

(1) 桥梁自重 q 值的确定

桥梁自重主要有：I40b 质量 73.81kg/m；槽钢质量为：10.007kg/m，桥面满铺，$q_1=(10.007×40+73.8×12)/1000=1.286(kN/m)$。加上护栏和钢筋，单根工字钢承受的力按 1.5kN/m，即 $q=1.5kN/m$ 计算。

(2) 车辆荷载 P 值确定

根据调查了解，工地运输材料车辆自重及运载货物总质量一般不超过 120t，桥梁单跨单点承受最大最不利荷载为：车辆后轴质量 60t，桥面受压力为 600kN，由 12 根工字钢共同承受，可得到 $f_{max}=F/12$，单根工字钢受集中荷载为 $f_{max}/12=50kN$。

便桥设计通过车速为 5km/h，故车辆对桥面的冲击荷载较小，故取冲击荷载系数为 0.2，计算得到 $P=50×(1+0.2)=60(kN)$。

2. 结构强度检算

已知 $q=1.5kN/m$，$P=60kN$，工字钢按照最大计算跨径 $l=12m$ 进行计算，根据设计规范，工字钢容许弯曲应力 $[\sigma]=210MPa$，容许剪力 $[\tau]=120MPa$。

(1) 计算最大弯矩及剪力

① 最大弯矩 (图 12-2 所示情况下)
$$M_{max}=ql^2/8+Pl/4=1.5×12×12/8+60×12/4=207(kN·m)$$

② 最大剪力 (当 P 接近支座处时)
$$Q_{max}=ql/2+P=1.5×12/2+60=69(kN)$$

(2) 验算强度

① 正应力验算

$\sigma=M_{max}/W=207/1140=182(MPa)<[\sigma]=210(MPa)$，满足要求。

注：W 为 I40b 净截面弹性抵抗矩，查表得到为 1140cm^3。

② 剪力验算

由于工字钢在受剪力时，大部分剪力由腹板承受，且腹板中的剪力较均匀，因此剪力可近似按 $\tau=\dfrac{Q}{(I/S)d}$ 计算。(I/S) 为惯性矩与半截面的静力矩的比值，d 为腹板厚度，可直接查规范得，即 $(I/S)=33.6cm$，$d=12.5mm$。

计算得到：$\tau=\dfrac{Q_{max}}{(I/S)d}=69/33.6×12.5=16.4(MPa)<[\tau]=120(MPa)$，满足要求。

③ 挠度验算

工字钢梁容许挠度为 $[f]=(1/1000\sim1/200)L$，这里取 $L/800$。

$[f]=1200/800=1.5(cm)$，而梁体变形为整体变形，由 10 根工字钢为一整体进行验算，计算得到

$$f=\left[\dfrac{5ql^4}{384}+\dfrac{Fl^3}{48}\right]/EI$$

其中已求得：$q=1.5kN/m$，$F=60N$，经查规范得：$E=2.06×10^5(MPa)$，$I=33760cm^4$，则

$$F=[5×1.5×(12)^4/384+60×(12)^3/48]/(2.06×10^5×33760)=0.37(cm)$$

即 $f=0.37\text{cm}<[f]=1.5\text{cm}$,满足要求。

3. 验算结果分析

根据以上对跨度 $l=12\text{m}$。验算,本便桥可满足后轴重为 60t 的车辆通行时的受力要求。

三 架桥机安全验算

例 12-3 陈村大桥为 $14\times25\text{m}$ 预应力箱梁,架设使用的架桥机为 WJQ30/100J 型,箱梁最大质量为 70t。设架桥机的刚度和强度都满足要求,试进行架桥机的抗倾覆性验算。

解 WJQ30/100J 型架桥机为轮轨式过孔新型架桥机,过孔时沿桥面钢轨一次连续走行到位。架桥机在安装箱梁过程中有 3 种最不利情况,分别为:①最不利部位为架桥机在走行到位但前支腿未支撑的时候;②架桥机在架设箱梁时最不利位置在箱梁运行到位准备停止的时候;③架桥机在架设边梁到位制动时。

(1) 最不利部位为架桥机在走行到位但前支腿未支撑的时候,如图 12-3 所示。

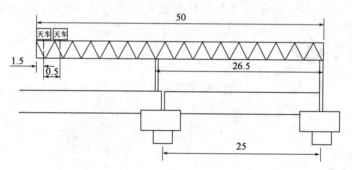

图 12-3 架桥机最不利位置 1

各配件质量如表 12-1 所示。

各 配 件 质 量 表 12-1

名　称	前　支　腿	桁　　架	天　车
质量	3t	0.33t/m	3t

以中支腿为支点,最不利情况的各弯矩为:

负弯矩

$$M_1=3\times26.5+0.5\times0.33\times26.5\times26.5=195.4(\text{t}\cdot\text{m})=1954(\text{kN}\cdot\text{m})$$

正弯矩

$$M_2=3\times21.5+3\times22+0.5\times0.33\times23.5\times23.5=221.6(\text{t}\cdot\text{m})=2216(\text{kN}\cdot\text{m})$$

架桥机过孔时最小配重为箱梁质量的一半,约为 35t,相对中支腿产生的弯矩 $M_3=35\times23.5=822.5(\text{t}\cdot\text{m})=8225(\text{kN}\cdot\text{m})$。

由上可见,M_2+M_3 远大于 M_1,所以架桥机过孔时抗倾覆性满足要求。

(2) 架桥机在架设箱梁时最不利位置在箱梁运行到位准备停止的时候(图 12-4)。天车在吊梁运行时,其速度控制在 $0.1\sim0.2\text{m/s}$(即 $6\sim12\text{m/min}$)之间,尤其是负载启动与刹车时加速度不宜超过 0.1m/s^2。

当桁架将梁提到桥面高程后,将把梁以加速度 $a=0.1\text{m/s}^2$ 向桥上移动,此时梁有惯性力

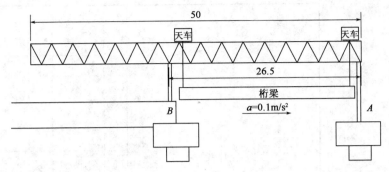

图 12-4　架桥机最不利位置 2

$T=Ga/g$（G 为梁自重）。由于桁架自重相对于梁自重较小，可忽略桁架自重。

惯性力 T 对 A 点的弯矩为

$$M_负 = Ga \times h/g$$

梁的自重 G 对于 A 点的弯矩

$$M_正 = G \times l/2$$

则桁架对低端点的抗倾覆安全系数为 $K=M_负/M_正=gl/(2ah)$。其中，$g=10\text{m/s}^2$，$l=25\text{m}$，$a=0.1\text{m/s}^2$，$h=3.772\text{m}$，代入上式，$K=331$ 远大于 1，满足要求。

综上(1)、(2)，故架桥机的抗倾覆性满足要求。

▶ **本章小结** ◀

工程中的力学简算内容除了本章介绍的便桥设计、支架计算、架桥机验算以外还有很多。但是最终思想还是离不开力学的基础知识。只要能掌握好本书所讲内容，工程中遇到的力学问题就会迎刃而解。

附表 常用型钢规格表

普通工字钢

符号:h——高度;
b——宽度;
t_w——腹板厚度;
t——翼缘平均厚度;
I——惯性矩;
W——截面模量

i——回转半径;
S_x——半截面的面积矩;

长度:型号10～18,长5～19m;
型号20～63,长6～19m。

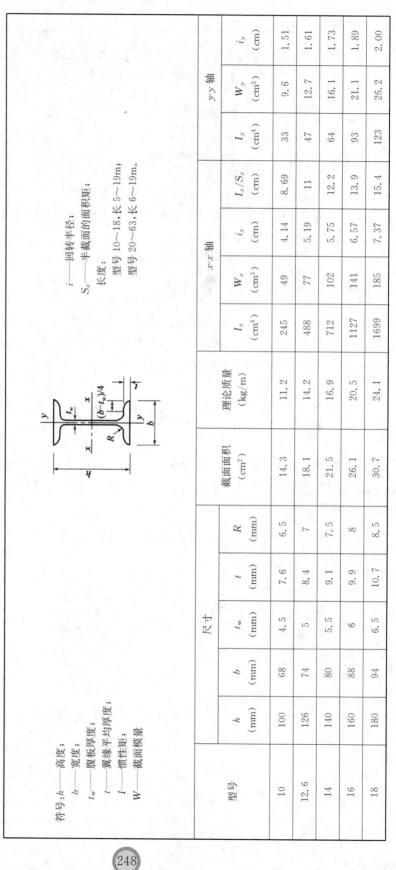

型号	尺寸					截面面积 (cm^2)	理论质量 (kg/m)	x-x 轴				y-y 轴		
	h (mm)	b (mm)	t_w (mm)	t (mm)	R (mm)			I_x (cm^4)	W_x (cm^3)	i_x (cm)	I_x/S_x (cm)	I_y (cm^4)	W_y (cm^3)	i_y (cm)
10	100	68	4.5	7.6	6.5	14.3	11.2	245	49	4.14	8.69	33	9.6	1.51
12.6	126	74	5	8.4	7	18.1	14.2	488	77	5.19	11	47	12.7	1.61
14	140	80	5.5	9.1	7.5	21.5	16.9	712	102	5.75	12.2	64	16.1	1.73
16	160	88	6	9.9	8	26.1	20.5	1127	141	6.57	13.9	93	21.1	1.89
18	180	94	6.5	10.7	8.5	30.7	24.1	1699	185	7.37	15.4	123	26.2	2.00

续上表

型号		h (mm)	b (mm)	尺寸 t_w (mm)	t (mm)	R (mm)	截面面积 (cm²)	理论质量 (kg/m)	x-x 轴 I_x (cm⁴)	W_x (cm³)	i_x (cm)	I_x/S_x (cm)	y-y 轴 I_y (cm⁴)	W_y (cm³)	i_y (cm)
20	a	200	100	7	11.4	9	35.5	27.9	2369	237	8.16	17.4	158	31.6	2.11
	b		102	9			39.5	31.1	2502	250	7.95	17.1	169	33.1	2.07
22	a	220	110	7.5	12.3	9.5	42.1	33	3406	310	8.99	19.2	226	41.1	2.32
	b		112	9.5			46.5	36.5	3583	326	8.78	18.9	240	42.9	2.27
25	a	250	116	8	13	10	48.5	38.1	5017	401	10.2	21.7	280	48.4	2.4
	b		118	10			53.5	42	5278	422	9.93	21.4	297	50.4	2.36
28	a	280	122	8.5	13.7	10.5	55.4	43.5	7115	508	11.3	24.3	344	56.4	2.49
	b		124	10.5			61	47.9	7481	534	11.1	24	364	58.7	2.44
32	a	320	130	9.5	15	11.5	67.1	52.7	11080	692	12.8	27.7	459	70.6	2.62
	b		132	11.5			73.5	57.7	11626	727	12.6	27.3	484	73.3	2.57
	c		134	13.5			79.9	62.7	12173	761	12.3	26.9	510	76.1	2.53
36	a	360	136	10	15.8	12	76.4	60	15796	878	14.4	31	555	81.6	2.69
	b		138	12			83.6	65.6	16574	921	14.1	30.6	584	84.6	2.64
	c		140	14			90.8	71.3	17351	964	13.8	30.2	614	87.7	2.6
40	a	400	142	10.5	16.5	12.5	86.1	67.6	21714	1086	15.9	34.4	660	92.9	2.77
	b		144	12.5			94.1	73.8	22781	1139	15.6	33.9	693	96.2	2.71
	c		146	14.5			102	80.1	23847	1192	15.3	33.5	727	99.7	2.67

续上表

型号		尺寸					截面面积 (cm²)	理论质量 (kg/m)	x-x 轴				y-y 轴		
		h (mm)	b (mm)	t_w (mm)	t (mm)	R (mm)			I_x (cm⁴)	W_x (cm³)	i_x (cm)	I_x/S_x (cm)	I_y (cm⁴)	W_y (cm³)	i_y (cm)
45	a	450	150	11.5	18	13.5	102	80.4	32241	1433	17.7	38.5	855	114	2.89
	b		152	13.5			111	87.4	33759	1500	17.4	38.1	895	118	2.84
	c		154	15.5			120	94.5	35278	1568	17.1	37.6	938	122	2.79
50	a	500	158	12	20	14	119	93.6	46472	1859	19.7	42.9	1122	142	3.07
	b		160	14			129	101	48556	1942	19.4	42.3	1171	146	3.01
	c		162	16			139	109	50639	2026	19.1	41.9	1224	151	2.96
56	a	560	166	12.5	21	14.5	135	106	65576	2342	22	47.9	1366	165	3.18
	b		168	14.5			147	115	68503	2447	21.6	47.3	1424	170	3.12
	c		170	16.5			158	124	71430	2551	21.3	46.8	1485	175	3.07
63	a	630	176	13	22	15	155	122	94004	2984	24.7	53.8	1702	194	3.32
	b		178	15			167	131	98171	3117	24.2	53.2	1771	199	3.25
	c		780	17			180	141	102339	3249	23.9	52.6	1842	205	3.2

H 形 钢

符号:h——高度;
b——宽度;
t_1——腹板厚度;
t_2——翼缘厚度;
I——惯性矩;
W——截面模量

i——回转半径;
S_x——半截面的面积矩。

类别	H形钢规格 ($h \times b \times t_1 \times t_2$)	截面面积 A (cm²)	质量 q (kg/m)	x-x 轴			y-y 轴		
				I_x (cm⁴)	W_x (cm³)	i_x (cm)	I_y (cm⁴)	W_y (cm³)	i_y (cm)
HW	100×100×6×8	21.9	17.22	383	76.5	4.18	134	26.7	2.47
	125×125×6.5×9	30.31	23.8	847	136	5.29	294	47	3.11
	150×150×7×10	40.55	31.9	1660	221	6.39	564	75.1	3.73
	175×175×7.5×11	51.43	40.3	2900	331	7.5	984	112	4.37
	200×200×8×12	64.28	50.5	4770	477	8.61	1600	160	4.99
	#200×204×12×12	72.28	56.7	5030	503	8.35	1700	167	4.85
	250×250×9×14	92.18	72.4	10800	867	10.8	3650	292	6.29
	#250×255×14×14	104.7	82.2	11500	919	10.5	3880	304	6.09
	#294×302×12×12	108.3	85	17000	1160	12.5	5520	365	7.14
	300×300×10×15	120.4	94.5	20500	1370	13.1	6760	450	7.49
	300×305×15×15	135.4	106	21600	1440	12.6	7100	466	7.24
	#344×348×10×15	146	115	33300	1940	15.1	11200	646	8.78
	350×350×12×19	173.9	137	40300	2300	15.2	13600	776	8.84

附表 常用型钢规格表

续上表

类别	H形钢规格 $(h \times b \times t_1 \times t_2)$	截面面积 A (cm²)	质量 q (kg/m)	x-x 轴			y-y 轴		
				I_x (cm⁴)	W_x (cm³)	i_x (cm)	I_y (cm⁴)	W_y (cm³)	i_y (cm)
HW	♯388×402×15×15	179.2	141	49200	2540	16.6	16300	809	9.52
	♯394×398×11×18	187.6	147	56400	2860	17.3	18900	951	10
	400×400×13×21	219.5	172	66900	3340	17.5	22400	1120	10.1
	♯400×408×21×21	251.5	197	71100	3560	16.8	23800	1170	9.73
	♯414×405×18×28	296.2	233	93000	4490	17.7	31000	1530	10.2
	♯428×407×20×35	361.4	284	119000	5580	18.2	39400	1930	10.4
HM	148×100×6×9	27.25	21.4	1040	140	6.17	151	30.2	2.35
	194×150×6×9	39.76	31.2	2740	283	8.3	508	67.7	3.57
	244×175×7×11	56.24	44.1	6120	502	10.4	985	113	4.18
	294×200×8×12	73.03	57.3	11400	779	12.5	1600	160	4.69
	340×250×9×14	101.5	79.7	21700	1280	14.6	3650	292	6
	390×300×10×16	136.7	107	38900	2000	16.9	7210	481	7.26
	440×300×11×18	157.4	124	56100	2550	18.9	8110	541	7.18
	482×300×11×15	146.4	115	60800	2520	20.4	6770	451	6.8
	488×300×11×18	164.4	129	71400	2930	20.8	8120	541	7.03
	582×300×12×17	174.5	137	103000	3530	24.3	7670	511	6.63
	588×300×12×20	192.5	151	118000	4020	24.8	9020	601	6.85
	♯594×302×14×23	222.4	175	137000	4620	24.9	10600	701	6.9
HN	100×50×5×7	12.16	9.54	192	38.5	3.98	14.9	5.96	1.11
	125×60×6×8	17.01	13.3	417	66.8	4.95	29.3	9.75	1.31
	150×75×5×7	18.16	14.3	679	90.6	6.12	49.6	13.2	1.65
	175×90×5×8	23.21	18.2	1220	140	7.26	97.6	21.7	2.05
	198×99×4.5×7	23.59	18.5	1610	163	8.27	114	23	2.2

续上表

常用型钢规格表

类别	H形钢规格 $(h\times b\times t_1\times t_2)$	截面面积 A (cm^2)	质量 q (kg/m)	x-x 轴			y-y 轴		
				I_x (cm^4)	W_x (cm^3)	i_x (cm)	I_y (cm^4)	W_y (cm^3)	i_y (cm)
HN	200×100×5.5×8	27.57	21.7	1880	188	8.25	134	26.8	2.21
	248×124×5×8	32.89	25.8	3560	287	10.4	255	41.1	2.78
	250×125×6×9	37.87	29.7	4080	326	10.4	294	47	2.79
	298×149×5.5×8	41.55	32.6	6460	433	12.4	443	59.4	3.26
	300×150×6.5×9	47.53	37.3	7350	490	12.4	508	67.7	3.27
	346×174×6×9	53.19	41.8	11200	649	14.5	792	91	3.86
	350×175×7×11	63.66	50	13700	782	14.7	985	113	3.93
	#400×150×8×13	71.12	55.8	18800	942	16.3	734	97.9	3.21
	396×199×7×11	72.16	56.7	20000	1010	16.7	1450	145	4.48
	400×200×8×13	84.12	66	23700	1190	16.8	1740	174	4.54
	#450×150×9×14	83.41	65.5	27100	1200	18	793	106	3.08
	446×199×8×12	84.95	66.7	29000	1300	18.5	1580	159	4.31
	450×200×9×14	97.41	76.5	33700	1500	18.6	1870	187	4.38
	#500×150×10×16	98.23	77.1	38500	1540	19.8	907	121	3.04
	496×199×9×14	101.3	79.5	41900	1690	20.3	1840	185	4.27
	500×200×10×16	114.2	89.6	47800	1910	20.5	2140	214	4.33
	#506×201×11×19	131.3	103	56500	2230	20.8	2580	257	4.43
	596×199×10×15	121.2	95.1	69300	2330	23.9	1980	199	4.04
	600×200×11×17	135.2	106	78200	2610	24.1	2280	228	4.11
	#606×201×12×20	153.3	120	91000	3000	24.4	2720	271	4.21
	#692×300×13×20	211.5	166	172000	4980	28.6	9020	602	6.53
	700×300×13×24	235.5	185	201000	5760	29.3	10800	722	6.78

注："#"表示的规格为非常用规格。

普通槽钢

符号：同普通工字钢
但 W_y 为对应翼缘肢尖

长度：
型号 5~8，长 5~12m；
型号 10~18，长 5~19m；
型号 20~20，长 6~19m。

型号	尺寸 h (mm)	b (mm)	t_w (mm)	t (mm)	R (mm)	截面面积 (cm²)	理论质量 (kg/m)	x-x 轴 I_x (cm⁴)	W_x (cm³)	i_x (cm)	y-y 轴 I_y (cm⁴)	W_y (cm³)	i_y (cm)	y_1-y_1 轴 I_{y1} (cm⁴)	Z_0 (cm)
5	50	37	4.5	7	7	6.92	5.44	26	10.4	1.94	8.3	3.5	1.1	20.9	1.35
6.3	63	40	4.8	7.5	7.5	8.45	6.63	51	16.3	2.46	11.9	4.6	1.19	28.3	1.39
8	80	43	5	8	8	10.24	8.04	101	25.3	3.14	16.6	5.8	1.27	37.4	1.42
10	100	48	5.3	8.5	8.5	12.74	10	198	39.7	3.94	25.6	7.8	1.42	54.9	1.52
12.6	126	53	5.5	9	9	15.69	12.31	389	61.7	4.98	38	10.3	1.56	77.8	1.59
14 a	140	58	6	9.5	9.5	18.51	14.53	564	80.5	5.52	53.2	13	1.7	107.2	1.71
14 b	140	60	8	9.5	9.5	21.31	16.73	609	87.1	5.35	61.2	14.1	1.69	120.6	1.67
16 a	160	63	6.5	10	10	21.95	17.23	866	108.3	6.28	73.4	16.3	1.83	144.1	1.79
16 b	160	65	8.5	10	10	25.15	19.75	935	116.8	6.1	83.4	17.6	1.82	160.8	1.75
18 a	180	68	7	10.5	10.5	25.69	20.17	1273	141.4	7.04	98.6	20	1.96	189.7	1.88
18 b	180	70	9	10.5	10.5	29.29	22.99	1370	152.2	6.84	111	21.5	1.95	210.1	1.84
20 a	200	73	7	11	11	28.83	22.63	1780	178	7.86	128	24.2	2.11	244	2.01
20 b	200	75	9	11	11	32.83	25.77	1914	191.4	7.64	143.6	25.9	2.09	268.4	1.95

续上表

型号		h (mm)	b (mm)	t_w (mm)	t (mm)	R (mm)	截面面积 (cm^2)	理论质量 (kg/m)	x-x 轴			y-y 轴			y-y_1 轴	Z_0 (cm)
									I_x (cm^4)	W_x (cm^3)	i_x (cm)	I_y (cm^4)	W_y (cm^3)	I_y (cm)	I_{y1} (cm^4)	
22	a	220	77	7	11.5	11.5	31.84	24.99	2394	217.6	8.67	157.8	28.2	2.23	298.2	2.1
	b		79	9	11.5	11.5	36.24	28.45	2571	233.8	8.42	176.5	30.1	2.21	326.3	2.03
25	a	250	78	7	12	12	34.91	27.4	3359	268.7	9.81	175.9	30.7	2.24	324.8	2.07
	b		80	9	12	12	39.91	31.33	3619	289.6	9.52	196.4	32.7	2.22	355.1	1.99
	c		82	11	12	12	44.91	35.25	3880	310.4	9.3	215.9	34.6	2.19	388.6	1.96
28	a	280	82	7.5	12.5	12.5	40.02	31.42	4753	339.5	10.9	217.9	35.7	2.33	393.3	2.09
	b		84	9.5	12.5	12.5	45.62	35.81	5118	365.6	10.59	241.5	37.9	2.3	428.5	2.02
	c		86	11.5	12.5	12.5	51.22	40.21	5484	391.7	10.35	264.1	40	2.27	467.3	1.99
32	a	320	88	8	14	14	48.5	38.07	7511	469.4	12.44	304.7	46.4	2.51	547.5	2.24
	b		90	10	14	14	54.9	43.1	8057	503.5	12.11	335.6	49.1	2.47	592.9	2.16
	c		92	12	14	14	61.3	48.12	8603	537.7	11.85	365	51.6	2.44	642.7	2.13
36	a	360	96	9	16	16	60.89	47.8	11874	659.7	13.96	455	63.6	2.73	818.5	2.44
	b		98	11	16	16	68.09	53.45	12652	702.9	13.63	496.7	66.9	2.7	880.5	2.37
	c		100	13	16	16	75.29	59.1	13429	746.1	13.36	536.6	70	2.67	948	2.34
40	a	400	100	10.5	18	18	75.04	58.91	17578	878.9	15.3	592	78.8	2.81	1057.9	2.49
	b		102	12.5	18	18	83.04	65.19	18644	932.2	14.98	640.6	82.6	2.78	1135.8	2.44
	c		104	14.5	18	18	91.04	71.47	19711	985.6	14.71	687.8	86.2	2.75	1220.3	2.42

等边角钢

单角钢 / 双角钢

型号	圆角 R (mm)	重心矩 Z_0 (mm)	截面面积 A (cm²)	质量 (kg/m)	惯性矩 I_x (cm⁴)	截面模量 $W_x$max (cm³)	截面模量 $W_x$min (cm³)	回转半径 i_x (cm)	回转半径 i_{x0} (cm)	回转半径 i_{y0} (cm)	i_y，当 a 为下列数值 (cm) 6mm	8mm	10mm	12mm	14mm
20× 3	3.5	6	1.13	0.89	0.40	0.66	0.29	0.59	0.75	0.39	1.08	1.17	1.25	1.34	1.43
20× 4	3.5	6.4	1.46	1.15	0.50	0.78	0.36	0.58	0.73	0.38	1.11	1.19	1.28	1.37	1.46
L25× 3	3.5	7.3	1.43	1.12	0.82	1.12	0.46	0.76	0.95	0.49	1.27	1.36	1.44	1.53	1.61
L25× 4	3.5	7.6	1.86	1.46	1.03	1.34	0.59	0.74	0.93	0.48	1.30	1.38	1.47	1.55	1.64
L30× 3	4.5	8.5	1.75	1.37	1.46	1.72	0.68	0.91	1.15	0.59	1.47	1.55	1.63	1.71	1.8
L30× 4	4.5	8.9	2.28	1.79	1.84	2.08	0.87	0.90	1.13	0.58	1.49	1.57	1.65	1.74	1.82
L36× 3	4.5	10	2.11	1.66	2.58	2.59	0.99	1.11	1.39	0.71	1.70	1.78	1.86	1.94	2.03
L36× 4	4.5	10.4	2.76	2.16	3.29	3.18	1.28	1.09	1.38	0.70	1.73	1.8	1.89	1.97	2.05
L36× 5	4.5	10.7	2.38	2.65	3.95	3.68	1.56	1.08	1.36	0.70	1.75	1.83	1.91	1.99	2.08

续上表

型号	圆角 R (mm)	重心矩 Z_0 (mm)	截面面积 A (cm²)	质量 (kg/m)	惯性矩 I_x (cm⁴)	截面模量 (cm³)		回转半径 (cm)			i_y，当 a 为下列数值 (cm)					
						$W_x$max	$W_x$min	i_x	i_{x0}	i_{y0}	6mm	8mm	10mm	12mm	14mm
L40× 3	5	10.9	2.36	1.85	3.59	3.28	1.23	1.23	1.55	0.79	1.86	1.94	2.01	2.09	2.18
L40× 4	5	11.3	3.09	2.42	4.60	4.05	1.60	1.22	1.54	0.79	1.88	1.96	2.04	2.12	2.2
L40× 5	5	11.7	3.79	2.98	5.53	4.72	1.96	1.21	1.52	0.78	1.90	1.98	2.06	2.14	2.23
L45× 3	5	12.2	2.66	2.09	5.17	4.25	1.58	1.39	1.76	0.90	2.06	2.14	2.21	2.29	2.37
L45× 4	5	12.6	3.49	2.74	6.65	5.29	2.05	1.38	1.74	0.89	2.08	2.16	2.24	2.32	2.4
L45× 5	5	13	4.29	3.37	8.04	6.20	2.51	1.37	1.72	0.88	2.10	2.18	2.26	2.34	2.42
L45× 6	5	13.3	5.08	3.99	9.33	6.99	2.95	1.36	1.71	0.88	2.12	2.2	2.28	2.36	2.44
L50× 3	5.5	13.4	2.97	2.33	7.18	5.36	1.96	1.55	1.96	1.00	2.26	2.33	2.41	2.48	2.56
L50× 4	5.5	13.8	3.90	3.06	9.26	6.70	2.56	1.54	1.94	0.99	2.28	2.36	2.43	2.51	2.59
L50× 5	5.5	14.2	4.80	3.77	11.21	7.90	3.13	1.53	1.92	0.98	2.30	2.38	2.45	2.53	2.61
L50× 6	5.5	14.6	5.69	4.46	13.05	8.95	3.68	1.51	1.91	0.98	2.32	2.4	2.48	2.56	2.64
L56× 3	6	14.8	3.34	2.62	10.19	6.86	2.48	1.75	2.2	1.13	2.50	2.57	2.64	2.72	2.8
L56× 4	6	15.3	4.39	3.45	13.18	8.63	3.24	1.73	2.18	1.11	2.52	2.59	2.67	2.74	2.82
L56× 5	6	15.7	5.42	4.25	16.02	10.22	3.97	1.72	2.17	1.10	2.54	2.61	2.69	2.77	2.85
L56× 8	6	16.8	8.37	6.57	23.63	14.06	6.03	1.68	2.11	1.09	2.60	2.67	2.75	2.83	2.91
L63× 4	7	17	4.98	3.91	19.03	11.22	4.13	1.96	2.46	1.26	2.79	2.87	2.94	3.02	3.09
L63× 5	7	17.4	6.14	4.82	23.17	13.33	5.08	1.94	2.45	1.25	2.82	2.89	2.96	3.04	3.12
L63× 6	7	17.8	7.29	5.72	27.12	15.26	6.00	1.93	2.43	1.24	2.83	2.91	2.98	3.06	3.14
L63× 8	7	18.5	9.51	7.47	34.45	18.59	7.75	1.90	2.39	1.23	2.87	2.95	3.03	3.1	3.18
L63× 10	7	19.3	11.66	9.15	41.09	21.34	9.39	1.88	2.36	1.22	2.91	2.99	3.07	3.15	3.23

附表 常用型钢规格表

续上表

型号		圆角 R (mm)	重心矩 Z_0 (mm)	截面面积 A (cm²)	质量 (kg/m)	惯性矩 I_x (cm⁴)	截面模量 (cm³)		i_x	回转半径 (cm)		i_y,当 a 为下列数值 (cm)					
							$W_x$max	$W_x$min		i_{x0}	i_{y0}	6mm	8mm	10mm	12mm	14mm
L70×	4	8	18.6	5.57	4.37	26.39	14.16	5.14	2.18	2.74	1.4	3.07	3.14	3.21	3.29	3.36
	5		19.1	6.88	5.40	32.21	16.89	6.32	2.16	2.73	1.39	3.09	3.16	3.24	3.31	3.39
	6		19.5	8.16	6.41	37.77	19.39	7.48	2.15	2.71	1.38	3.11	3.18	3.26	3.33	3.41
	7		19.9	9.42	7.40	43.09	21.68	8.59	2.14	2.69	1.38	3.13	3.2	3.28	3.36	3.43
	8		20.3	10.67	8.37	48.17	23.79	9.68	2.13	2.68	1.37	3.15	3.22	3.30	3.38	3.46
L75×	5	9	20.3	7.41	5.82	39.96	19.73	7.30	2.32	2.92	1.5	3.29	3.36	3.43	3.5	3.58
	6		20.7	8.80	6.91	46.91	22.69	8.63	2.31	2.91	1.49	3.31	3.38	3.45	3.53	3.6
	7		21.1	10.16	7.98	53.57	25.42	9.93	2.30	2.89	1.48	3.33	3.4	3.47	3.55	3.63
	8		21.5	11.50	9.03	59.96	27.93	11.2	2.28	2.87	1.47	3.35	3.42	3.50	3.57	3.65
	10		22.2	14.13	11.09	71.98	32.40	13.64	2.26	2.84	1.46	3.38	3.46	3.54	3.61	3.69
L80×	5	9	21.5	7.91	6.21	48.79	22.70	8.34	2.48	3.13	1.6	3.49	3.56	3.63	3.71	3.78
	6		21.9	9.40	7.38	57.35	26.16	9.87	2.47	3.11	1.59	3.51	3.58	3.65	3.73	3.8
	7		22.3	10.86	8.53	65.58	29.38	11.37	2.46	3.1	1.58	3.53	3.60	3.67	3.75	3.83
	8		22.7	12.30	9.66	73.50	32.36	12.83	2.44	3.08	1.57	3.55	3.62	3.70	3.77	3.85
	10		23.5	15.13	11.87	88.43	37.68	15.64	2.42	3.04	1.56	3.58	3.66	3.74	3.81	3.89
L90×	6	10	24.4	10.64	8.35	82.77	33.99	12.61	2.79	3.51	1.8	3.91	3.98	4.05	4.12	4.2
	7		24.8	12.3	9.66	94.83	38.28	14.54	2.78	3.5	1.78	3.93	4	4.07	4.14	4.22
	8		25.2	13.94	10.95	106.5	42.3	16.42	2.76	3.48	1.78	3.95	4.02	4.09	4.17	4.24
	10		25.9	17.17	13.48	128.6	49.57	20.07	2.74	3.45	1.76	3.98	4.06	4.13	4.21	4.28
	12		26.7	20.31	15.94	149.2	55.93	23.57	2.71	3.41	1.75	4.02	4.09	4.17	4.25	4.32

续上表

型号		圆角 R (mm)	重心矩 Z_0 (mm)	截面面积 A (cm²)	质量 (kg/m)	惯性矩 I_x (cm⁴)	截面模量 (cm³)		回转半径 (cm)			i_y，当 a 为下列数值					
							$W_x$max	$W_x$min	i_x	i_{x0}	i_{y0}	6mm	8mm	10mm	12mm	14mm
L100×	6	12	26.7	11.93	9.37	115	43.04	15.68	3.1	3.91	2	4.3	4.37	4.44	4.51	4.58
	7		27.1	13.8	10.83	131	48.57	18.1	3.09	3.89	1.99	4.32	4.39	4.46	4.53	4.61
	8		27.6	15.64	12.28	148.2	53.78	20.47	3.08	3.88	1.98	4.34	4.41	4.48	4.55	4.63
	10		28.4	19.26	15.12	179.5	63.29	25.06	3.05	3.84	1.96	4.38	4.45	4.52	4.6	4.67
	12		29.1	22.8	17.9	208.9	71.72	29.47	3.03	3.81	1.95	4.41	4.49	4.56	4.64	4.71
	14		29.9	26.26	20.61	236.5	79.19	33.73	3	3.77	1.94	4.45	4.53	4.6	4.68	4.75
	16		30.6	29.63	23.26	262.5	85.81	37.82	2.98	3.74	1.93	4.49	4.56	4.64	4.72	4.8
L110×	7	12	29.6	15.2	11.93	177.2	59.78	22.05	3.41	4.3	2.2	4.72	4.79	4.86	4.94	5.01
	8		30.1	17.24	13.53	199.5	66.36	24.95	3.4	4.28	2.19	4.74	4.81	4.88	4.96	5.03
	10		30.9	21.26	16.69	242.2	78.48	30.6	3.38	4.25	2.17	4.78	4.85	4.92	5	5.07
	12		31.6	25.2	19.78	282.6	89.34	36.05	3.35	4.22	2.15	4.82	4.89	4.96	5.04	5.11
	14		32.4	29.06	22.81	320.7	99.07	41.31	3.32	4.18	2.14	4.85	4.93	5	5.08	5.15
L125×	8	14	33.7	19.75	15.5	297	88.2	32.52	3.88	4.88	2.5	5.34	5.41	5.48	5.55	5.62
	10		34.5	24.37	19.13	361.7	104.8	39.97	3.85	4.85	2.48	5.38	5.45	5.52	5.59	5.66
	12		35.3	28.91	22.7	423.2	119.9	47.17	3.83	4.82	2.46	5.41	5.48	5.56	5.63	5.7
	14		36.1	33.37	26.19	481.7	133.6	54.16	3.8	4.78	2.45	5.45	5.52	5.59	5.67	5.74
L140×	10	14	38.2	27.37	21.49	514.7	134.6	50.58	4.34	5.46	2.78	5.98	6.05	6.12	6.2	6.27
	12		39	32.51	25.52	603.7	154.6	59.8	4.31	5.43	2.77	6.02	6.09	6.16	6.23	6.31
	14		39.8	37.57	29.49	688.8	173	68.75	4.28	5.4	2.75	6.06	6.13	6.2	6.27	6.34
	16		40.6	42.54	33.39	770.2	189.9	77.46	4.26	5.36	2.74	6.09	6.16	6.23	6.31	6.38

续上表

型号	圆角 R (mm)	重心矩 Z_0 (mm)	截面面积 A (cm²)	质量 (kg/m)	惯性矩 I_x (cm⁴)	截面模量 $W_x$max (cm³)	截面模量 $W_x$min (cm³)	回转半径 i_x (cm)	回转半径 i_{x0} (cm)	回转半径 i_{y0} (cm)	i_y,当a为下列数值 6mm (cm)	8mm	10mm	12mm	14mm
L160×10	16	43.1	31.5	24.73	779.5	180.8	66.7	4.97	6.27	3.2	6.78	6.85	6.92	6.99	7.06
L160×12	16	43.9	37.44	29.39	916.6	208.6	78.98	4.95	6.24	3.18	6.82	6.89	6.96	7.03	7.1
L160×14	16	44.7	43.3	33.99	1048	234.4	90.95	4.92	6.2	3.16	6.86	6.93	7	7.07	7.14
L160×16	16	45.5	49.07	38.52	1175	258.3	102.6	4.89	6.17	3.14	6.89	6.96	7.03	7.1	7.18
L180×12	16	48.9	42.24	33.16	1321	270	100.8	5.59	7.05	3.58	7.63	7.7	7.77	7.84	7.91
L180×14	16	49.7	48.9	38.38	1514	304.6	116.3	5.57	7.02	3.57	7.67	7.74	7.81	7.88	7.95
L180×16	16	50.5	55.47	43.54	1701	336.9	131.4	5.54	6.98	3.55	7.7	7.77	7.84	7.91	7.98
L180×18	16	51.3	61.95	48.63	1881	367.1	146.1	5.51	6.94	3.53	7.73	7.8	7.87	7.95	8.02
L200×14	18	54.6	54.64	42.89	2104	385.1	144.7	6.2	7.82	3.98	8.47	8.54	8.61	8.67	8.75
L200×16	18	55.4	62.01	48.68	2366	427	163.7	6.18	7.79	3.96	8.5	8.57	8.64	8.71	8.78
L200×18	18	56.2	69.3	54.4	2621	466.5	182.2	6.15	7.75	3.94	8.53	8.6	8.67	8.75	8.82
L200×20	18	56.9	76.5	60.06	2867	503.6	200.4	6.12	7.72	3.93	8.57	8.64	8.71	8.78	8.85
L200×24	18	58.4	90.66	71.17	3338	571.5	235.8	6.07	7.64	3.9	8.63	8.71	8.78	8.85	8.92

不等边角钢

角钢型号 $(B\times b\times t)$	圆角 R	单角钢 重心距 Z_x (mm)	单角钢 重心距 Z_y (mm)	截面积 A (cm²)	质量 (kg/m)	回转半径 i_x (cm)	回转半径 i_y (cm)	回转半径 i_{y0} (cm)	双角钢 i_y,当a为下列数值 6mm (cm)	8mm	10mm	12mm	双角钢 i_y,当a为下列数值 6mm (cm)	8mm	10mm	12mm
L25×16×3	3.5	4.2	8.6	1.16	0.91	0.44	0.78	0.34	0.84	0.93	1.02	1.11	1.4	1.48	1.57	1.65
L25×16×4	3.5	4.6	9.0	1.50	1.18	0.43	0.77	0.34	0.87	0.96	1.05	1.14	1.42	1.51	1.6	1.68
L32×20×3	3.5	4.9	10.8	1.49	1.17	0.55	1.01	0.43	0.97	1.05	1.14	1.23	1.71	1.79	1.88	1.96
L32×20×4	3.5	5.3	11.2	1.94	1.52	0.54	1	0.43	0.99	1.08	1.16	1.25	1.74	1.82	1.9	1.99
L40×25×3	4	5.9	13.2	1.89	1.48	0.7	1.28	0.54	1.13	1.21	1.3	1.38	2.07	2.14	2.23	2.31
L40×25×4	4	6.3	13.7	2.47	1.94	0.69	1.26	0.54	1.16	1.24	1.32	1.41	2.09	2.17	2.25	2.34
L45×28×3	5	6.4	14.7	2.15	1.69	0.79	1.44	0.61	1.23	1.31	1.39	1.47	2.28	2.36	2.44	2.52
L45×28×4	5	6.8	15.1	2.81	2.2	0.78	1.43	0.6	1.25	1.33	1.41	1.5	2.31	2.39	2.47	2.55
L50×32×3	5.5	7.3	16	2.43	1.91	0.91	1.6	0.7	1.38	1.45	1.53	1.61	2.49	2.56	2.64	2.72
L50×32×4	5.5	7.7	16.5	3.18	2.49	0.9	1.59	0.69	1.4	1.47	1.55	1.64	2.51	2.59	2.67	2.75

续上表

角钢型号 ($B \times b \times t$)		圆角 R	重心矩 (mm)		截面面积 A (cm²)	质量 (kg/m)	回转半径											
							i_x	i_y (cm)	i_{y0}	i_y,当 a 为下列数值 (cm)				i_y,当 a 为下列数值 (cm)				
			Z_x	Z_y						6mm	8mm	10mm	12mm	6mm	8mm	10mm	12mm
L56×36×	3	6	8.0	17.8	2.74	2.15	1.03	1.8	0.79	1.51	1.59	1.66	1.74	2.75	2.82	2.9	2.98
	4		8.5	18.2	3.59	2.82	1.02	1.79	0.78	1.53	1.61	1.69	1.77	2.77	2.85	2.93	3.01
	5		8.8	18.7	4.42	3.47	1.01	1.77	0.78	1.56	1.63	1.71	1.79	2.8	2.88	2.96	3.04
L63×40×	4	7	9.2	20.4	4.06	3.19	1.14	2.02	0.88	1.66	1.74	1.81	1.89	3.09	3.16	3.24	3.32
	5		9.5	20.8	4.99	3.92	1.12	2	0.87	1.68	1.76	1.84	1.92	3.11	3.19	3.27	3.35
	6		9.9	21.2	5.91	4.64	1.11	1.99	0.86	1.71	1.78	1.86	1.94	3.13	3.21	3.29	3.37
	7		10.3	21.6	6.8	5.34	1.1	1.96	0.86	1.73	1.8	1.88	1.97	3.15	3.23	3.3	3.39
L70×45×	4	7.5	10.2	22.3	4.55	3.57	1.29	2.25	0.99	1.84	1.91	1.99	2.07	3.39	3.46	3.54	3.62
	5		10.6	22.8	5.61	4.4	1.28	2.23	0.98	1.86	1.94	2.01	2.09	3.41	3.49	3.57	3.64
	6		11.0	23.2	6.64	5.22	1.26	2.22	0.97	1.88	1.96	2.04	2.11	3.44	3.51	3.59	3.67
	7		11.3	23.6	7.66	6.01	1.25	2.2	0.97	1.9	1.98	2.06	2.14	3.46	3.54	3.61	3.69
L75×50×	5	8	11.7	24.0	6.13	4.81	1.43	2.39	1.09	2.06	2.13	2.2	2.28	3.6	3.68	3.76	3.83
	6		12.1	24.4	7.26	5.7	1.42	2.38	1.08	2.08	2.15	2.23	2.3	3.63	3.7	3.78	3.86
	8		12.9	25.2	9.47	7.43	1.4	2.35	1.07	2.12	2.19	2.27	2.35	3.67	3.75	3.83	3.91
	10		13.6	26.0	11.6	9.1	1.38	2.33	1.06	2.16	2.24	2.31	2.4	3.71	3.79	3.87	3.96
L80×50×	5	8	11.4	26.0	6.38	5	1.42	2.57	1.1	2.02	2.09	2.17	2.24	3.88	3.95	4.03	4.1
	6		11.8	26.5	7.56	5.93	1.41	2.55	1.09	2.04	2.11	2.19	2.27	3.9	3.98	4.05	4.13
	7		12.1	26.9	8.72	6.85	1.39	2.54	1.08	2.06	2.13	2.21	2.29	3.92	4	4.08	4.16
	8		12.5	27.3	9.87	7.75	1.38	2.52	1.07	2.08	2.15	2.23	2.31	3.94	4.02	4.1	4.18

续上表

角钢型号 ($B \times b \times t$)	圆角 R	重心矩 Z_x (mm)	Z_y (mm)	截面积 A (cm²)	质量 (kg/m)	回转半径 i_x (cm)	i_y (cm)	i_{y0} (cm)	i_y,当 a 为下列数值 (cm)				i_y,当 a 为下列数值 (cm)			
									6mm	8mm	10mm	12mm	6mm	8mm	10mm	12mm
L90×56× 5	9	12.5	29.1	7.21	5.66	1.59	2.9	1.23	2.22	2.29	2.36	2.44	4.32	4.39	4.47	4.55
6		12.9	29.5	8.56	6.72	1.58	2.88	1.22	2.24	2.31	2.39	2.46	4.34	4.42	4.5	4.57
7		13.3	30.0	9.88	7.76	1.57	2.87	1.22	2.26	2.33	2.41	2.49	4.37	4.44	4.52	4.6
8		13.6	30.4	11.2	8.78	1.56	2.85	1.21	2.28	2.35	2.43	2.51	4.39	4.47	4.54	4.62
L100×63× 6	10	14.3	32.4	9.62	7.55	1.79	3.21	1.38	2.49	2.56	2.63	2.71	4.77	4.85	4.92	5
7		14.7	32.8	11.1	8.72	1.78	3.2	1.37	2.51	2.58	2.65	2.73	4.8	4.87	4.95	5.03
8		15	33.2	12.6	9.88	1.77	3.18	1.37	2.53	2.6	2.67	2.75	4.82	4.9	4.97	5.05
10		15.8	34	15.5	12.1	1.75	3.15	1.35	2.57	2.64	2.72	2.79	4.86	4.94	5.02	5.1
L100×80× 6	10	19.7	29.5	10.6	8.35	2.4	3.17	1.73	3.31	3.38	3.45	3.52	4.54	4.62	4.69	4.76
7		20.1	30	12.3	9.66	2.39	3.16	1.71	3.32	3.39	3.47	3.54	4.57	4.64	4.71	4.79
8		20.5	30.4	13.9	10.9	2.37	3.15	1.71	3.34	3.41	3.49	3.56	4.59	4.66	4.73	4.81
10		21.3	31.2	17.2	13.5	2.35	3.12	1.69	3.38	3.45	3.53	3.6	4.63	4.7	4.78	4.85
L110×70× 6	10	15.7	35.3	10.6	8.35	2.01	3.54	1.54	2.74	2.81	2.88	2.96	5.21	5.29	5.36	5.44
7		16.1	35.7	12.3	9.66	2	3.53	1.53	2.76	2.83	2.9	2.98	5.24	5.31	5.39	5.46
8		16.5	36.2	13.9	10.9	1.98	3.51	1.53	2.78	2.85	2.92	3	5.26	5.34	5.41	5.49
10		17.2	37	17.2	13.5	1.96	3.48	1.51	2.82	2.89	2.96	3.04	5.3	5.38	5.46	5.53
L125×80× 7	11	18	40.1	14.1	11.1	2.3	4.02	1.76	3.11	3.18	3.25	3.33	5.9	5.97	6.04	6.12
8		18.4	40.6	16	12.6	2.29	4.01	1.75	3.13	3.2	3.27	3.35	5.92	5.99	6.07	6.14
10		19.2	41.4	19.7	15.5	2.26	3.98	1.74	3.17	3.24	3.31	3.39	5.96	6.04	6.11	6.19
12		20	42.2	23.4	18.3	2.24	3.95	1.72	3.21	3.28	3.35	3.43	6	6.08	6.16	6.23

续上表

角钢型号 ($B \times b \times t$)	圆角 R	重心距 (mm)		截面面积 A (cm²)	质量 (kg/m)	回转半径 (cm)			i_y,当 a 为下列数值 (cm)				i_y,当 a 为下列数值 (cm)			
		Z_x	Z_y			i_x	i_y	i_{y0}	6mm	8mm	10mm	12mm	6mm	8mm	10mm	12mm
L140×90× 8	12	20.4	45	18	14.2	2.59	4.5	1.98	3.49	3.56	3.63	3.7	6.58	6.65	6.73	6.8
10		21.2	45.8	22.3	17.5	2.56	4.47	1.96	3.52	3.59	3.66	3.73	6.62	6.7	6.77	6.85
12		21.9	46.6	26.4	20.7	2.54	4.44	1.95	3.56	3.63	3.7	3.77	6.66	6.74	6.81	6.89
14		22.7	47.4	30.5	23.9	2.51	4.42	1.94	3.59	3.66	3.74	3.81	6.7	6.78	6.86	6.93
L160×100× 10	13	22.8	52.4	25.3	19.9	2.85	5.14	2.19	3.84	3.91	3.98	4.05	7.55	7.63	7.7	7.78
12		23.6	53.2	30.1	23.6	2.82	5.11	2.18	3.87	3.94	4.01	4.09	7.6	7.67	7.75	7.82
14		24.3	54	34.7	27.2	2.8	5.08	2.16	3.91	3.98	4.05	4.12	7.64	7.71	7.79	7.86
16		25.1	54.8	39.3	30.8	2.77	5.05	2.15	3.94	4.02	4.09	4.16	7.68	7.75	7.83	7.9
L180×110× 10	14	24.4	58.9	28.4	22.3	3.13	8.56	5.78	2.42	4.16	4.23	4.3	4.36	8.49	8.72	8.71
12		25.2	59.8	33.7	26.5	3.1	8.6	5.75	2.4	4.19	4.33	4.33	4.4	8.53	8.76	8.75
14		25.9	60.6	39	30.6	3.08	8.64	5.72	2.39	4.23	4.26	4.37	4.44	8.57	8.63	8.79
16		26.7	61.4	44.1	34.6	3.05	8.68	5.81	2.37	4.26	4.3	4.4	4.47	8.61	8.68	8.84
L200×125× 12	14	28.3	65.4	37.9	29.8	3.57	6.44	2.75	4.75	4.82	4.88	4.95	9.39	9.47	9.54	9.62
14		29.1	66.2	43.9	34.4	3.54	6.41	2.73	4.78	4.85	4.92	4.99	9.43	9.51	9.58	9.66
16		29.9	67.8	49.7	39	3.52	6.38	2.71	4.81	4.88	4.95	5.02	9.47	9.55	9.62	9.7
18		30.6	67	55.5	43.6	3.49	6.35	2.7	4.85	4.92	4.99	5.06	9.51	9.59	9.66	9.74

注:一个角钢的惯性矩 $I_x = A i_x^2$,$I_y = A i_y^2$;一个角钢的截面个角钢的截面模量 $W_x^{max} = I_x/Z_x$,$W_x^{min} = I_x/(b-Z_x)$;$W_y^{max} = I_y Z_y$,$W_y^{min} = I_y(b-Z_y)$。

参 考 文 献

[1] 马景善,金恩平. 土木工程实用力学[M]. 北京:北京大学出版社,2010.
[2] 李剑敏. 工程力学[M]. 武汉:华中科技大学出版社,2011.
[3] 张美元. 工程力学[M]. 郑州:黄河水利出版社,2007.
[4] 邹德奎,李颖. 土木工程力学[M]. 北京:人民交通出版社,2007.
[5] 孙训芳. 材料力学[M]. 北京:高等教育出版社,2002.
[6] 李廉锟. 结构力学[M]. 北京:高等教育出版社,1996.
[7] 李家宝. 建筑力学[M]. 北京:高等教育出版社,2002.
[8] 栗一凡. 建筑力学[M]. 北京:高等教育出版社,1980.
[9] 刘鸿文. 材料力学[M]. 北京:高等教育出版社,2004.